水文与水利工程规划建设 及运行管理研究

陈慕斌　于立伟　陈曙光　著

吉林科学技术出版社

图书在版编目（CIP）数据

水文与水利工程规划建设及运行管理研究 / 陈慕斌，
于立伟，陈曙光著. -- 长春：吉林科学技术出版社，
2024. 6. -- ISBN 978-7-5744-1571-3

Ⅰ. TV

中国国家版本馆CIP数据核字第2024Z0C094号

水文与水利工程规划建设及运行管理研究

著	陈慕斌　于立伟　陈曙光
出 版 人	宛　霞
责任编辑	刘　畅
封面设计	南昌德昭文化传媒有限公司
制　　版	南昌德昭文化传媒有限公司
幅面尺寸	185mm×260mm
开　　本	16
字　　数	305千字
印　　张	14.25
印　　数	1~1500 册
版　　次	2024年6月第1版
印　　次	2024年12月第1次印刷

出　　版	吉林科学技术出版社
发　　行	吉林科学技术出版社
地　　址	长春市福祉大路5788号出版大厦A座
邮　　编	130118
发行部电话/传真	0431-81629529 81629530 81629531
	81629532 81629533 81629534
储运部电话	0431-86059116
编辑部电话	0431-81629510
印　　刷	三河市嵩川印刷有限公司

书　　号	ISBN 978-7-5744-1571-3
定　　价	72.00元

前　言

　　水文与水利工程的规划建设及运行管理是保障水资源合理开发和利用、维护水生态环境平衡的重要环节。随着气候变化和极端天气事件的增多，给水文预测和水利工程的规划、建设及管理带来了新的挑战。因此，开展水文与水利工程规划建设及运行管理的研究，对于优化水资源配置、提高水利工程的防洪减灾能力、促进区域可持续发展具有重要意义。通过深入研究水文循环规律、水资源开发利用策略、水利工程规划布局、工程建设与运行管理等关键问题，可以为水文与水利工程的科学决策及高效运行提供理论支持和技术指导。

　　本书是关于水文与水利工程方向的书籍，主要研究水文与水利工程规划建设及运行管理。本书从水资源的规划与综合利用介绍入手，针对水利工程管理、水利工程建设和水利工程测量进行了详细的介绍；另外还分析了水利工程项目的合同管理、质量控制、进度管理以及施工项目安全与环境管理；最后提出了我国水利工程管理的发展战略。本书结合实践需求，贯彻了理论联系实际，希望能够对水文与水利工程的研究人员具有一定的学习与参考价值。

　　本书参考了大量的相关文献资料，借鉴、引用了诸多专家、学者和教师的研究成果，其主要来源已在参考文献中列出，如有个别遗漏，恳请作者谅解并及时和我们联系。本书写作得到很多专家学者的支持和帮助，在此深表谢意。由于能力有限，时间仓促，虽经多次修改，仍然难免有不妥与遗漏之处，恳请专家和读者指正。

目 录

第一章 水资源的规划与综合利用

第一节 水资源的规划

水资源规划的概念形成由来已久，其是人类长期水事活动的产物，是人类在漫长的历史长河中通过防洪、抗旱、开源、供水等一系列的水利活动逐步形成的理论成果，并且随着人类认识的提高和科技的进步而不断得到充实和发展。

一、水资源规划的概念

水资源规划是以水资源利用、调配为对象，在一定区域内为开发水资源、防治水患、保护生态环境、提高水资源综合利用效益而制订的总体措施、计划和安排。

水资源规划为将来的水资源开发利用提供指导性建议，它小到江河湖泊、城镇乡村的水资源供需分配，大到流域、国家范围内的水资源综合规划、配置，具有广泛的应用价值和重要的指导意义。

二、水资源规划的目的、任务和内容

水资源规划的目的是合理评价、分配与调度水资源，支持经济社会发展，改善生态环境质量，以做到有计划地开发利用水资源，并实现水资源开发、经济社会发展及生态环境保护相互协调的良好效果。

水资源规划的基本任务是：根据国家或地区的经济发展计划、生态环境保护要求以及各行各业对水资源的需求，结合区域内或区域间水资源条件和特点，选定规划目标，拟定水资源开发治理方案，提出工程规模和开发次序方案，并对生态环境保护、社会发展规模、经济发展速度与经济结构调整提出建议。其规划成果把作为区域内各项水利工程设计的基础和编制国家水利建设长远计划的依据。

水资源规划的主要内容包括：水资源量与质的计算与评估、水功能区划分与保护目标确定、水资源的供需平衡分析与水量合理分配、水资源保护与水灾害防治规划以及相应的水利工程规划方案设计及论证等。水资源规划涉及的内容包括水文学、水资源学、社会学、经济学、环境科学、管理学以及水利经济学等多门学科，涉及国家或地区范围内一切与水有关的行政管理部门。因此，如何使水资源规划方案既科学合理，又能被各级政府和水行政主管部门乃至基层用水单位或者个人所接受，确实是一个难题。特别是随着社会的发展，人们思想观念以及对水资源的需求在不断变化，如何面对未来变化的社会以及变化的自然环境，如何面

对不断调整的区域可持续发展新需求，这都对水资源规划提出了严峻挑战。

三、水资源规划的类型

（一）流域水资源规划

流域水资源规划是指以整个江河流域为研究对象的水资源规划，其包括大型江河流域的水资源规划和中小型河流流域的水资源规划，简称为流域规划。其研究区域一般是按照地表水系空间地理位置划分的、以流域分水岭为界线的流域水系单元或水资源分区。流域水资源规划的内容涉及国民经济发展、地区开发、自然资源与环境保护、社会福利与人民生活水平提高以及其他与水资源有关的问题，研究范畴一般包括防洪、灌溉、排涝、发电、航运、供水、养殖、旅游、水环境保护、水土保持等工作内容。针对不同的流域规划，其规划的侧重点有所不同。例如，黄河流域规划的重点是水土保持；淮河流域规划的重点是水资源保护；塔里木河流域规划的重点是水生态保护与修复。

（二）跨流域水资源规划

跨流域水资源规划是指以一个以上的流域为对象，以跨流域调水为目的的水资源规划。例如，为"南水北调"工程实施进行的水资源规划，为"引黄（河）济青（岛）""引（长）江济淮（河）"工程实施进行的水资源规划。跨流域调水，涉及多个流域的经济社会发展、水资源利用和生态环境保护等问题。因此，其规划考虑的问题要比单个流域规划更广泛、更深入，既需要探讨水资源的再分配可能对各个流域带来的经济社会影响、生态环境影响，又需要探讨水资源利用的可持续性以及对后代人的影响及相应对策。

（三）地区水资源规划

地区水资源规划是指以行政区或经济区、工程影响区为对象的水资源规划。其研究内容基本与流域水资源规划相近，其规划重点则视具体区域和水资源功能的差异而有所

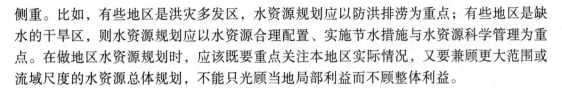

侧重。比如，有些地区是洪灾多发区，水资源规划应以防洪排涝为重点；有些地区是缺水的干旱区，则水资源规划应以水资源合理配置、实施节水措施与水资源科学管理为重点。在做地区水资源规划时，应该既要重点关注本地区实际情况，又要兼顾更大范围或流域尺度的水资源总体规划，不能只光顾当地局部利益而不顾整体利益。

（四）水资源专项规划

水资源专项规划是指以流域或地区某一专项任务为对象或某一行业所做的水资源规划。比如，防洪规划、抗旱规划、节水规划、水力发电规划、水资源保护规划、生态水系规划、城市供水规划、水污染防治规划以及某一重大水利工程规划（如三峡工程规划、小浪底工程规划）等。这类规划针对性比较强，就是针对某一专项问题，但在规划时不能只盯住要研究解决的专项问题，还要考虑对区域（或流域）的影响以及区域（或流域）水资源利用总体战略。

（五）水资源综合规划

水资源综合规划是指以流域或地区水资源综合开发利用与保护为对象的水资源规划。与水资源专项规划不同，水资源综合规划的任务不是单一的，而是针对水资源开发利用和保护的各个方面，是为水资源综合管理和可持续利用提供技术指导的有效手段。水资源综合规划是在查清水资源及其开发利用现状、分析和评价水资源承载能力的基础上，根据经济社会可持续发展和生态系统保护对水资源的要求，提出了水资源合理开发、高效利用、有效节约、优化配置、积极保护和综合治理的总体布局及实施方案，促进流域或区域人口、资源、环境和经济的协调发展，以水资源的可持续利用支持经济社会的可持续发展。

四、水资源规划的原则

水资源规划是根据国家的经济社会、资源、环境发展计划、战略目标和任务，同时结合研究区域的水文水资源状况来开展工作的。这是关系着国计民生、社会稳定和人类长远发展的一件大事。在制订水资源规划时，水行政主管部门一定要给予高度的重视，在力所能及的范围内，尽可能充分考虑经济社会发展、水资源开发利用和生态环境保护的相互协调；尽可能满足各方面的需求，以最小的投入获取最满意的社会效益、经济效益和环境效益。水资源规划一般应遵守以下原则：

（一）全局统筹、兼顾局部的原则

水资源规划实际上是对水资源本身的一次人为再分配，因此，只有把水资源看成一个系统，从整体的高度、全局的观点来分析水资源系统、评价水资源系统，才能保证总体最优的目标。一切片面追求某一地区、某一方面作用的规划都是不可取的。当然，"从全局出发"并不是不考虑某些局部要求的特殊性，而应是从全局出发，统筹兼顾某些局部需求，使全局与局部辩证统一。如在对西北干旱地区做水资源规划时，既要考虑到地区之间、城乡之间以及流域上下游之间的水量合理分配，又要考虑到一些局部地区的特殊用水需求，如在塔里木河流域规划时，要重点考虑以及塔里木河下游台特玛湖干涸和生态环境恶化的生态用水。

（二）系统分析与综合利用的原则

如前所述，水资源规划涉及多个方面、多个部门和多个行业。同时，由于客观因素的制约导致水资源供与需很难完全一致。这就要求在做水资源规划时，既要对问题进行系统分析，又要采取综合措施，尽可能做到一水多用、一库多用、一物多能，最大限度地满足各方面的需求，让水资源创造更多的效益，为人类做更多的贡献。国外在这方面有许多成功经验值得借鉴，如澳大利亚曾以"绿色奥运"的口号获得了奥运会的主办权，其对水资源的充分利用和管理具有较强的代表性，在奥运村建有污水处理厂，40% 的用水经处理后会用于清洗、绿化等用途。

（三）因时因地制订规划方案的原则

水资源系统不是一个孤立的系统，它不断受到人类活动、社会进步、科技发展等外部环境要素的作用和影响，所以它是一个动态的、变化的系统，具有较强的适应性。在做水资源规划时，要考虑到水资源的这些特性，既要因时因地合理选择开发方案，又要留出适当的余地，考虑各种可能的新情况的出现，让方案具有一定"应对"变化的能力。同时，要采用"发展"的观点，随时吸收新的资料和科学技术，发现新出现的问题，及时调整水资源规划方案，以满足不同时间、不同地点对水资源规划的需要。

（四）实施的可行性原则

无论是什么类型的水资源规划，在最终选择水资源规划方案时，都既要考虑所选方案的经济效益，又要考虑方案实施的可行性，包括技术上可行、经济上可行、时间上可行。如果不考虑"实施的可行性"这一原则，往往制订出来的方案不可操作，成为一纸空文，毫无意义。若有人曾提出"把喜马拉雅山炸开一个缺口，让印度洋的水汽进入我国西北地区以增加当地降水，从而改变青藏高原和西北干旱区的面貌"，这种说法作为一种科学假想可以，实际运作是不科学的。因为炸开喜马拉雅山，将会对西北地区现有的生态系统有较大扰动，而且即使炸开了，水汽是否能到达我国西北地区、对我国其他地区（如湖南、广东和福建）会产生什么影响，都需要进行科学的论证后再下结论。

五、水资源规划方法

（一）水资源规划方案比选

规划方案的选取及最终方案的制订，是水资源规划工作的最终要求。规划方案有多种多样，其产生的效益及优缺点也各不相同，到底采用哪种方式，需要综合分析并根据实际情况而定。因此，水资源规划方案比选是一项十分重要而又复杂的工作。至少需要考虑以下几种因素：

1. 要能够满足不同发展阶段经济发展的需要

水是经济发展的重要资源，水利是重要的基础产业，水资源往往制约着经济发展。因此，在制订水资源规划方案时，要针对具体问题采用不同措施。工程性缺水，主要解决工程问题，把水资源转化为生产部门可以利用的可供水源。资源性缺水，主要解决资源问题，如建设跨流域调水工程，以增加本区域水资源量。

2. 要协调好水资源系统空间分布与水资源配置空间不协调之间的矛盾

水资源系统在空间分布上随着地形、地貌和水文气象等条件的变化有较大差异。而经济社会发展状况在地域上分布往往又与水资源空间分布不一致。这时，在制订水资源配置方案时，必然会出现两者不协调的矛盾。这在水资源规划方案制订时需要给予考虑。

3. 要满足技术可行的要求

方案中的各项工程必须能够实施，才能获得规划方案的效益。如果其中某一项工程从技术上不可行，以至于不能实施，那么，必然会影响整个规划方案的效益，从而导致规划方案不成立。

4. 要满足经济可行的要求。

使工程投资在社会可承受能力范围内，从而让规划方案得以实施。

规划方案只有满足以上各种要求，才能保证该方案经济合理、技术可行，综合效益也在可接受的范围内。但在众多的规划方案中，到底推荐哪个方案，要认真推敲、分析、研究。关于水资源规划方案比选，主要分为两类方法：

一类是对拟定的多个可选择规划方案进行对比分析。采用的方法，可以是定性与定量结合的综合分析；也可以是采用综合评价方法，通过综合评价计算，得到最佳的方案。综合评价方法很多，比如，模糊综合评价、主成分分析法、层次分析法、综合指数法等。这些方法在很多文献中有介绍和应用，在此就不再一一介绍。

另一类可以依据介绍的水资源优化配置模型，各个选择方案需要满足优化配置模型的约束条件，在此基础上选择综合效益最大的方案。可以通过水资源优化配置模型求解，得到水资源规划方案；也可以通过计算机模拟技术，将水资源优化配置模型编制成计算机程序，通过模拟各种不同配水方案，选择模型约束条件范围内的最佳综合效益的方案，以此为依据选择最佳配水方案。

（二）水资源配置方法

水资源配置是指在流域或特定的区域范围内，遵循高效、公平和可持续的原则，通过各种工程与非工程措施，考虑市场经济的规律和资源配置准则，通过合理抑制需求、有效增加供水、积极保护生态环境等手段和措施，对多种可利用的水源在区域间和各用水部门间进行的调配。

水资源配置应通过对区域之间、用水目标之间、用水部门之间进行水量和水环境容量的合理调配，实现水资源开发利用、流域和区域经济社会发展与生态环境保护的协调，促进水资源的高效利用，提高水资源的承载能力，缓解水资源供需矛盾，遏制生态环境恶化的趋势，支持经济社会的可持续发展。

水资源配置以水资源供需分析为手段，在现状供需分析和对各种合理抑制需求、有效增加供水、积极保护生态环境的可能措施进行组合及分析的基础上，对各种可行的水资源配置方案进行生成、评价和比选，提出推荐方案。提出的推荐方案应作为制订总体布局与实施方案的基础。在分析计算中，数据的分类口径和数值应保持协调，成果互为输入与反馈，方案与各项规划措施相互协调。水资源配置的主要内容包括基准年供需分析、方案生成、规划水平年供需分析、方案比选和评价、特殊干旱期应急对策制订等。

水资源配置应对各种不同组合方案或某一确定方案的水资源需求、投资、综合管理措施（如水价、结构调整）等因素的变化进行风险和不确定性分析。在对各种工程与非工程等措施所组成的供需分析方案集进行技术、经济、社会、环境等指标比较的基础之上，对各项措施的投资规模及其组成进行分析，提出推荐方案。推荐方案应考虑市场经济对资源配置的基础性作用，如提高水价对需水的抑制作用，产业结构调整及其对需水的影响等，按照水资源承载能力和水环境容量的要求，最终应实现了水资源供需的基本平衡。

（三）水资源供需分析方法

1. 水资源供需分析概念、目的和主要内容

水资源供需分析，是指在一定区域、一定时段内，对某一水平年（如现状或规划水平年）及某一保证率的各部门供水量和需水量平衡关系的分析。水资源供需分析的实质是对水的供给和需求进行平衡计算，揭示现状水平年和规划水平年不同保证率时水资源供需盈亏的形势，这对水资源紧缺或出现水危机的地区具有十分重要的意义。

水资源供需分析的目的，即通过对水资源的供需情况进行综合评价，明确水资源的当前状况和变化趋势，分析导致水资源危机和产生生态环境问题的主要原因，揭示水资源在供、用、排环节中存在的主要问题，以便找出解决问题的办法和措施，使有限的水资源能发挥更大的经济社会效益。

水资源供需分析的内容包括：①分析水资源供需现状，查找当前存在的各类水问题；②针对不同水平年，进行水资源供需状况分析，寻求在将来实现水资源供需平衡的目标和问题；③最终找出实现水资源可持续利用的方法和措施。

2. 现状水平年供需分析

现状水平年水资源供需分析即指对一个地区当年及近几年水资源的实际供水量与需水量的确定和均衡状况的分析，是开展水资源规划与管理工作的基础。现状供需分析一般包括两部分内容：一是现状实际情况下的水资源供需分析；二是现状水平（包括供水水平、用水水平、经济社会水平）不同保证率下典型年的水资源供需分析。

通过实际典型年的现状分析，不仅可以了解到不同水源的来水情况，各类水利工程设施的实际供水能力和供水量，还可以掌握各用水单位的用水需求和用水定额，为不同水平年的水资源供需分析和今后的水资源合理配置提供依据。

3.规划水平年供需分析

在对水资源供需现状进行分析的基础上，还要对将来不同水平年的水资源供需状况进行分析，这样便于及早进行水资源规划和经济社会发展规划，使水资源的开发利用与经济社会发展相协调。不同水平年的水资源供需分析也包括两部分内容：一是分析在不同来水保证率情况下的供需情况，计算出水资源供需缺口和各项供水、用水指标，并做出相应的评价；二是在供需不平衡的条件下，通过采取提高水价、强化节水、外流域调水、污水处理再利用、调整产业结构以抑制需求等措施，进行重复调整试算，以便找出实现供需平衡的可行性方案。

4.《全国水资源综合规划大纲》介绍的"三次供需分析"方法

水资源供需分析计算一般采用长系列月调节计算方法，以反映流域或区域的水资源供需的特点和规律。大纲规定七大流域采用长系列方法，主要水利工程、控制节点、计算分区的月流量系列应根据水资源调查评价和供水预测部分的结果进行分析计算。无资料或资料缺乏的区域，可采用不同来水频率的典型年法。

水资源配置在多次供需反馈并协调平衡的基础之上，一般进行 2～3 次水资源供需分析。一次供需分析是考虑人口的自然增长、经济的发展、城市化程度和人民生活水平的提高，按供水预测的"零方案"，即在现状水资源开发利用格局和发挥现有供水工程潜力的情况下，进行水资源供需分析。若一次供需分析有缺口，则在此基础上进行二次供需分析，即考虑强化节水、污水处理再利用、挖潜配套以及合理提高水价、调整产业结构、合理抑制需求和保护生态环境等措施进行水资源供需分析。若二次供需分析仍有较大缺口，应进一步加大调整经济布局和产业结构以及节水的力度，具有跨流域调水可能的，应考虑实施跨流域调水，并进行三次供需分析。实际操作按流域或区域具体情况确定。水资源供需分析时，除考虑各水资源分区的水量平衡外，还应考虑流域控制节点的水量平衡。

第二节　水资源的综合利用

一、水资源综合利用概述

水资源是一种特殊的资源，它对人类的生存和发展来讲是不可替代的物质。所以，对于水资源的利用，一定要注意水资源的综合性与永续性，也就是人们常说的水资源的综合利用和水资源的可持续利用。

水资源有多种用途和功能，如灌溉、发电、航运、供水、水产和旅游等，所以水资源的综合利用应考虑以下几个方面的内容：

（1）要从功能和用途方面考虑综合利用。

（2）单项工程的综合利用。例如，典型水利工程，几乎都是综合利用水利工程。水利工程要实现综合利用，必须有不同功能的建筑物，这些建筑物群体就像一个枢纽，故称为水利枢纽。

（3）一个流域或一个地区，水资源的利用也应讲求综合利用。

（4）从水资源的重复利用角度来讲，体现一水多用的思想。比如，水电站发电以后的水放到河道可供航运，引到农田可供灌溉等。

二、防洪与治涝

（一）防洪

1. 洪水与洪水灾害

洪水是一种峰高量大、水位急剧上涨自然现象。洪水一般包括江河洪水、城市暴雨洪水、海滨河口的风暴潮洪水、山洪、凌汛等。就发生的范围、强度、频次、对人类的威胁性而言，中国大部分地区以暴雨洪水为主。天气系统的变化是造成暴雨进而引发洪水的直接原因，而流域下垫面特征和兴修水利工程可间接或直接地影响洪水特征及其特性。洪水的变化具有周期性和随机性。洪水对环境系统产生了有利或不利影响，即洪水与其存在的环境系统相互作用着。河道适时行洪可以延缓某些地区植被过快地侵占河槽，抑制某些水生植物过度有害生长，并为鱼类提供很好的产卵基地；洪水周期性地淹没河流两岸的岸边地带和洪泛区，为陆生植物群落生长提供水源和养料；为动物群落提供很好的觅食、隐蔽和繁衍栖息场所和生活环境；洪水携带泥沙淤积在下游河滩地，可造就富饶的冲积平原。

洪水所产生的不利后果是会对自然环境系统和社会经济系统产生了严重冲击，破坏自然生态系统的完整性和稳定性。洪水淹没河滩，突破堤防，淹没农田、房屋，毁坏社会基础设施，造成财产损失和人畜伤亡，对人群健康、文化环境造成破坏性影响，甚至干扰社会的正常运行。由于社会经济的发展，洪水的不利作用或危害已远远超过其有益的一面，洪水灾害成为社会关注的焦点之一。

洪水给人类正常生活、生产活动和发展带来的损失与祸患称为洪灾。

2. 洪水防治

洪水是否成灾，取决于河床及堤防的状况。如果河床泄洪能力强，堤防坚固，即使洪水较大，也不会泛滥成灾；反之，若河床浅窄、曲折、泥沙淤塞、堤防残破等，使安全泄量（即在河水不发生漫溢或堤防不发生溃决的前提下，河床所能安全通过的最大流量）变得较小，则遇到一般洪水也有可能漫溢或决堤。所以，洪水成灾是由于洪峰流量超过河床的安全泄量，因而泛滥（或决堤）成灾。由此可见，防洪的主要任务是按照规定的防洪标准，因地制宜地采用恰当的工程措施，以削减洪峰流量，或者加大河床的过水能力，保证安全度汛。防洪措施主要可分为工程措施和非工程措施两大类。

（1）工程措施

防洪工程措施或工程防洪系统，一般包括以下几个方面。

①增大河道泄洪能力

包括沿河筑堤、整治河道、加宽河床断面、人工截弯取直和消除河滩障碍等措施。当防御的洪水标准不高时，这些措施是历史上迄今仍常用的防洪措施，也是流域防洪措施中常常不可缺少的组成部分。这些措施就是增大河道排泄能力（如加大泄洪流量），但无法控制洪量并加以利用。

②拦蓄洪水控制泄量

主要是依靠在防护区上游筑坝建库而形成的多水库防洪工程系统，也是当前流域防洪系统的重要组成部分。水库拦洪蓄水，一可削减下游洪峰洪量，免受洪水威胁；二可蓄洪补枯，提高水资源综合利用水平，是将防洪和兴利相结合的有效工程措施。

③分洪、滞洪与蓄洪

分洪、滞洪与蓄洪三种措施的目的都是为了减少某一河段的洪峰流量，使其控制在河床安全泄量以下。分洪是在过水能力不足的河段上游适当修建分洪闸，开挖分洪水道（又称减河），将超过本河段安全泄量的那部分洪水引走。分洪水道有时可兼做航运或灌溉的渠道。滞洪是利用水库、湖泊、洼地等，暂时滞留了一部分洪水，以削减洪峰流量。待洪峰一过，再腾空滞洪容积迎接下次洪峰。蓄洪则是蓄留一部分或全部洪水水量，待枯水期供给兴利部门使用。

（2）非工程措施

①蓄滞洪（行洪）区的土地合理利用

根据自然地理条件，对蓄滞洪（行洪）区土地、生产、产业结构、人民生活居住条件进行全面规划，合理布局，不但可以直接减轻当地的洪灾损失，而且可取得行洪通畅，减缓下游洪水灾害之利。

②建立洪水预报和报警系统

洪水预报是根据前期和现时的水文、气象等信息，揭示和预测洪水的发生及其变化过程的应用科学技术。它是防洪非工程措施的重要内容之一，直接给防汛抢险、水资源合理利用与保护、水利工程建设和调度运用管理及工农业的安全生产服务。

设立预报和报警系统，是防御洪水、减少洪灾损失的前哨工作。根据预报可在洪水来临前疏散人口、财物，做好抗洪抢险准备，以避免或减少重大的洪灾损失。

③洪水保险

洪水保险不能减少洪水泛滥而造成的洪灾损失，但可将可能的一次性大洪水损失转化为平时缴纳保险金，从而减缓因洪灾引起的经济波动和社会不安等现象。

④抗洪抢险

抗洪抢险也是为了减轻洪泛区灾害损失的一种防洪措施。其中包括洪水来临前采取的紧急措施，洪水期中险工抢修和堤防监护，洪水后的清理和救灾（如发生时）善后工作。这项措施要与预报、报警和抢险材料的准备工作等联系在一起。

⑤修建村台、躲水楼、安全台等设施

在低洼的居民区修建村台、躲水楼、安全台等设施，作为居民临时躲水的安全场所，从而保证人身安全和减少财物损失。

⑥水土保持

在河流流域内，开展水土保持工作，增强浅层土壤的蓄水能力，可以延缓地面径流，减轻水土流失，削减河道洪峰洪量和含沙量。这种措施减缓中等雨洪型洪水的作用非常显著；对于高强度的暴雨洪水，虽作用减弱，但是仍有减缓洪峰过分集中之效。

3. 现代防洪保障体系

工程措施和非工程措施是人们减少洪水灾害的两类不同途径，有时这两类也很难区分。过去，人们将消除洪水灾害寄托于防洪工程，但实践证明，仅仅依靠工程手段不能完全解决洪水灾害问题。非工程措施是工程措施不可缺少的辅助措施。防洪工程措施、非工程措施、生态措施、社会保障措施相协调的防洪体系即现代防洪保障体系，具有明显的综合效果。因此，需要建立现代防洪减灾保障体系，以减少洪灾损失、降低洪水风险。具体地说，必须做好以下几方面的工作：

（1）做好全流域的防洪规划，加强防洪工程建设。流域的防洪应当从整体出发，做好全流域的防洪规划，正确处理流域干支流、上下游、中心城市以及防洪的局部利益与整体利益的关系；正确处理需要与可能、近期与远景、防洪与兴利等各方面的关系。在整体规划的基础上，加强防洪工程建设，根据国力分期实施，逐步提高防洪标准。

（2）做好防洪预报调度，充分发挥现有防洪措施作用，加强防洪调度指挥系统建设。

（3）重视水土保持等生态措施，加强生态环境治理。

（4）重视洪灾保险及社会保障体系的建设。

（5）加强防洪法规建设。

（6）加强宣传教育，提高全民的环境意识以及防洪减灾意识。

（二）治涝

形成涝灾的因素有以下两点：

第一，因降水集中，地面径流集聚在盆地、平原或沿江沿湖洼地，积水过多或地下水位过高。

第二，积水区排水系统不健全，或因外河外湖洪水顶托倒灌，使积水不能及时排出，或者地下水位不能及时降低。

上述两方面合并起来，就会妨碍农作物的正常生长，以致减产或失收，或者使工矿区、城市淹水而妨碍正常生产和人民正常生活，这就成为涝灾。因此必须治涝。治涝的任务是尽量阻止易涝地区以外的山洪、坡水等向本区汇集，并防御外河、外湖洪水倒灌；健全排水系统，使能及时排除暴雨范围内的雨水，并及时降低地下水位；治涝的工程措施主要有修筑围堤和堵支联圩、开渠撇洪和整修排水系统。

1. 修筑围堤和堵支联圩

修围堤用于防护洼地，以免外水入侵，所圈围的低洼田地称为圩或坑。有些地区圩、坑划分过小，港汊交错，不利于防汛，排涝能力也分散、薄弱。最好并小圩为大圩堵塞小沟支汊，整修和加固外围大堤，并整理排水渠系，以加强防汛排涝能力，称为"堵支联圩"。必须指出，有些河湖滩地，在枯水季节或干旱年份，可以耕种一季农作物，不宜筑围堤防护。若筑围堤，必然妨碍防洪，有可能会导致大范围的洪灾损失，因小失大。若已筑有围堤，应按统一规划，从大局出发，"拆堤还滩""废田还湖"。

2. 开渠撇洪

开渠即沿山麓开渠，拦截地面径流，引入外河、外湖或水库，不使向圩区汇集。若修筑围堤配合，常可收良效。并且，撇洪入水库可以扩大水库水源，有利于提高兴利效益。当条件合适时，还可以和灌溉措施中的长藤结瓜水利系统以及水力发电的集水网道开发方式结合进行。

3. 整修排水系统

整修排水系统包括整修排水沟渠栅和水闸，必要时还应包括排涝泵站。排水干渠可兼航运水道，排涝泵站有时也可兼作灌溉泵站使用。

治涝标准由国家统一规定，通常表示为不大于某一频率的暴雨时不成涝灾。

三、灌溉

水资源开发利用中，人类首先是用水灌溉农田。灌溉是耗水大户，也是浪费水及可节约水的大户。我国历来将灌溉农业的发展看成是一项安邦治国的基本国策。随着可利用水资源的日趋紧张，重视灌水新技术的研究，探索节水、节能、节劳力的灌水方法，制订经济用水的灌溉制度，加强灌溉水资源的合理利用，已经成为水资源综合开发中的重要环节。

（一）作物需水量

农作物的生长需要保持适宜的农田水分。农田水分消耗主要有植株蒸腾、株间蒸发和深层渗漏。植株蒸腾是指作物根系从土壤中吸入体内的水分，通过叶面气孔蒸散到大气中的现象；株间蒸发是指植株间土壤或田面的水分蒸发；深层渗漏是指土壤水分超过田间持水量，向根系吸水层以下土层的渗漏，水稻田的渗漏也称田间渗漏。通常把植株蒸腾和株间蒸发的水量合称为作物需水量。作物各阶段需水量的总和，即为作物全生育期的需水量。水稻田常将田间渗漏量计入需水量之内，并称为田间耗水量。

作物需水量可以由试验观测数据提供。在缺乏试验资料时，一般通过经验公式估算作物需水量。作物需水量受气象、土壤、作物特性等因素的影响，其中以气象因素和土壤含水率的影响最为显著。

（二）作物的灌溉制度

灌溉是人工补充土壤水分，以改善作物生长条件的技术措施。作物灌溉制度，是指在一定的气候、土壤、地下水位、农业技术、灌水技术等条件下，对作物播种（或插秧）前至全生育期内所制订的一整套田间灌水方案。它是使作物生育期保持最好的生长状态，达到高产、稳产及节约用水的保证条件，其是进行灌区规划、设计、管理、编制和执行灌区用水计划的重要依据及基本资料。灌溉制度包括灌水次数、每次灌水时间、灌水定额、灌溉定额等内容。灌水定额是指作物在生育期间单位面积上的一次灌水量。作物全生育期，需要多次灌水，单位面积上各次灌水定额的总和为灌溉定额。两者单位皆用 m^3/m^2 或用灌溉水深 mm 表示。灌水时间指每次灌水比较合适的起讫日期。

不同作物有不同的灌溉制度。例如：水稻一般采用淹灌，田面持有一定水层，水不断向深层渗漏，蒸发蒸腾量大，需要灌水的次数多，灌溉定额大；旱作物只需在土壤中有适宜的水分，土壤含水量低，一般不产生深层渗漏，蒸发耗水少，灌水次数也少，灌溉定额小。

同一作物在不同地区和不同的自然条件下，有不同的灌溉制度，如稻田在土质黏重、地势低洼地区，渗漏量小，耗水少；在土质轻、地势高的地区，渗漏量、耗水量都较大。

对于某一灌区来说，气候是灌溉制度差异的决定因素。因此，不同年份，灌溉制度也不同。干旱年份，降水少，耗水大，需要灌溉次数也多，灌溉定额大；湿润年份相反，甚至不需要人工灌溉。为满足作物不同年份的用水需要，一般根据群众丰产经验及灌溉试验资料，分析总结制订出几个典型年（特殊干旱年、干旱年、一般年、湿润年等）的灌溉制度，用以指导灌区的计划用水工作。灌溉方法不同，灌溉制度也不同。如喷灌、滴灌的水量损失小，渗漏小，灌溉定额小。

制订灌溉制度时，必须从当地、当年的具体情况出发进行分析研究，统筹考虑。因此，灌水定额、灌水时间并不能完全由事先拟定的灌溉制度决定。如雨期前缺水，可取用小定额灌水；霜冻或干热危害时应提前灌水；大风时可以推迟灌水，避免引起作物倒伏等。作物生长需水关键时期要及时灌水，其他时期可据水源等情况灵活执行灌溉制度。我国制订灌溉制度的途径和方法有以下几种：第一种是根据当地群众丰产灌溉实践经验进行分析总结制订，群众的宝贵经验对确定灌水时间、灌水次数、稻田的灌水深度等都有很大参考价值，但对确定旱作物的灌水定额，尤其是在考虑水文年份对灌溉的影响等方面，只能提供大致的范围；第二种是根据灌溉试验资料制订灌溉制度，灌溉试验成果虽然具有一定的局限性，但在地下水利用量、稻田渗漏量、作物日需水量、降雨有效利用系数等方面，可以提供准确的资料；第三种是按农田水量平衡原理通过分析计算制订灌溉制度，这种方法有一定的理论依据和比较清楚的概念，但也必须在前两种方法提供资料的基础上，才能得到比较可靠的成果。生产实践当中，通常将三种方法同时并用，相互参照，最后确定出切实可行的灌溉制度，作为灌区规划、设计、用水管理工作的依据。

（三）灌溉技术及灌溉措施

灌溉技术是在一定的灌溉措施条件下，能适时、适量、均匀灌水，并能省水、省工、节能，使农作物达到增产目的而采取的一系列技术措施。灌溉技术的内容很多，除各种灌溉措施有各种相应的灌溉技术外，还可分为节水节能技术、增产技术。在节水节能技术中，有工程方面和非工程方面的技术，其中非工程技术又包括灌溉管理技术和作物改良方面的技术等。

灌溉措施是指向田间灌水的方式，即灌水方法，有地面灌溉、地下灌溉、喷灌、滴灌等。

1. 地面灌溉

地面灌溉是水由高向低沿着田面流动，借水的重力以及土壤毛细管作用，湿润土壤的灌水方法，是世界上最早、最普通的灌水方法。按田间工程及湿润土壤方式的不同，地面灌溉又分畦灌、沟灌、淹灌、漫灌等。漫灌即田面不修畦、沟、埂，任水漫流，是一种不科学的灌水方法。主要缺点是灌地不匀，严重破坏土壤结构，浪费水量，抬高地下水位，易使土壤盐碱化、沼泽化。非特殊情况应尽量少用。

地面灌溉具有投资少、技术简单、节省能源等优点，目前世界上许多国家仍然很重视地面灌溉技术的研究。我国98%以上的灌溉面积采用地面灌溉。

2. 地下灌溉

地下灌溉又叫渗灌、浸润灌溉，是把灌溉水引入埋设在耕作层下的暗管，通过管壁孔隙渗入土壤，借毛细管作用由下而上湿润耕作层。

地下灌溉具有以下优点：能使土壤基本处于非饱和状态，使土壤湿润均匀，湿度适宜，因此土壤结构疏松，通气良好，不产生土壤板结，并且能经常保持良好的水、肥、气、热状态，使作物处于良好的生育环境；能减少地面蒸发，节约用水；便于灌水与田间作业同时进行，灌水工作简单等。其缺点是：表层土壤湿润较差，造价较高，易淤塞，检修维护工作不便。所以，此法适用于干旱缺水地区的作物灌溉。

3. 喷灌

喷灌是利用专门设备，把水流喷射到空中，散成水滴洒落到地面，如降雨般地湿润土壤的灌水方法。一般由水源工程、动力机械、水泵、管道系统、喷头等组成，统称喷灌系统。

喷灌具有以下优点：可灵活控制喷洒水量；不会破坏土壤结构，还能冲洗作物茎、叶上的尘土，利于光合作用；能节水、增产、省劳力、省土地，还可防霜冻、降温；可结合化肥、农药等同时使用。其主要缺点是：设备投资较高，需要消耗动力；喷灌时受风力影响，喷洒不均。喷灌适用于各种地形、各种作物。

4. 滴灌

滴灌是利用低压管道系统将水或含有化肥的水溶液一滴一滴地、均匀地、缓慢地滴入作物根部土壤，是维持作物主要根系分布区最适宜土壤水分状况的灌水方法。滴灌系统一般由水源工程、动力机、水泵、管道、滴头及过滤器、肥料等组成。

滴灌的主要优点是节水性能很好。灌溉时用管道输水，洒水时只湿润作物根部附近土壤，不仅避免了输水损失，又减少了深层渗漏，还消除了喷灌中水流的漂移损失，蒸发损失也很小。据统计，滴灌的用水量为地面灌溉用水量的 1/6 ~ 1/8，为喷灌用水量的 2/3。因此，滴灌是现代各种灌溉方法中最省水的一种，在缺水干旱地区、炎热的季节、透水性强的土壤、丘陵山区、沙漠绿洲尤为适用。其主要缺点为滴头易堵塞，对水质要求较高。其他优缺点与喷灌相同。

除了防洪、治涝、灌溉等之外，尚有内河航运、城市和工业供水、水利环境保护、淡水水产养殖、水力发电等水利部门，篇幅所限，这里不再展开一一介绍了。

第二章 水利工程管理

第一节　概述

一、水利工程管理的含义

水利工程是伴随着人类文明发展起来的，在整个发展过程当中，人们对水利工程要进行管理的意识越来越强烈，但发展至今并没有一个明确的概念。近年来，随着对水利工程管理研究的不断深入，不少学者试图给水利工程管理下一个明确的定义。一部分学者认为，水利工程管理实质上就是保护和合理运用已建成的水利工程设施，调节水资源，为社会经济发展和人民生活服务的工作，进而使水利工程能够很好地服务于防洪、排水、灌溉、发电、水运、水产、工业用水、生活用水与改善环境等方面。一部分学者认为，水利工程管理，就是在水利工程项目发展周期过程中，对水利工程所涉及的各项工作，进行的计划、组织、指挥、协调和控制，以达到确保水利工程质量和安全，节省时间和成本，充分发挥水利工程效益的目的。其分为两个层次，一是工程项目管理：通过一定的组织形式，用系统工程的观点、理论和方法，对工程项目管理生命周期内的所有工作，包括项目建议书、可行性研究、设计、设备采购、施工、验收等系统过程，进行计划、组织、指挥、协调和控制，以达到保证工程质量、缩短工期、提高投资的目的；二是水利工程运行管理：通过健全组织，建立制度，综合运用行政、经济、法律、技术等等手段，对已投入运行的水利工程设施，进行保护、运用，以充分发挥工程的除害兴利效益。一部分学者认为，水利工程管理是运用、保护和经营已开发的水源、水域和水利工程设施的工作。一部分学者认为，水利工程管理是从水利工程的长期经济效益出发，以水利工程为管理对象，对其各项活动进行全面、全过程的管理。完整的内容应该涵盖工程的规划、勘测设计、项目论证、立项决策、工程设计、制订实施计划、管理体制、组织框架、建设施工、监理监督、资金筹措、验收决算、生产运行、经营管理等内容。一个水利工程的完整管理可以分为三个阶段，即第一阶段，工程前期决策管理；第二阶段，工程的实施管理；第三阶段，工程的运营管理。

在综合多位学者对水利工程管理概念理解的基础上，可以这样归纳，水利工程管理是指在深入了解已建水利工程性质和作用的基础上，为尽可能地趋利避害，保护和合理利用水利工程设施，充分发挥水利工程的社会和经济效益，所做出的必要管理。

二、水利工程管理的要求

（一）基本要求

（1）工程养护应做到及时消除表面的缺陷与局部工程问题，防护可能发生的损坏，保持工程设施的安全、完整、正常运用。

（2）编制次年度养护计划，并按规定报主管部门。

（3）养护计划批准下达后，应尽快组织实施。

（二）大坝管护

（1）坝顶养护应达到坝顶平整，无积水，无杂草，无弃物；防浪墙、坝肩、踏步完整，轮廓鲜明；坝端无裂缝，无坑凹，无堆积物。

（2）坝顶出现坑洼和雨淋沟缺，应及时用相同材料填平补齐，并应保持一定的排水坡度；坝顶路面如有损坏，应及时修复；坝顶的杂草、弃物应及时清除。

（3）防浪墙、坝肩和踏步出现局部破损，应当及时修补。

（4）坝端出现局部裂缝、坑凹，应及时填补，发现堆积物应及时清除。

（5）坝坡养护应达到坡面平整，无雨淋沟缺，无荆棘杂草滋生；护坡砌块应完好，砌缝紧密，填料密实，无松动、塌陷、脱落、风化、冻毁或者架空现象。

（6）干砌块石护坡的养护应符合下列要求：

①及时填补、楔紧脱落或松动的护坡石料。

②及时更换风化或冻损的块石，并嵌砌紧密。

③块石塌陷、垫层被淘刷时，应先翻出块石，恢复坝体和垫层后，再将块石嵌砌紧密。

（7）混凝土或浆砌块石护坡的养护应符合下列要求：

①清除伸缩缝内杂物、杂草，及时填补流失的填料。

②护坡局部发生侵蚀剥落、裂缝或破碎时，应及时采用水泥砂浆表面抹补、喷浆或填塞处理。

③排水孔如有不畅，应及时进行疏通或补设。

（8）堆石或碎石护坡石料如有滚动，造成厚薄不均时，应及时进行平整。

（9）草皮护坡的养护应符合下列要求：

①经常修整草皮、清除杂草、洒水养护，保持完整美观。

②出现雨淋沟缺时，应及时还原坝坡，补植草皮。

（10）对无护坡土坝，如发现有凹凸不平，应进行填补整平；如有冲刷沟，应及时修复并改善排水系统；如遇风浪淘刷，应当进行填补，必要时放缓边坡。

（三）排水设施管护

（1）排水、导渗设施应达到无断裂、损坏、阻塞、失效现象，排水畅通。

（2）排水沟（管）内的淤泥、杂物及冰塞，应及时清除。

（3）排水沟（管）局部的松动、裂缝和损坏，应及时用水泥砂浆修补。

（4）排水沟（管）的基础如被冲刷破坏，应先恢复基础，后修复排水沟（管）；修复时，应使用与基础同样的土料，恢复至原断面，并夯实；排水沟（管）如设有反滤层时，应按设计标准恢复。

（5）随时检查修补滤水坝趾或导渗设施周边山坡的截水沟，防止山坡浑水淤塞坝趾导渗排水设施。

（6）减压井应经常进行清理疏通，保持排水畅通；周围若有积水渗入井内，应将积水排干，填平坑洼。

（四）输、泄水建筑物管护

（1）输、泄水建筑物表面应保持清洁完好，及时排除积水、积雪、苔藓、蚧贝、污垢及淤积的沙石、杂物等。

（2）建筑物各部位的排水孔、进水孔、通气孔等都应保持畅通；墙后填土区发生塌坑、沉陷时应及时填补夯实；空箱岸（翼）墙内淤积物应适时清除。

（3）钢筋混凝土构件的表面出现涂料老化，局部损坏、脱落、起皮等，应及时修补或重新封闭。

（4）上下游的护坡、护底、陡坡、侧墙、消能设施出现局部松动、塌陷、隆起、淘空、垫层散失等，应及时按原状修复。

（5）闸门外观应保持整洁，梁格、臂杆内无积水，及时清除闸门吊耳、门槽、弧形门支铰及结构夹缝处等部位的杂物。钢闸门出现局部锈蚀、涂层脱落时应及时修补；闸门滚轮、弧形门支铰等运转部位的加油设施应保持完好、畅通，并且定期加油。

（6）启闭机的管护应符合下列要求：

①防护罩、机体表面应保持清洁、完整。

②机架不得有明显变形、损伤或裂缝，底脚连接应牢固可靠；启闭机连接件应保持紧固。

③注油设施、油泵、油管系统保持完好，油路畅通，无漏油现象；减速箱、液压油缸内油位保持在上、下限之间，定期过滤或更换，保持油质合格。

④制动装置应经常维护，适时调整，确保灵活可靠。

⑤钢丝绳、螺杆有齿部位应经常清洗、抹油，有条件的可设置防尘设施；启闭螺杆如有弯曲，应及时校正。

⑥闸门开度指示器应定期校验，确保运转灵活、指示准确。

（7）机电设备的管护应符合下列要求：

①电动机的外壳应保持无尘、无污、无锈；接线盒应防潮，压线螺栓紧固；轴承内润滑脂油质合格，并保持填满空腔内 1/2 ~ 1/3。

②电动机绕组的绝缘电阻应定期检测，小于 0.5 兆欧时，应当进行干燥处理。

③操作系统的动力柜、照明柜、操作箱、各种开关、继电保护装置、检修电源箱等应定期清洁、保持干净；所有电气设备外壳均应可靠接地，并定期检测接地电阻值。

④电气仪表应按规定定期检验，保证指示正确、灵敏。

⑤输电线路、备用发电机组等输变电设施按有关规定定期养护。

（8）防雷设施的管护应符合下列规定：

①避雷针（线、带）及引下线如锈蚀量超过截面 30% 时，应予更换。

②导电部件的焊接点或螺栓接头如脱焊、松动应予补焊或旋紧。

③接地装置的接地电阻值应不大于 10Ω，超过规定值时应增设接地极。

④电器设备的防雷设施应按有关规定定期检验。

⑤防雷设施的构架上，严禁架设低压线、广播线以及通信线。

（五）观测设施管护

（1）观测设施应保持完整，无变形、损坏、堵塞。

（2）观测设施的保护装置应保持完好，标志明显，随时清除观测障碍物；观测设施如有损坏，应及时修复，并重新校正。

（3）测压管口应随时加盖上锁。

（4）水位尺损坏时，应及时修复，并且重新校正。

（5）量水堰板上的附着物和堰槽内的淤泥或堵塞物，应及时清除。

（六）自动监控设施管护

（1）自动监控设施的管护应符合下列要求：

①定期对监控设施的传感器、控制器、指示仪表、保护设备、视频系统、通信系统、计算机及网络系统等进行维护和清洁除尘。

②定期对传感器、接收及输出信号设备进行率定及精度校验。对不符合要求的，应及时检修、校正或更换。

③定期对保护设备进行灵敏度检查、调整，对云台、雨刮器等转动部分加注润滑油。水文与水利工程运行管理研究

（2）自动监控系统软件系统的养护应遵守下列规定：

①制定计算机控制操作规程并严格执行。

②加强对计算机和网络的安全管理，配备必要的防火墙。

③定期对系统软件和数据库进行备份，技术文档应妥善保管。

④修改或设置软件前后，均应进行备份，并做好记录。

⑤未经无病毒确认的软件不得在监控系统上使用。

（3）自动监控系统发生故障或显示警告信息时，应当查明原因，及时排除，并详细记录。

（4）自动监控系统及防雷设施等，应按有关规定做好养护工作。

（七）管理设施管护

（1）管理范围内的树木、草皮，应及时浇水、施肥、除害、修剪。

（2）管理办公用房、生活用房应整洁、完好。

（3）防污道路及管理区内道路、供排水、通信以及照明设施应完好无损。

（4）工程标牌（包括界桩、界牌、安全警示牌、宣传牌）应保持完好、醒目、美观。

第二节　堤防和水闸管理

一、堤防管理

（一）堤防的工作条件

堤防是一种适应性很强，利用坝址附近的松散土料填筑、碾压而成挡水建筑物。其工作条件如下：

（1）抗剪强度低。由于堤防挡水的坝体是松散土料压实填成的，故抗剪强度低，易发生坍塌、失稳滑动、开裂等破坏。

（2）挡水材料透水。坝体材料透水，易产生渗漏破坏。

（3）受自然因素影响大。堤防在地震、冰冻、风吹、日晒、雨淋等自然因素作用下，易发生沉降、风化、干裂、冲刷、渗流侵蚀等破坏，故工作中应符合自然规律，严格按照运行规律进行管理。

（二）堤防的检查

堤防的检查工作主要分四个方面：①经常检查；②定期检查；③特别检查；④安全鉴定。

1. 经常检查

堤防的经常性检查是由管理单位指定有经验的专职人员对工程进行的例行检查，并需填写有关检查记录。此种检查原则上每月至少应进行 1 ~ 2 次。检查内容主要包括以下几个方面：

（1）检查坝体有无裂缝。检查的重点应是坝体与岸坡的连接部位、异性材料的接合部位，河谷形状的突变部位、坝体土料的变化部位、填土质量较差的部位、冬季施工的坝段等部位。如果发现裂缝，应检查裂缝的位置、宽度、方向和错距，并跟踪记录，观测其发展情况。对横向裂缝，应检查贯穿的深度、位置，是否形成或将要形成漏水通道；对于纵向裂缝，应检查是否形成向上游或向下游的圆弧形，有无滑坡的迹象。

（2）检查下游坝坡有无散浸和集中渗流现象，渗流是清水还是浑水；在坝体与两岸接头部位和坝体与刚性建筑物连接部位有无集中渗流现象；坝脚和坝基渗流出逸处有无管涌、流土和沼泽化现象；埋设在坝体内的管道出口附近有无异常渗流或者形成漏水通道，检查渗流量有无变化。

（3）检查上下游坝坡有无滑坡、上部坍塌、下部塌陷与隆起现象。

（4）检查护坡是否完好，有无松动、塌陷、垫层流失、石块架空、翻起等现象；草皮护坡有无损坏或局部缺草，坝面有无冲沟等情况。

（5）检查坝体上和库区周围排水沟、截水沟、集水井等排水设备有无损坏、裂缝、漏水或被土石块、杂草等阻塞。

（6）检查防浪墙有无裂缝、变形、沉陷和倾斜等；坝顶路面有无坑洼、坝顶排水是否畅通、坝轴线有无位移或沉降、测桩是否损坏等。

（7）检查坝体有无动物洞穴，是否有害虫、害兽的活动迹象。

（8）对水质、水位、环境污染源等进行检查观测，对堤防量水堰的设备、测压管设备进行检查。

对每次检查出的问题应及时研究分析，并且确定妥善的处理措施。有关情况要记录存档，以备检索。

2. 定期检查

定期检查是在每年汛前、汛后和大量用水期前后组织一定力量对工程进行的全面性检查。检查的主要内容有：

（1）检查溢洪道的实际过水能力。对不能安全运行，洪水标准低的堤防，要检查是否按规定的汛期限制水位运行。如果出现较大洪水，有没有切实可行的保坝措施，并是否落实。

（2）检查坝址处、溢洪道岸坡或库区及水库沿岸有无危及坝体安全的滑坡、塌方等情况。

（3）坝前淤积严重的坝体，要检查淤积库容的增加对坝体安全和效益所带来的危害。特别要复核抗洪能力，以及采取哪些相应措施，以免造成洪水漫坝的危险。

（4）检查溢洪道出口段回水是否可能冲淹坝脚，乃至影响坝体安全。

（5）对坝下涵管进行检查。

（6）检查掌握水库汛期的蓄水和水位变化情况，严格按照规定的安全水位运用，不能超负荷运行。放水期注意控制放水流量，以防库水位骤降等因素影响坝体安全。

3. 特别检查

特别检查是当工程发生严重破坏现象或有重大疑点时，组织专门力量进行检查。通常在发生特大洪水、暴雨、强烈地震、工程非常运用等情况时进行。

4. 安全鉴定

工程建成后，在运行头三至五年内，必须对工程进行一次全面鉴定，以后每隔六至十年进行一次。安全鉴定应由主管部门组织，由管理、设计、施工、科研等单位以及有关专业人员共同参加。

（三）堤防的养护修理

堤防的养护修理应本着"经常养护，随时维修，养重于修，修重于抢"的原则进行，一般可分为经常性养护维修、岁修、大修和抢修。经常性的养护维修是根据检查发现的问题而进行的日常保养维护和局部修补，以保持工程的完整性。岁修一般是在每年汛后进行，属全面的检查维修。大修是指工程损坏较大时所做的修复。大修一般技术复杂，可邀请有关设计、科研及施工单位共同研究修复方案。抢修又称为抢险，当工程发生事故，危及整个工程安全及下游人民生命财产的安全时，应当立即组织力量抢修。

堤防的养护修理工作主要包括下列内容：

（1）在坝面上不得种植树木和农作物，不得放牧、铲草皮、搬动护坡和导渗设施的沙石材料等。

（2）堤防坝顶应保持平整，不得有坑洼，并具有一定的排水坡度，以免积水。坝顶路面应经常养护，如有损坏应及时修复和加固。防浪墙和坝肩的路沿石、栏杆、台阶等如有损坏应及时修复。坝顶上的灯柱如有歪斜，线路和照明设备损坏，应当及时调整和修补。

（3）坝顶、坝坡和戗台上不得大量堆放物料和重物，以免引起不均匀沉陷或局部塌滑。坝面不得作为码头停靠船只和装卸货物，船只在坝坡附近不得高速行驶。坝前靠近坝坡如有较大的漂浮物和树木应及时打捞。

（4）在距坝顶或坝的上下游一定的安全距离范围之内，不得任意挖坑、取土、打井和爆破，禁止在水库内炸鱼等对工程有害的活动。

（5）对堤防上下游及附近的护坡应经常进行养护，如发现护坡石块有松动、翻动和滚动等现象，以及反滤层、垫层有流失现象，应及时修复。如果护坡石块的尺寸过小，难以抵抗风浪的淘刷，可在石块间部分缝隙中充填水泥砂浆或用水泥砂浆勾缝，以增强其抵抗能力。混凝土护坡伸缩缝内的填充料如有流失，应将伸缩缝冲洗干净后按原设计补充填料，草皮护坡如有局部损坏，应在适当的季节补植或更换新草皮。

（6）堤防与岸坡连接处应设置排水沟，两岸山坡上应当设置截水沟，将雨水或山坡上的渗水排至下游，防止冲刷坝坡和坝脚。坝面排水系统应保持完好，畅通无阻，如有淤积、堵塞和损坏，应及时清除和修复。维护坝体滤水设施和坝后减压设施的正常运用，防止下游浑水倒灌或回流冲刷，以保持其反滤和排渗能力。

（7）堤防如果有减压井，井口应高于地面，防止地表水倒灌。如果减压井因淤积而影响减压效果，应及时采取掏淤、洗井、抽水的方法使其恢复正常。如减压井已损坏无法修复，可将原减压井用滤料填实，另打新井。

（8）坝体、坝基、两岸绕渗及坝端接触渗漏不正常时，常用的处理方法是上游设防堵截，坝体钻孔灌浆，以及下游用滤土导渗等。对岩石坝基渗漏可以用帷幕灌浆方法处理。

（9）坝体裂缝，应根据不同的情况，分别采取措施进行处理。

（10）对坝体的滑坡处理，应根据其产生的原因、部位、大小、坝型、严重程度及水库内水位高低等情况，进行具体分析，采取适当措施。

（11）在水库的运用中，应正确控制水库水位的降落速度，以免由于水位骤降而引起滑坡。对于坝上游布置有铺盖的堤防，水库一般不放空，以防铺盖干裂或冻裂。

（12）如发现堤防坝体上有兽洞、蚁穴，应设法捕捉害兽和灭杀白蚁，并对兽洞和蚁穴进行适当处理。

（13）坝体、坝基及坝面的各种观测设备和各种观测仪器应妥善保护，以保证各种设备能及时准确和正常地进行各种观测。

（14）保持整个坝体干净、整齐，无杂草和灌木丛，无废弃物和污染物，无对坝体有害的隐患及影响因素，做好大坝的安全保卫工作。

二、水闸管理

（一）水闸检查

水闸检查是一项细致而重要的工作，对及时准确地掌握工程的安全运行情况和工情、水情的变化规律，防止工程缺陷或隐患，都具有重要作用。主要检查内容包括：①闸门（包括门槽、门支座、止水及平压阀、通气孔等）工作情况；②启闭设施启闭工作情况；③金属结构防腐及锈蚀情况；④电气控制设备、正常动力和备用电源工作情况。

1. 水闸检查的周期

检查可分为经常检查、定期检查、特别检查以及安全鉴定四类。

（1）经常检查

用眼看、耳听、手摸等方法对水闸的闸门、启闭机、机电设备、通信设备、管理范围内的河道、堤防和水流形态等进行检查。经常检查应指定专人按岗位职责分工进行。经常检查的周期按规定一般为每月不少于一次，但是也应根据工程的不同情况另行规定。重要部位每月可以检查多次，次要部位或不易损坏的部位每月可只检查一次；在宣泄较大流量，出现较高水位及汛期每月可检查多次，在非汛期可减少检查次数。

（2）定期检查

一般指每年的汛前、汛后、用水期前后、冰冻期（指北方）的检查，每年的定期检查应为 4 ~ 6 次。根据不同地区汛期到来的时间确定检查时间，例如华北地区可安排 3 月上旬、5 月下旬、7 月、9 月底、12 月底、用水期前后 6 次。

（3）特别检查

是水闸经过特殊运用之后的检查，如特大洪水超标准运用、暴风雨、风暴潮、强烈地震和发生重大工程事故之后。

（4）安全鉴定

应每隔 15 ~ 20 年进行一次，可以在上级主管部门的主持下进行。

2. 水闸检查内容

对水闸工程的重要部位和薄弱部位及易发生问题的部位，应特别注意检查观测。检查的主要内容有：

（1）水闸闸墙背与干堤连接段有无渗漏迹象。

（2）砌石护坡有无坍塌、松动、隆起、底部掏空、垫层散失，砌石挡土墙有无倾斜、位移（水平或者垂直）、勾缝脱落等现象。

（3）混凝土建筑物有无裂缝、腐蚀、磨损、剥蚀露筋；伸缩缝止水有无损坏、漏水；门槽、门槛的预埋件有无损坏。

（4）闸门有无表面涂层剥落、门体变形、锈蚀、焊缝开裂或螺栓、铆钉松动；支承行走机构是否运转灵活、止水装置是否完好，开度指示器、门槽等能否正常工作等。

（5）启闭机械是否运转灵活，制动准确，有无腐蚀和异常声响；钢丝绳有无断丝、磨损、锈蚀、接头不牢、变形；零部件有无缺损、裂纹、磨损及螺杆有无弯曲变形；油压机油路是否通畅，油量、油质是否合乎规定要求，调控装置及指示仪表是否正常，油泵、油管系统有否漏油。备用电源及手动启闭是否可靠。

（6）机电及防雷设备、线路是否正常，接头是否牢固，安全保护装置动作是否准确可靠，指示仪表指示是否正确，备用电源是否完好可靠，照明、通信系统是否完好。

（7）进、出闸水流是否平顺，有无折冲水流或者波状水跃等不良流态。

（二）水闸养护

1. 建筑物土工部分的养护

对于土工建筑物的雨淋沟、浪窝、塌陷以及水流冲刷部分，应立即进行检修。当土工建筑物发生渗漏、管涌时，一般采用上游堵截渗漏、下游反滤导渗的方法进行及时处理。当发现土工建筑物发生裂缝、滑坡，应立即分析原因，根据情况可采用开挖回填或灌浆方法处理，但滑坡裂缝不宜采用灌浆方法处理。对于隐患，如蚁穴兽洞、深层裂缝等，应采用灌浆或开挖回填处理。

2. 砌石设施的养护

对干砌块石护坡、护底和挡土墙，若有塌陷、隆起、错动时，要及时整修，必要时，应予更换或灌浆处理。

对浆砌块石结构，如有塌陷、隆起，应重新翻砌，无垫层或垫层失效的均应补设或整修。遇有勾缝脱落或开裂，应冲洗干净后重新勾缝。浆砌石岸墙、挡土墙有倾覆或滑动迹象时，可采取降低墙后填土高度或增加拉撑等办法予以处理。

3. 混凝土及钢筋混凝土设施的养护

混凝土的表面应保持清洁完好，对苔藓、蚧贝等附着生物应定期清除。对混凝土表面出现的剥落或机械损坏问题，可根据缺陷情况采用相应的砂浆或混凝土进行修补。

对于混凝土裂缝，应分析原因及其对建筑物的影响，拟定修补措施。裂缝的修补方法参阅项目三有关内容。

水闸上、下游，特别是底板、闸门槽、消力池内的沙石，应定期清理打捞，以防止产生严重磨损。

伸缩缝填料如有流失，应及时填充，止水片损坏时，应凿槽修补或采取其他有效措施修复。

4. 其他设施的养护

禁止在交通桥上和翼墙侧堆放沙石料等重物，禁止各种船只停靠在泄水孔附近，禁止在附近爆破。

（三）水闸的控制运用

水闸控制运用又称水闸调度，水闸调度的依据是：①规划设计中确定的运用指标；②实时的水文、气象情报、预报；③水闸本身以及上下游河道的情况和过流能力；④经过批准的年度控制运用计划和上级的调度指令。在水闸调度中需要正确处理除水害和兴水利之间的矛盾，以及城乡用水、航运、放筏、水产、发电、冲淤、改善环境等有关方面的利害关系。在汛期，要在上级防汛指挥部门的领导下，做好防汛、防台、防潮工作。在水闸运用中，闸门的启闭操作是关键，要求控制过闸流量，时间准确及时，保证工程和操作人员的安全，防止闸门受漂浮物的冲击以及高速水流的冲刷而破坏。

为了改进水闸运用操作技术，需要积极开展有关科学研究和技术革新工作，如：改进雨情、水情等各类信息的处理手段；率定水闸上下游水位、闸门开度与实际过闸流量之间的关系；改进水闸调度的通信系统；改善闸门启闭操作系统；装置必要的闸门遥控、自动化设备。

（四）水闸的工程管理

水闸常见的安全问题和破坏现象有：在关闸挡水时，闸室的抗滑稳定；地基及两岸土体的渗透破坏；水闸软基的过量沉陷或者不均匀沉陷；开闸放水时下游连接段及河床的冲刷；水闸上、下游的泥沙淤积；闸门启闭失灵；金属结构锈蚀；混凝土结构破坏、老化等。针对这些问题，需要在运用管理中做好检查观测、养护修理工作。

水闸的检查观测是为了能够经常了解水闸各部位的技术状况，从而分析判断工程安全情况和承担任务的能力。工程检查可分为经常检查、定期检查、特别检查与安全鉴定。水闸的观测要按设计要求和技术规范进行，主要观测项目有水闸上、下游水位，过闸流量，上、下游河床变形等。

对于水闸的土石方、混凝土结构、闸门、启闭机、动力设备、通信照明及其他附属设施，都要进行经常性的养护，发现缺陷及时修理。按工作量大小和技术复杂程度，养护修理工作可分为四种，即经常性养护维修、岁修、大修和抢修。经常性养护维修是保持工程设备完整清洁的日常工作，按照规章制度、技术规范进行；岁修是指每年汛后针对较大缺陷，按照所编制的年度岁修计划进行的工程整修和局部改善工作；大修是指工程发生较大损坏后而进行的修复工作和陈旧设备的更换工作，一般工作量较大，技术比较复杂；抢修是指在工程重要部位出现险情时进行的紧急抢救工作。

为了提高工程管理水平，需要不断改进观测技术，完善观测设备和提高观测精度；研究采用各种养护修理的新技术、新设备、新材料、新工艺。伴随着工程的逐年老化，要研究采用增强工程耐久性和进行加固的新技术，延长水闸的使用年限。

第三节　土石坝和混凝土坝渗流监测

一、土石坝监测

（一）测压管法测定土石坝浸润线

测压管法是在坝体选择有代表性的横断面，埋设适当数量的测压管，通过测量测压管中的水位来获得浸润线位置一种方法。

1. 测压管布置

土石坝浸润线观测的测点应根据水库的重要性和规模大小、土坝类型、断面型式、坝基地质情况以及防渗、排水结构等进行布置。一般选择有代表性、能反映主要渗流情况以及预计有可能出现异常渗流的横断面，作为浸润线观测断面。例如，选择最大坝高、老河床、合龙段以及地质情况复杂的横断面。在设计时进行浸润线计算的断面，最好也作为观测断面，以便与设计进行比较。横断面间距一般为 100 ~ 200m，如果坝体较长、断面情况大体相同，可以适当增大间距。对于一般大型和重要的中型水库，浸润线观测断面不少于 3 个，一般中型水库应当不少于 2 个。

每个横断面内测点的数量和位置，以能使观测成果如实地反映出断面内浸润线的几何形状及其变化，并能描绘出坝体各组成部位如防渗排水体、反滤层等处的渗流状况。

要求每个横断面内的测压管数量不少于 3 根。

（1）具有反滤坝趾的均质土坝，在上游坝肩和反滤坝趾上游各布置一根测压管，其间根据具体情况布置一根或数根测压管。

（2）具有水平反滤层的均质土坝，在上游坝肩以及水平反滤层的起点处各布置一根测压管，其间视情况而定。也可以在水平反滤层上增设一根测压管。

（3）对于塑性心墙，如心墙较宽，可在心墙布置 2 ~ 3 根测压管，在下游透水料紧靠心墙外和反滤层坝趾上游端各埋设一根测压管。

如心墙较窄，可在心墙上下游和反滤坝址上游端各布置一根测压管，其间根据具体情况布置。

（4）对于塑性斜墙坝，在紧靠斜墙下游埋设一根测压管，反滤坝址上游端埋设一根测压管，其间距视具体情况布置。紧靠斜墙的测压管，为不破坏斜墙的防渗性能并便于观测，通常采用有水平管段的 L 形测压管。水平管段略倾斜，进水管端稍低，坡度在 5% 左右，以避免气塞现象。水平管段的坡度还应考虑坝基的沉陷，防止形成倒坡。

（5）其他坝型的测压管布置，可考虑按上述原则进行。需要在坝的上游坝坡埋设测压管时，应尽可能布置在最高洪水位以上，如必须埋设在最高洪水位以下时，需注意当水库水位上升将淹没管口时，用水泥砂浆将管口封堵。

2. 测压管的结构

测压管长期埋设在坝体内，要求管材经久耐用。常用的有金属管、塑料管和无砂混凝土管。无论哪种测压管均由进水管、导管与管口保护设备三部分组成。

（1）进水管

常用的进水管直径为 38 ~ 50mm，下端封口，进水管壁钻有足够数量的进水孔。对埋设于黏性土中的进水管，开孔率为 15% 左右；对砂性土，开孔率为 20% 左右。孔径一般为 6mm 左右，沿管周分 4 ~ 6 排，呈梅花形排列。管内壁缘毛刺要打光。

进水管要求能进水且滤土。为防止土粒进入管内，需在管外周包裹两层钢丝布、玻璃丝布或尼龙丝布等不易腐烂变质的过滤层，外面再包扎棕皮等作为第二过滤层，最外边包两层麻布，然后用尼龙绳或铅丝缠绕扎紧。

进水管的长度：对于一般土料与粉细砂，应自设计量高浸润线以上 0.5 至最低浸润线以下 1m，对于粗粒土，则不短于 3m。

（2）导管

导管与进水管连接并伸出坝面，连接处应不漏水，其材料和直径和进水管相同，但管壁不钻孔。

（3）管口保护设备

伸出坝面的导管应装设专门的设备加以保护，以保护测压管不受人为破坏，防止雨水、地表水流入测压管内或沿侧压管外壁渗入坝体，避免石块和杂物落入管中，堵塞测压管。

3. 测压管的安装埋设

测压管一般在土石坝竣工后钻孔埋设，只有水平管段的 L 形测压管，必须在施工期埋设。首先钻孔，再埋设测压管，最后进行注水试验，以检查是否合格。

（1）钻孔注意事项

①测压管长度小于 10m 的，可以用人工取土器钻孔，长度超过 10m 的测压管则需用钻机钻孔。

②用人工取土器钻孔前，应将钻头埋入土中一定的深度（0.5m）后，再钻进。若钻进中遇有石块确实不易钻动时，应取出钻头，并以钢钎将石块捣碎后再钻。若钻进深度

不大时，可更换位置再钻。

③钻机一般在短时间内即能完成钻孔，如短期内不易塌孔，可不下套管，随即埋设测压管。若在砂壤土或砂砾料坝体中钻孔，为了防止孔壁坍塌；可先下套管，在埋好测压管后将套管拔出，或者采用管壁钻了小孔的套管，万一套管拔不出来也不会使测压管作废。

④建议钻孔采用麻花钻头干钻，尽量不用循环水冲孔钻进，以免钻孔水压对坝体产生扰动破坏及可能产生裂缝。

⑤钻孔的终孔直径应不小于110mm，以保证进水段管壁与孔壁之间有一定空隙，能回填洗净的干沙。

（2）埋设测压管注意事项

①在埋设前对测压管应作细致检查，进水管和导管的尺寸与质量应合乎设计要求，检查后应做记录。管子分段接头可采用接箍或对焊。在焊接时应将管内壁的焊疤打去，以避免由于焊接使管内径缩小，造成测头上下受阻。管子分段连接时，要求管子在全长内保持顺直。

②测压管全部放入钻孔后，进水管段管壁和孔壁之间应回填粒径约为0.2mm的洗净的干砂。导管段管壁与孔壁之间应回填黏土并夯实，以防雨水沿管外壁渗入。由于管与孔壁之间间隙小，回填松散黏土往往难以达到防水效果，导管外壁与钻孔之间可回填事先制备好的膨胀黏土泥球，直径1～2cm，每填1m，注入适量稀泥浆水，以浸泡黏土球使之散开膨胀，封堵孔壁。

③测压管埋设后，应及时做好管口保护设备，记录埋设过程，绘制结构图，最后将埋设处理情况以及有关影响因素记录在考证表内。

（3）测压管注水试验检查

测压管埋设完毕后，要及时作注水试验，以检验灵敏度是否合格。试验前先量出管中水位，然后向管中注入清水。在一般情况之下，土料中的测压管，注入相当于测压管中3～5m长体积的水；砂砾料中的测压管，注入相当于测压管中5～10m长体积的水。注入后测量水面高程，以后再经过5min、10min、15min、20min、30min、60min后各测量水位一次，以后间隔时间适当延长，测至降到原水位为止。记录测量结果，并绘制水位下降过程线，作为原始资料。对于黏壤土，测压管水位如果5昼夜内降至原来水位，认为是合格的；对于砂壤土，水位一昼夜降到原来水位，认为合格。对于砂砾料，如果在12h内降到原来水位，或者灌入相应体积的水而水位升高不到3～5m，认为是合格的。

（二）渗流观测资料的整理与分析

1. 土石坝渗流变化规律

土石坝渗流在运用过程中是不断变化的。引起渗流变化的原因，一般有库水位发生变化、坝体的不断固结、坝基沉陷、泥沙产生淤积、土石坝出现病害。其中，前四种原因引起的渗流变化属于正常现象，其变化具有一定的规律性：一是测压管水位和渗流量随库水位的上升而增加，随库水位的下降而减少；二是随着时间的推移，由于坝体固结、坝基沉陷、泥沙淤积等原因，在相同的库水位条件下，渗流观测值趋于减小，最后达到稳定。当土石坝产生坝体裂缝、坝基渗透破坏、防渗或排水设施失效、白蚁等生物破坏或含在土中的某些物质被水溶出等病害时，其渗流就不符合正常渗流规律，出现各种异常渗流现象。

2. 坝身测压管资料的整理和分析

（1）绘制测压管水位过程线

以时间为横坐标，以测压管水位为纵坐标，绘制测压管水位过程线。为便于分析相关因素的影响，在过程线图上还应同时绘出上下游水位过程线、雨量分布线。

（2）实测浸润线与设计浸润线对比分析

土坝设计的浸润线都是在固定水位（如正常高水位，设计洪水位）的前提下计算出来的，而在运用中，一般情况下正常高水位或设计洪水位维持时间极短，其他水位也变化频繁。因此，设计水位对应时刻的实测浸润线并非对应于该水位时的浸润线，如果库水位上升达到高水位，则在高水位下的比较往往出现"实测浸润线低于设计浸润线"；相反，用低水位的观测值比较，又会出现"实测浸润线高于设计浸润线"。事实上，只有库水位达到设计库水位并维持才可能直接比较，或设法消除滞后时间的影响，否则很难说明问题。

（3）测压管水位与库水位相关分析

对于一座已建成的坝，测压管水位只和上下游水位有关，当下游水位基本不变时，可以时间为参数，绘制测压管水位与库水位相关曲线，相关曲线形状有下列几种。

①测压管水位与库水位曲线相关。坝身土料渗透系数较大，滞后时间较短时一般是曲线相关。图中相关曲线逐年向左移动，说明测压管水位逐年下降，渗流条件改善；反之，相关曲线向右移动，则说明渗流条件恶化。

②测压管水位与库水位呈圈套曲线。当坝身土料渗透系数较小时，相关曲线往往呈圈套状，这是因为滞后时间所造成的。

按时间顺序点绘某一次库水位升降过程（例如在一年内）的库水位与测压管水位关系曲线，经过整理就可得出一条顺时针旋转的单圈套曲线。这时对应于相同的库水位就有不同的测压管水位，库水位上升过程对应的测压管水位低，库水位下降过程对于测压管的水位高，这属于正常现象。若出现反时针方向旋转的情况，属于不正常，其资料不能用。

该曲线反映了滞后时间的影响：库水位上升时，测压管水位相应上升，库水位上升至最高值时开始下降，测压管水位由于时间滞后而继续上升，然后才下降。库水位下降至某一高程又开始上升，测压管水位继续下降一段时间后才上升。坝的渗透系数越小，滞后时间越长，圈套的横向幅度就越大。

二、混凝土坝渗流监测

（一）混凝土坝压力监测

混凝土坝的筑坝材料不是松散体，不必担心发生流土和管涌，因此坝体内部的渗流压力监测没有土石坝那么重要，除了为监测水平施工缝设置少量渗压计外，一般很少埋设坝体内部渗流压力监测仪器。对于混凝土坝特别是混凝土重力坝而言，大坝是靠自身的重力来维持坝体稳定的，从坝工设计到水库安全管理通常担心坝体与基础接触部位的扬压力，这是因为扬压力的增加等于减少了坝体自身的重量，也减少坝体的抗滑稳定性，因此，混凝土坝渗流压力监测重点是监测坝体和坝基接触部位的扬压力以及绕坝渗流压力。

1. 坝基扬压力监测

混凝土坝坝基扬压力监测的一般要求为：

（1）坝基扬压力监测断面应根据坝型、规模、坝基地质条件和渗控措施等进行布置。一般设 1 ~ 2 个纵向监测断面，1、2 级坝的横向监测断面不少于 3 个。

（2）纵向监测断面以布置在第一道排水幕线上为宜，每个坝段至少设 1 个测点；坝基地质条件复杂时，测点应适当增加，遇到强透水带或者透水性强的大断层时，可在灌浆帷幕和第一道排水幕之间增设测点。

（3）横向监测断面通常布置在河床坝段、岸坡坝段、地质条件复杂的坝段以及灌浆帷幕转折的坝段。支墩坝的横向监测断面一般设在支墩底部。每个断面设 3 ~ 4 个测点，地质条件复杂时，可适当加密测点。测点通常布置在排水幕线上，必要时可在灌浆帷幕前布少测测点，当下游有帷幕时，在其上游侧也应当布置测点，防渗墙或板桩后也要设置测点。

（4）在建基面以下扬压力观测孔的深度不宜大于 1m，深层扬压力观测孔在必要时才设置。扬压力观测孔与排水孔不能相互替代使用。

（5）当坝基浅层存在影响大坝稳定的软弱带时，应增加测点。测压管进水段应埋在软弱带以下 0.5 ~ 1m 的岩体中，并做好软弱带处进水管外围的止水，以防止下层潜水向上渗漏。

（6）对于地质条件良好的薄拱坝，经论证可少做或不做坝基扬压力监测。

（7）坝基扬压力监测的测压管有单管式及多管式两种，可选用金属管或硬塑料管。进水段必须保证渗漏水能顺利地进入管内。当可能发生塌孔或管涌时，应增设反滤装置。管口有压时，安装压力表；管口无压时，安装保护盖，也可在管内安装渗压计。

2. 坝基扬压力监测布置

坝基扬压力监测布置通常需要考虑坝的类型、高度坝基地质条件和渗流控制工程特点等因素，一般是在靠近坝基的廊道内设测压管进行监测。纵向（坝轴线方向）通常需要布置 1 ~ 2 个监测断面，横向（垂直坝轴线方向）对于 1 级或 2 级坝至少布置 3 个监测断面。

纵向监测量主要的监测断面通常布置在第一排排水帷幕线上，每个坝段设一个测点；若地质条件复杂，测点数应适当增加，遇大断层或强透水带时，在灌浆帷幕和第一道排水幕之间增设测点。

横向监测断面选择在最高坝段、地质条件复杂的谷岸台地坝段及灌浆帷幕转折的坝段。横断面间距一般为 50 ~ 100m。坝体较长、坝体结构和地质条件大体相同，可适当加大横断面间距。横断面上一般设 3 ~ 4 个测点，若地质条件复杂，测点应适当增加。若坝基为透水地基，如砂砾石地基，当采用防渗墙或板桩进行，防渗加固处理时，应在防渗墙或板桩后设测点，以监测防渗处效果。当有下游帷幕时，应当在帷幕的上游侧布置测点。另外也可在帷幕前布置测点，进一步监测帷幕的防渗效果。

坝基若有影响大坝稳定的浅层软弱带，应增设测点。如采用测压管监测，测压管的进水管段应设在软弱带以下 0.5 ~ 1m 的基岩中，同时应做好软弱带导水管段的止水，防止下层潜水向上渗漏。

（二）渗流量监测

1. 渗流量监测设计

渗流量监测是渗流监测的重要内容，其直观反映了坝体或其他防渗系统的防渗效果，历史上很多失事的大坝也都是先从渗流量突然增加开始的，因此渗流量监测是非常重要的监测项目。

渗流量设施的布置，可根据坝型和坝基地质条件、渗流水的出流和汇集条件等因素确定。对于土石坝，通常在大坝下游能够汇集渗流水的地方设置集水沟和量水设备，集水沟等应布置在不受泄水建筑物泄洪影响以及坝面和两岸雨水排泄影响的地方。将坝体、坝基排水设施的渗水集中引至集水沟，在集水沟出口进行观测。也可以分区设置集水沟进行观测，最后汇至总集水沟观测总渗流量。混凝土坝渗流量的监测可在大坝下游设集水沟，而坝体渗水由廊道内的排水沟引至排水井或集水井观测渗流量。

2. 渗流量监测方法

常用的渗流量监测方法有容积法、量水堰法和测流速法，可以根据渗流量的大小和汇集条件选用。

（1）容积法

适用渗流量小于 1L/s 的渗流监测。具体监测时，可采用容器（如量筒）对一定时间内的渗水总量进行计量，然后除以时间就能得到单位时间的渗流量。如渗流量较大时，也可采用过磅称重的方法，对渗流量进行计量，同样可求出单位时间的渗流量。

（2）量水堰法

适用渗流量 1 ~ 300L/s 时的渗流监测。用水尺量测堰前水位，根据堰顶高程计算出堰上水头 H，再由 H 按量水堰流量公式计算渗流量。量水堰按断面可以分为直角三角形堰、梯形堰、矩形堰三种。

（3）测流速法

适用流量大于 300L/s 时的渗流监测。将渗流水引入排水沟，只要测量排水沟内的平均流速就能得到渗流量。

（三）绕坝渗流监测

当大坝坝肩岩体的节理裂隙发育，或存在透水性强的断层、岩溶和堆积层时，会产生较大的绕坝渗流。绕坝渗流不仅影响坝肩岩体的稳定，而且对坝体和坝基的渗流状况也会产生不利影响。因此，对绕坝渗流进行监测是十分必要的。有关规范对绕坝渗流监测的一般规定如下：

（1）绕坝渗流监测包括两岸坝端及部分山体、土石坝与岸坡或混凝土建筑物接触面以及防渗齿墙或灌浆帷幕与坝体或两岸接合部等关键部位。绕坝渗流监测的测点应根据枢纽布置、河谷地形、渗控措施和坝肩岩土体的渗透特性进行布置。

（2）绕渗监测断面宜沿着渗流方向或渗流较集中的透水层（带）布置，数量一般为 2～3 个，每个监测断面上布置 3～4 条观测铅直线（含渗流出口）。如需分层观测时，应做好层间止水。

（3）土工建筑物与刚性建筑物接合部的绕渗观测，应当在对渗流起控制作用的接触轮廓线处设置观测铅直线，沿接触面不同高程布设观测点。

（4）岸坡防渗齿槽和灌浆帷幕的上下游侧应各设 1 个观测点。

（5）绕坝渗流观测的原理和方法与坝体、坝基的渗流观测相同，一般采用测压管或渗压计进行观测，测压管和渗压计应当埋设于死水位或筑坝前的地下水位之下。

绕坝渗流的测点布置应根据地形、枢纽布置、渗流控制设施及绕坝渗流区渗透特性而定。在两岸的帷幕后沿流线方向分别布置 2～3 个监测断面，在每个断面上布置 3～4 个测点。帷幕前可布置少量测点。

对于层状渗流，可利用不同高程上的平洞布置监测孔。无平洞时，可分别将监测孔钻入各层透水带，至该层天然地下水位以下一定深度，一般为 1m，必要时可在一个孔内埋设多管式测压管，但必须做好上下两测点间的隔水措施，防止层间水相通。

第四节　3S 技术应用

3S 技术是遥感技术（Remote sensing，RS）、地理信息系统（Geography information systems，GIS）和全球定位系统（Global positioning systems，GPS）统称。

一、遥感技术的应用

水利信息包括水情、雨情信息、汛旱灾情信息、水量水质信息、水环境信息、水工程信息等。为了获取这些信息，水利行业建立了一个庞大的信息监测网络，该网络在水利决策中发挥了重大作用。20 世纪 90 年代后随着以遥感为主的观测技术的快速发展和日趋成熟，使其已成为水利信息采集的重要手段。

相对于传统的信息获取手段，遥感技术具有宏观、快速、动态、经济等特点。由于遥感信息获取技术的快速发展，各类不同时空分辨率的遥感影像获取将会越来越容易，遥感技术的应用将会越来越广泛。可以肯定，遥感信息将成为现代化水利的日常信息源。

水利信息化建设中所涉及的数据量既有实时数据，又有环境数据、历史数据；既有栅格数据（如遥感数据），又有矢量数据、属性数据。水利信息中 70% 以上与空间地理位置有关，组织和存储这些不同性质的数据是一件非常复杂事情，关系型数据库管理系统是难以管理如此众多的空间信息的，而 GIS 恰好具备这一功能。实质上，地理信息系统不但可以用于存储和管理各类海量水利信息，还可以用于水利信息的可视化查询与网上发布，地理信息系统的空间分析能力甚至可以直接为水利决策提供辅助支持，如地理信息系统的网络分析功能可以直接为防洪救灾中的避险迁安服务。

目前，GIS 在水利行业已广泛应用于防洪减灾、水资源管理、水环境、水土保持等领域之中。

如前所述，水利信息 70% 以上与空间地理位置有关，以 GPS 为代表的全新的卫星空间定位方法，是获取水利信息空间位置的必不可少的手段。

二、3S 技术在防洪减灾中的应用

遥感、地理信息系统和全球定位系统技术在防洪、减灾、救灾方面的应用是最广泛的，相对也是最成熟的，其应用几乎覆盖这些工作全过程。

（1）数据采集和信息提取技术在雨情、水情、工情、险情和灾情等方面都能不同程度地发挥作用，在基础地理信息提取方面更是优势明显。

（2）在数据与信息的存储、管理和分析方面，目前大多数涉及防洪、减灾和救灾的信息管理系统都已以 GIS 为平台建设，21 世纪以后的建设都是以 WebGIS 为平台，可以多终端和远程发布、浏览和权限操作，这对防汛工作来讲是至关重要的。

（3）水利信息 3S 高新技术在防汛决策支持方面将起越来越大的作用，这也是应用潜力最大的方面。目前如灾前评估、避险迁安和抢险救灾物资输运路线、气象卫星降雨定量预报。

三、3S 技术在水资源实时监控管理中的应用

（一）GIS 技术在水资源实时监控管理中的应用

1. 空间数据的集成环境

在水资源实时监控系统中不仅包含大量非空间信息，还应包含空间信息以及和空间信息相互关联的信息。包括地理背景信息（地形、地貌、行政区划、居民地、交通等），各类测站位置信息（雨量、水文、水质、墒情、地下水等）、水资源分析单元（行政单

元、流域单元等）、水系（河流、湖泊、水库、渠道等）、水利工程分布、各类用水单元（灌区、工厂居民点等）。这些实体均应采用空间数据模型（如点、线、多边形、网络等）来描述。GIS 提供管理空间数据的强大工具，应用 GIS 技术对用于水资源实时监控系统中空间数据的存储、处理和组织。

2. 空间分析的工具

采用 CIS 空间叠加方法可以方便地构造水资源分析单元，将各个要素层在空间上联系起来。同时 G1S 的空间分析功能还可以进行流域内各类供用水对象的空间关系分析；建立在流域地形信息、遥感影像数据支持下的流域三维虚拟系统，配置各类基础背景信息、水资源实时监控信息，实现流域的可视化管理。

3. 构建集成系统的应用

GIS 具有很强的系统集成能力，是构成水资源实时监控系统集成的理想环境。GIS 具有强大的图形显示能力，需要很少的开发量，就可以实现电子地图显示、放大、缩小、漫游。同时很多 GIS 软件采用组件化技术、数据库技术和网络技术，使 GIS 与水资源应用模型、水资源综合数库以及现有的其他系统集成起来。因此，应用 GIS 来构建水资源实时监控系统可以增强系统的表现力，拓展系统的功能。

（二）遥感技术在水资源实时监控管理中的应用

1. 提供流域背景信息

运用遥感技术可以及时更新水资源实时监控系统的流域背景信息，如流域的植被状况、水系、大型水利工程、灌区、城市及农村居民点等。这些信息虽然可以从地形图和专题地图中获得，但运用遥感手段可以获取最新的变化信息，以提供提高系统应用的可靠性。

2. 提供水资源实时监测信息

遥感是应用装载在一定平台（如卫星）上传感器来感知地表物体电磁波信息，包括可见光、近红外、热红外、微波等，通过遥感手段可以直接或间接地获取水资源实时监测信息。获取地表水体信息，包括水面面积、水深、浑浊度等；计算土壤含水量；计算地表蒸散发量；计算大气水汽含量等。

3. 评估水资源实时监控效果

通过遥感手段可以发现、快速评估水资源实时管理和调度的效果，如调水后地表水体的变化、土壤墒情的变化、天然植被的恢复情况、农作物长势的变化等。

（三）GPS 技术在水资源实时监控系统应用

GPS 即全球定位系统，在水资源实时监控系统中主要可以应用其定位和导航的作用。如各种测站、监测断面、取水口位置的测量。另外最新采用移动监测技术也应用 GPS 技术，实时确定监测点的地理坐标，并且把监测信息传输到控制中心，控制中心可以运用发回地理坐标确定监测点所在水系、河段及断面位置。这种方式可以大大提高贵重监测仪器（如水质监测仪器）的利用效率，同时也提高了系统灵活反应的能力。

四、3S 技术在旱情信息管理系统中的应用

（一）农情、墒情和简单气象要素信息的采集

目前在全国的部分省（自治区、直辖市），建立了以省为单位的旱情信息管理系统。以山东省为例，全省有定时、定点墒情监测站 100 余个，基本上做到每个县有一个观测点，逐旬逢"6"监测。监测内容有统一的规范格式，数据项除了包括站名站号，还主要包含农事信息和墒情信息两部分。农事信息有：观测点种植内容分白地、麦地、棉花、薯类、水稻、玉米、春杂、夏杂等，并对其中两种最主要的面积类型进一步描述，面积比例占第一位的为"作物1"，占第二位的为"作物2"，对于这两种主要作物还要描述其生长期，分为播种期、幼苗期、成长期、开花期、黄熟期几个阶段。根据作物受害与否定性分为：正常和干旱。根据受害程度分为：没有、轻微、中度、严重，绝收五级。土壤的墒情分别测定 0.1m、0.2m、0.4m 三个不同深度的土壤重量含水百分率，对相应的土壤质地，根据其质地粗细也分为壤土、沙土和黏土。对前期灌溉和降水情以毫米数表达。在部分点还有地下水埋深（m）的记录。观测内容细致全面。

（二）旱情观测数据的传输与管理

目前全国的旱情信息系统建设水平还很不平衡，在旱情监测信息系统建设比较好的省份，农情和墒情信息能通过公共网络逐旬汇总到省防汛抗旱指挥部门，雨情能实现逐日汇总到省防汛抗旱指挥部门，这些信息通过水利专网可以比较及时地传送到国家防汛抗旱总指挥部办公室的全国旱情管理信息系统中，但是在一些经济和技术条件相对落后的省份，只能做到逐旬汇总上报概略的受旱面积和旱灾程度评价意见。

（三）旱情监测与墒情预报信息系统研究进展

近年也有学者开展了旱情监测与墒情预报研究，将逐旬定点观测的墒情作为旬观测修正基准，依据逐日气象条件、灌溉情况估算的土壤流失或补墒过程，将当前墒情作为判断旱情状况的依据。

（四）抗旱决策支持与抗旱效果评估

将现代化的空间遥感技术、地理信息系统技术、全球定位系统技术与现代通信技术集成为一个完整的干旱的监测、快速评估和预警系统，可实现遥感信息的多时相采集和墒情信息采集的空间定位，通过现状数据和历史数据的分析对比，能够提出对旱情的评估意见，依托丰富的信息表达手段完成会商决策支持。通过对抗旱措施的跳跃监测，抗旱效果得到灵敏的反映，方便管理部门的决策。

五、3S 技术在水环境信息管理系统中的应用

从整体结构来讲，水环境信息管理系统主要包括三个方面：水环境信息数据库、水

环境信息数据库的维护以及水环境信息的网络发布。水环境信息中有大量的空间信息，这样，GIS 技术在水环境信息系统中便发挥了独特的功能，其包括图形库的采集、编辑、管理、维护、空间分析以及 WEB 发布等。

按数据内容划分，水环境信息系统中的信息主要包括水质监测站信息、水质标准与指标信息、水质动态监测数据、水质综合评价数据、水质特征值统计数据、背景信息及其他信息等方面；按数据的格式划分，包括空间图形数据与非图形数据，空间图形数据一般用 GIS 格式存贮存管理，其他数据以二维数据表的形式放入关系数据库当中进行统一管理。

在水环境信息管理的 3S 技术应用中，数据库的设计与建设是信息系统建设的关键。首先水环境数据是多维的。对于每一个水质监测数据，它都有个时间戳，记录了数据采集的时间，同时，每个数据还有个地理戳，记录了数据采集的具体位置。这样，时间维、空间维和各个主题域（水质指标）一起构成了水质多维数据；其次水环境数据还是有粒度的，水质监测原始数据在采样时间上精确到了分钟（采样时间，采样时分），在取样位置上又精确到了测点（测站、断面、测线、测点），所以数据量是极其庞大的。为了方便更好地查询和分析数据，需要对原始监测数据进行综合，按时间形成不同粒度的数据，如低度综合的月平均、季度平均，高度综合的年平均、水期（枯水期、丰水期）平均。

第三章 水利工程建设

第一节 水利工程规划设计

一、水利勘测

水利勘测是为水利建设而进行的地质勘察及测量。其是水利科学的组成部分。其任务是对拟定开发的江河流域或地区，就有关的工程地质、水文地质、地形地貌、灌区土壤等条件开展调查与勘测，分析研究其性质、作用及内在规律，评价预测各项水利设施与自然环境可能产生的相互影响和出现的各种问题，为水利工程规划、设计和施工运行提供基本资料和科学依据。

水利勘测是水利建设基础工作之一，与工程的投资及安全运行关系十分密切；有时由于对客观事物的认识和未来演化趋势的判断不同，措施失当，往往发生事故或失误。水利勘测需反复调查研究，必须要密切配合水利基本建设程序，分阶段并且逐步深入进行，达到利用自然和改造自然的目的。

（一）水利勘测内容

1. 水利工程测量

包括平面高程控制测量、地形测量（含水下地形测量）、纵横断面测量，定线、放线测量及变形观测等。

2.水利工程地质勘察

包括地质测绘、开挖作业、遥感、钻探、水利工程地球物理勘探、岩土试验和观测监测等。用以查明：区域构造稳定性、水库地震；水库渗漏、浸没、塌岸、渠道渗漏等环境地质问题；水工建筑物地基的稳定和沉陷；洞室围岩的稳定；天然边坡和开挖边坡的稳定，以及天然建筑材料状况等。随着实践经验的丰富和勘测新技术的发展，环境地质、系统工程地质、工程地质监测和数值分析等，都有较大地进展。

3.地下水资源勘察

已由单纯的地下水调查、打井开发，向全面评价、合理开发利用地下水发展，如渠灌井灌结合、盐碱地改良、动态监测预报、防治水质污染等。此外，对环境水文地质和资源量计算参数的研究，也有较大提高。

4.灌区土壤调查

包括自然环境、农业生产条件对土壤属性的影响，土壤剖面观测，土壤物理性质测定，土壤化学性质分析，土壤水分常数测定以及土壤水盐动态观测。通过调查，研究土壤形成、分布和性状，掌握在灌溉、排水、耕作过程中土壤水、盐、肥力变化的规律。除上述内容外，水文测验、调查和实验也是水利勘测的重要组成部分，但是中国的学科划分现多将其列入水文学体系之内。

水利勘测要密切配合水利工程建设程序，按阶段要求逐步深入进行；工程运行期间，还要开展各项观测、监测工作，以策安全。勘测当中，既要注意区域自然条件的调查研究，又要着重水工建筑物与自然环境相互作用的勘探试验，使得水利设施起到利用自然和改造自然的作用。

（二）水利勘测特点

水利勘测是应用性很强的学科，大致具有如下三点特性：

1.实践性

即着重现场调查、勘探试验及长期观测、监测等一系列实践工作，以积累资料、掌握规律，为水利建设提供可靠依据。

2.区域性

即针对开发地区的具体情况，运用相应的有效勘测方法，阐明不同地区的各自特征。如山区、丘陵与平原等地形地质条件不同的地区，其水利勘测的任务要求与工作方法，往往大不相同，不能千篇一律。

3.综合性

即充分考虑各种自然因素之间及其与人类活动相互作用的错综复杂关系，掌握开发地区的全貌及其可能出现的主要问题，为了采取较优的水利设施方案提供依据。因此，水利勘测兼有水利科学与地学（测量学、地质学与土壤学等）以及各种勘测、试验技术相互渗透、融合的特色。但通常以地学或地质学为学科基础，用测绘制图和勘探试验成果的综合分析作为基本研究途径，是一门综合性的学科。

二、水利工程规划设计的基本原则

水利工程规划是以某一水利建设项目为研究对象的水利规划。水利工程规划通常是在编制工程可行性研究或工程初步设计时进行。

改革开放以来，随着社会主义市场经济的飞速发展，水利工程对我国国民经济增长具有非常重要的作用。无论是城市水利还是农村水利，它不但可以保护当地免遭灾害的发生，更有利于当地的经济建设。因此必须严格坚持科学的发展理念，确保水利工程的顺利实施。在水利工程规划设计中，要切合实际，严格按照要求，以科学的施工理念完成各项任务。

随着经济社会的不断快速发展，水利事业对于国民经济的增长而言发挥着越来越重要的作用，无论是对于农村水利，还是城市水利，其不但会影响到地区的安全，防止灾害发生，而且也能够为地区的经济建设提供足够的帮助。鉴于水利事业的重要性，水利工程的规划设计就必须严格按照科学的理念开展，从而确保各项水利工程能够带来必要的作用。对于科学理念的遵循就是要求在设计当中严格按照相应的原则，从而很好地完成相应的水利工程。总的来讲，水利工程规划设计的基本原则包括着如下几个部分：

（一）确保水利工程规划的经济性和安全性

就水利工程自身而言，其所包含的要素众多，是一项较为复杂与庞大的工程，不仅包括着防止洪涝灾害、便于农田灌溉、支持公民的饮用水等要素，也包括着保障电力供应、物资运输等方面的要素，因此对于水利工程的规划设计应该从总体层面入手。在科学的指引下，水利工程规划除了要发挥出其最大的效应，也需要将水利科学及工程科学的安全性要求融入到规划当中，从而保障所修建的水利工程项目具有足够的安全性保障，在抗击洪涝灾害、干旱、风沙等方面都具有较为可靠的效果。对于河流水利工程而言，由于涉及到河流侵蚀、泥沙堆积等方面的问题，水利工程就更需进行必要安全性措施。除了安全性的要求之外，水利工程的规划设计也要考虑到建设成本的问题，这就要求水利工程构建组织对于成本管理、风险控制、安全管理等都具有十分清晰的了解，进而将这些要素进行整合，得到一个较为完善的经济成本控制方法，使得水利工程的建设资金能够投放到最需要的地方，杜绝浪费资金状况出现。

（二）保护河流水利工程的空间异质的原则

河流水利工程的建设也需要将河流的生物群体进行考虑，而对于生物群体的保护也就构成了河流水利工程规划的空间异质原则。所谓的生物群体也就是指在水利工程所涉及到的河流空间范围内所具有的各类生物，其彼此之间的互相影响，并在同外在环境形成默契的情况下进行生活，最终构成了较为稳定的生物群体。河流作为外在的环境，实际上其存在也必须与内在的生物群体的存在相融合，具有系统性的体现，只有维护好这一系统，水利工程项目的建设才能够达到其有效性。作为一种人类的主观性的活动，水利工程建设将不可避免地会对整个生态环境造成一定的影响，使得河流出现非连续性，最终可能带来不必要的破坏。因此，在进行水利工程规划的时候，有必要对空间异质加以关注。尽管多数水利工程建设并非聚焦于生态目标，而是为了促进经济社会的发展，但在建设当中同样要注意对于生态环境的保护，从而保证所构建的水利工程符合可持续发展的道路。当然，这种对于异质空间保护的思考，有必要对河流的特征及地理面貌等状况进行详细的调查，进而确保所指定的具体水利工程规划能够切实满足当地需要。

（三）水利工程规划要注重自然力量的自我调节原则

就传统意义上的水利工程而言，对于自然在水利工程中的作用力的关注是极大的，很多项目的开展得益于自然力量，而并非人力。伴随着现代化机械设备的使用，不少水利项目的建设都寄希望于使用先进的机器设备来对整个工程进行控制，但效果往往并非很好。因此，在具体的水利工程建设中，必须将自然的力量结合到具体的工程规划当中，从而在最大限度地维护原有地理、生态面貌的基础上，进行水利工程建设。当然，对于自然力量的运用也需要进行大量的研究，不仅需要对当地的生态面貌等状况进行较为彻底的研究，而且也要在建设过程中竭力维护好当地的生态情况，并且防止外来物种对原有生态进行入侵。事实上，大自然都有自我恢复功能，而水利工程作为一项人为的工程项目，其对于当地的地理面貌进行的改善也必然会通过大自然的力量进行维护，这就要求所建设的水利工程必须将自身的一系列特质与自然进化要求相融合，从而在长期的自然演化过程中，把自身也逐步融合成为大自然的一部分，有利水利项目可长期为当地的经济社会发展服务。

（四）对地域景观进行必要的维护与建设

地域景观的维护与建设也是水利工程规划的重要组成部分，而这也要求所进行的设计必须从长期性角度入手，将水利工程的实用性与美观性加以结合。事实上，在建设过程中，不可避免地会对原有景观进行一定的破坏，这在注意破坏的度的同时，也需要将水利工程的后期完善策略相结合，也即在工程建设后期或使用和过程中，对原有的景观进行必要的恢复。当然，整个水利工程的建设应该尽可能地以不破坏原有景观的基础之上进行开展，但不可避免的破坏也要将其写入建设规划当中。另外水利工程建设本身就有可能具有较好的美观性，而这也能够为地域景观提供一定的补充。总的来说，对于经管的维护应该尽可能从较小的角度入手，这样既能保障所建设的水利工程具备详尽性的特征，而且也可以确保每一项小的工程获得很好的完工。值得一提的是，整个水利工程所涉及到的景观维护与补充问题都需要进行严格的评价，进而确保所提供的景观不会对原有的生态、地理面貌发生破坏，而这种评估工作也需要涵盖着整个水利工程范围，并有必要向外进行拓展，确保评价的完备性。

（五）水利工程规划应遵循一定的反馈原则

水利工程设计主要是模仿成熟的河流水利工程系统的结构，力求最终形成一个健康、可持续的河流水利系统。在河流水利工程项目执行以后，就开始了一个自然生态演替的动态过程。这个过程并不一定按照设计预期的目标发展，可能出现多种可能性。针对具体一项生态修复工程实施以后，一种理想的可能是监测到的各变量是现有科学水平可能达到的最优值，表示水利工程能够获得较为理想的使用与演进效果；另一种差的情况是，监测到的各生态变量是人们可接受的最低值，在两种极端状态之间，形成了一个包络图。

三、水利工程规划设计的发展与需求

目前在对城市水利工程建设当中，把改善水域环境和生态系统作为主要建设目标，同时也是水利现代化建设的重要内容，所以按照现代城市的功能来对流经市区的河流进行归类大致有两类要求：

对河中水流的要求是：水质清洁、生物多样性、生机盎然和优美的水面规划。

对滨河带的要求是：其规划不仅要使滨河带能充分反映当地的风俗习惯和文化底蕴，同时还要有一定的人工景观，供人们休闲、娱乐和活动，此外在规划上还要注意文化氛围的渲染，所形成的景观不仅要有现代的气息，同时还要注意与周围环境的协调性，达到自然环境、山水、人的和谐统一。

这些要求充分体现在经济快速发展的带动下社会的明显进步，这也是水利工程建设发展的必然趋势。这就对水利建设者提出了更高的要求，水利建设者在满足人们的要求的同时，还要在设计、施工和规划方面进行更好的调整和完善，从而使水利工程建设具有更多的人文、艺术和科学气息，使得工程不仅起到美化环境的作用，同时还具有一定的欣赏价值。

水利工程不仅实现了人工对山河的改造，同时也起到了防洪抗涝，实现了对水资源的合理保护和利用，从而使之更好地服务于人类。水利工程对周围的自然环境和社会环境起到了明显的改善。现在人们越来越重视到环境的重要性，所以对环境保护的力度不断的提高，对资源开发、环境保护和生态保护协调发展加大了重视的力度，在这种大背景下，水利工程设计时在强调美学价值的同时，就更注重生态功能发挥。

四、水利工程设计中对环境因素的影响

（一）水利工程与环境保护

水利工程有助于改善和保护自然环境。水利工程建设主要以水资源的开发利用和防止水害，其基本功能是改善自然环境，如除涝、防洪，为人们的日常生活提供水资源，保障社会经济健康有序的发展，同时还可以减少大气污染。此外，水利工程项目可以调节水库，改善下游水质等优点。水利工程建设将有助于改善水资源分配，满足经济发展和人类社会的需求，同时，水资源也是维持自然生态环境的主要因素。如果在水资源分配过程中，忽视自然环境对水资源的需求，将会引发环境问题。水利工程对环境工程的

影响主要表现在对水资源方面的影响，如河道断流、土地退化、下游绿洲消失、湖泊萎缩等生态环境问题，甚至会导致下游环境恶化。工程的施工同样会给当地环境带来影响，若这些问题不能及时解决，将会限制社会经济的发展。

水利工程既能改善自然环境又能对环境产生负面效应，因此在实际开发建设过程中，要最大限度地保护环境、改善水质，维持生态平衡，将工程效益发挥到最大。要将环境的纳入实际规划设计工作中去，并且实现可持续发展。

（二）水利工程建设的环境需求

从环境需求的角度分析建设水利工程项目的可行性和合理性，具体表现在以下几个方面：

1. 防洪的需要

兴建防洪工程为人类生存提供基本的保障，这是构建水利工程项目的主要目的。从环境的角度分析，洪水是湿地生态环境的基本保障，如河流下游的河谷生态、新疆的荒漠生态的等，它都需要定期的洪水泛滥以保持生态平衡。因此，在兴建水利工程时必须要考虑防洪工程对当地生态环境造成的影响。

2. 水资源的开发

水利工程的另一功能是开发利用水资源。水资源不仅是维持生命的基本元素，也是推动社会经济发展的基本保障。水资源的超负荷利用，会造成一系列生态环境问题。因此在水资源开发过程中强调水资源合理利用。

（三）开发土地资源

土地资源是人类赖以生存的保障，通过开发土地，以提高其使用率。针对土地开发利用根据需求和提法的不同分为移民专业和规划专业。移民专业主要是从环境容量、土地的承受能力以及解决的社会问题方面进行考虑。而规划专业的重点则是从开发技术的可行性角度进行分析。改变土地的利用方式多种多样，在前期规划设计阶段应充分考虑环境问题，并且制订多种可行性方案并择优进行。

第二节 水利枢纽

一、水利枢纽概述

水利枢纽是为满足各项水利工程兴利除害的目标，在河流或渠道的适宜地段修建的不同类型水工建筑物的综合体。水利枢纽常以其形成的水库或主体工程——坝、水电站的名称来命名，如三峡大坝、密云水库、罗贡坝及新安江水电站等；也有直接称水利枢纽的，如葛洲坝水利枢纽。

（一）类型

水利枢纽按承担任务的不同，可分为防洪枢纽、灌溉（或供水）枢纽、水力发电枢纽和航运枢纽等。多数水利枢纽承担多项任务，称为综合性水利枢纽。影响水利枢纽功能的主要因素是选定合理的位置和最优的布置方案。水利枢纽工程的位置一般通过河流流域规划或地区水利规划确定。具体位置须充分考虑地形、地质条件、使各个水工建筑物都能布置在安全可靠的地基上，并能满足建筑物的尺度和布置要求，以及施工必需条件。水利枢纽工程的布置，一般通过可行性研究及初步设计确定。枢纽布置必须使各个不同功能的建筑物在位置上各得其所，在运用中相互协调，充分有效地完成所承担的任务；各个水工建筑物单独使用或联合使用时水流条件良好，上下游的水流和冲淤变化不影响或少影响枢纽的正常运行，总之技术上要安全可靠；在满足基本要求的前提下，要力求建筑物布置紧凑，一个建筑物能发挥多种作用，减少工程量和工程占地，以减小投资；同时要充分考虑管理运行的要求和施工便利，工期短。一个大型水利枢纽工程的总体布置是一项复杂的系统工程，需要按系统工程的分析研究方法进行论证确定。

（二）枢纽组成

利枢纽主要由挡水建筑物、泄水建筑物、取水建筑物以及专门性建筑物组成。

1. 挡水建筑物

在取水枢纽和蓄水枢纽中，为拦截水流、抬高水位和调蓄水量而设的跨河道建筑物，分为溢流坝（闸）和非溢流坝两类。溢流坝（闸）兼做泄水建筑物。

2. 泄水建筑物

为宣泄洪水和放空水库而设。其形式有岸边溢洪道、溢流坝（闸）、泄水隧洞、闸身泄水孔或坝下涵管等。

3. 取水建筑物

为灌溉、发电、供水和专门用途的取水而设置。其形式有进水闸、引水隧洞及引水涵管等。

4. 专门性建筑物

为发电的厂房、调压室，为扬水的泵房、流道，为通航、过木、过鱼的船闸、升船机、筏道、鱼道等。

（三）枢纽位置选择

在流域规划或地区规划中，某一水利枢纽所在河流中的大体位置已基本确定，但其具体位置还需在此范围内通过不同方案的技术经济比较来进行比选。水利枢纽的位置常以其主体——坝（挡水建筑物）的位置为代表。所以，水利枢纽位置的选择常称为坝址选择。有的水利枢纽，只需在较狭的范围内进行坝址选择；有的水利枢纽，则需要先在较宽的范围内选择坝段，然后在坝段内选择坝址。例如，三峡水利枢纽，就曾先在三峡出口的南津关坝段及其上游30～40km处的美人坨坝段进行比较。前者的坝轴线较短，工程量较小，发电量稍大。但地下工程较多，特别是地质条件、水工布置和施工条件远较后者为差，因而选定了美人坨坝段。在这一坝段中，又选择了太平溪和三斗坪两个坝址进行比较。两者的地质条件基本相同，前者坝体工程量较小，但是后者便于枢纽布置，特别是便于施工，最后，选定了三斗坪坝址。

（四）划分等级

水利枢纽常按其规模、效益和对经济、社会影响的大小进行分等，并将枢纽中的建筑物按其重要性进行分级。对级别高的建筑物，在抗洪能力、强度和稳定性、建筑材料、运行的可靠性等方面都要求高一些，反之就要求低些，以达到既安全又经济的目的。

（五）水利枢纽工程

指水利枢纽建筑物（含引水工程中的水源工程）和其他大型独立建筑物。包括挡水工程、泄洪工程、引水工程、发电厂工程、升压变电站工程、航运工程、鱼道工程、交通工程、房屋建筑工程和其他建筑工程。其中挡水工程等前七项是主体建筑工程。

1. 挡水工程

包括挡水的各类坝（闸）工程。

2. 泄洪工程

包括溢洪道、泄洪洞、冲砂孔（洞）、放空洞等工程。

3. 引水工程

包括发电引水明渠、进水口、隧洞、调压井、高压管道等工程。

4. 发电厂工程

包括地面、地下各类发电厂工程。

5. 升压变电站工程

包括升压变电站、开关站等工程。

6. 航运工程

包括上下游引航道、船闸、升船机等工程。

7. 鱼道工程

根据枢纽建筑物布置情况，可独立列项，与拦河坝相结合的，也可以作为拦河坝工程的组成部分。

8. 交通工程

包括上坝、进厂、对外等场内外永久公路、桥涵、铁路、码头等交通工程。

9. 房屋建筑工程

包括为生产运行服务的永久性辅助生产建筑、仓库、办公、生活及文化福利等房屋建筑和室外工程。

10. 其他建筑工程

包括内外部观测工程,动力线路(厂坝区),照明线路,通信线路,厂坝区及生活区供水、供热及排水等公用设施工程,厂坝区环境建设工程,水情自动测报工程以及其他。

二、拦河坝水利枢纽布置

拦河坝水利枢纽是为解决来水与用水在时间和水量分配上存在的矛盾,修建的以挡水建筑物为主体的建筑物综合运用体,又称水库枢纽,一般由挡水、泄水、放水及某些专门性建筑物组成。将这些作用不同的建筑物相对集中布置,并保证它们在运行中良好配合的工作,就是拦河水利枢纽布置。

拦河水利枢纽布置应根据国家水利建设的方针,依据流(区)域规划,从长远着眼,结合近期的发展需要,对各种可能的枢纽布置方案进行综合分析、比较,选定最优的方案,然后严格按照水利枢纽的基建程序,分阶段有计划地进行规划设计。

拦河水利枢纽布置的主要工作内容有坝址、坝型选择及枢纽工程布置等。

(一)坝址及坝型选择

坝址及坝型选择的工作贯穿于各设计阶段之中,并且是逐步优化的。

在可行性研究阶段,一般是根据开发任务的要求,分析地形、地质及施工等条件,初选几个可能筑坝的地段(坝段)和若干条有代表性的坝轴线,通过枢纽布置进行综合比较,选择其中最有利的坝段和相对较好的坝轴线,进而提出推荐坝址,并在推荐坝址上进行枢纽工程布置,再通过方案比较,初选基本坝型和枢纽布置方式。

在初步设计阶段,要进一步进行枢纽布置,通过技术经济比较,选定最合理的坝轴线,确定坝型及其他建筑物的形式和主要尺寸,并进行具体枢纽工程布置。

在施工详图阶段,随着地质资料和试验资料的进一步深入和详细,对已确定的坝轴线、坝型和枢纽布置做最后的修改和定案,并且作出能够依据施工的详图。

坝轴线及坝型选择是拦河水利枢纽设计中的一项很主要的工作,具有重大的技术经济意义,两者是相互关联的,影响因素也是多方面的,不仅要研究坝址及其周围的自然条件,还需考虑枢纽的施工、运用条件、发展远景和投资指标等。需进行全面论证和综合比较后,才能做出正确的判断及选择合理的方案。

1. 坝址选择

选择坝址时,应综合考虑下述条件。

(1)地质条件

地质条件是建库建坝的基本条件,是衡量坝址优劣的重要条件之一,在某种程度上决定着兴建枢纽工程的难易。工程地质与水文地质条件是影响坝址、坝型选择的重要因素,且往往起决定性作用。

选择坝址,首先要清楚有关区域的地质情况。坚硬完整、无构造缺陷的岩基是最理想的坝基:但如此理想的地质条件很少见,天然地基总会存在这样或那样的地质缺陷,要看能否通过合宜的地基处理措施使其达到筑坝的要求。在该方面必须注意的是：不能疏漏重大地质问题，对重大地质问题要有正确的定性判断，以便决定坝址的取舍或定出防护处理的措施，或在坝址选择和枢纽布置上设法适应坝址的地质条件。对存在破碎带、断层、裂隙、喀斯特溶洞、软弱夹层等坝基条件较差的，还有地震地区，应作充分的论证和可靠的技术措施。坝址选择还必须对区域地质稳定性和地质构造复杂性以及水库区的渗漏、库岸塌滑、岸坡及山体稳定等地质条件做出评价和论证。各种坝型及坝高对地质条件有不同的要求。如拱坝对两岸坝基的要求很高，支墩坝对地基要求也高，次之为重力坝，土石坝要求最低，一般较高的混凝土坝多要求建在岩基之上。

（2）地形条件

坝址地形条件必须满足开发任务对枢纽组成建筑物的布置要求。通常，河谷两岸有适宜的高度和必需的挡水前缘宽度时，则对枢纽布置有利。一般来说，坝址河谷狭窄，坝轴线较短，坝体工程量较小，但河谷太窄则不利于泄水建筑物、发电建筑物、施工导流及施工场地的布置，有时反不如河谷稍宽处有利。除考虑坝轴线较短外，对坝址选择还应结合泄水建筑物、施工场地的布置和施工导流方案等综合考虑。枢纽上游最好有开阔的河谷，使在淹没损失尽量小的情况下，能获得较大库容。

坝址地形条件还必须与坝型相互适应，拱坝要求河谷窄狭；土石坝适应河谷宽阔、岸坡平缓、坝址附近或库区内有高程合适的天然垭口，并且方便归河，以便布置河岸式溢洪道。岸坡过陡，会使坝体与岸坡接合处削坡量过大。对于通航河道，还应注意通航建筑的布置、上河及下河的条件是否有利。对有暗礁、浅滩或陡坡、急流的通航河流，坝轴线宜选在浅滩稍下游或急流终点处，以改善通航条件。有瀑布的不通航河流，坝轴线宜选在瀑布稍上游处以节省大坝工程量，对于多泥沙河流及有漂木要求的河道，应注意坝址位段对取水防沙及漂木是否有利。

（3）建筑材料

在选择坝址、坝型时，当地材料的种类、数量及分布往往起决定性影响。对土石坝，坝址附近应有数量足够、质量能符合要求的土石料场；如为混凝土坝，则要求坝址附近有良好级配的砂石骨料。料场应便于开采、运输，且施工期间料场不会因淹没而影响施工。所以对建筑材料的开采条件、经济成本等，应该进行认真调查和分析。

（4）施工条件

从施工角度来看，坝址下游应有较开阔的滩地，以便布置施工场地、场内交通和进行导流。应对外交通方便，附近有廉价的电力供应，以满足照明及动力的需要。从长远利益来看，施工的安排应考虑今后运用、管理的方便。

（5）综合效益

坝址选择要综合考虑防洪、灌溉、发电、通航、过木、城市以及工业用水、渔业以及旅游等各部门的经济效益，还应考虑上游淹没损失以及蓄水枢纽对上、下游生态环境的各方面的影响。兴建蓄水枢纽将形成水库，使大片原来的陆相地表和河流型水域变为湖泊型水域，改变了地区自然景观，对自然生态和社会经济产生多方面的环境影响。其有利影响是发展了水电、灌溉、供水、养殖、旅游等水利事业和解除洪水灾害、改善气候条件等，但是，也会给人类带来诸如淹没损失、浸没损失、土壤盐碱化或沼泽化、水库淤积、库区塌岸或滑坡、诱发地震、使水温、水质及卫生条件恶化、生态平衡受到破坏以及造成下游冲刷，河床演变等不利影响。虽然水库对环境的不利影响与水库带给人类的社会经济效益相比，一般说来居次要地位，但处理不当也能造成严重的危害，故在进行水利规划和坝址选择时，必须对生态环境影响问题进行认真研究，并作为方案比较的因素之一加以考虑。不同的坝址、坝型对防洪、灌溉、发电、给水、航运等要求也不相同。至于是否经济，要根据枢纽总造价来衡量。

归纳上述条件，优良的坝址应是：地质条件好、地形有利、位置适宜、方便施工造价低、效益好。所以应全面考虑、综合分析，进行多种方案的比较，合理解决矛盾，选取最优成果。

2. 坝型选择

（1）土石坝

在筑坝地区，若交通不便或缺乏三材，而当地又有充足实用的土石料，地质方面无大的缺陷，又有合宜的布置河岸式溢洪道的有利地形时，则可就地取材，优先选用土石坝。随着设计理论、施工技术和施工机械方面的发展，近几年来土石坝比重修建的数量已有明显的增长，而且其施工期较短，造价远低于混凝土坝。我国在中小型工程中，土石坝占有很大的比重。目前，土石坝是世界坝工建设中应用最为广泛和发展最快的一种坝型。

（2）重力坝

有较好的地质条件，当地有大量的砂石骨料可以利用，交通又比较方便时，一般多考虑修筑混凝土重力坝。可直接由坝顶溢洪，但不需另建河岸溢洪道，抗震性能也较好。我国目前已建成的三峡大坝是世界上最大的混凝土浇筑实体重力坝。

（3）拱坝

当坝址地形为 V 形或 U 形狭窄河谷，且两岸坝肩岩基良好时，则可考虑选用拱坝。它工程量小，比重力坝节省混凝土量 1/2 ~ 2/3，造价较低，工期短，也可从坝顶或坝体内开孔泄洪，因而也是近年来发展较快一种坝型。

（二）枢纽的工程布置

拦河筑坝以形成水库是拦河蓄水枢纽的主要特征。其组成建筑物除拦河坝和泄水建筑物外，根据枢纽任务还可能包括输水建筑物、水电站建筑物和过坝建筑物等。枢纽布置主要是研究和确定枢纽中各个水工建筑物的相互位置。该项工作涉及泄洪、发电、通航、导流等各项任务，并与坝址、坝型密切相关，需要统筹兼顾，全面安排，认真分析，全面论证，最后通过综合比较，从若干个比较方案中选出了最优的枢纽布置方案。

1. 枢纽布置的原则

进行枢纽布置时，一般可遵循下述原则。

（1）为使枢纽能发挥最大的经济效益，进行枢纽布置时，应当综合考虑防洪、灌溉、发电、航运、渔业、林业、交通、生态及环境等各方面的要求。应确保枢纽中各主要建筑物，在任何工作条件下都能协调地、无干扰地进行正常工作。

（2）为方便施工、缩短工期和能使工程提前发挥效益，枢纽布置应同时考虑便是选择施工导流的方式、程序和标准便是选择主要建筑物的施工方法，与施工进度计划等进行综合分析研究。工程实践证明，统筹行当不仅能方便施工，还能使部分建筑物提前发挥效益。

枢纽布置应做到在满足安全和运用管理要求的前提下，尽量降低枢纽总造价和年运行费用；如有可能，应考虑使一个建筑物能发挥多种作用。比如，使一条陪同做到灌溉和发电相结合；施工导流与泄洪、排沙、放空水库相结合等。

（3）在不过多增加工程投资的前提下，枢纽布置应与周围自然环境相协调，应注意建筑艺术、力求造型美观，加强绿化环保，因地制宜地将人工环境和自然环境有机地结合起来，创造出一个完美的及多功能的宜人环境。

2. 枢纽布置方案的选定

水利枢纽设计需通过论证比较，从若干个枢纽布置方案中选出一个最优方案。最优方案应该是技术上先进和可能、经济上合理、施工期短、运行可靠及管理维修方便的方案。需论证比较的内容如下。

（1）主要工程量

如土石方、混凝土和钢筋混凝土、砌石、金属结构、机电安装、帷幕和固结灌浆等工程量。

（2）主要建筑材料数量

如木材、水泥、钢筋、钢材、砂石及炸药等用量。

（3）施工条件

如施工工期、发电日期、施工难易程度、所需劳动力和施工机械化水平等。

（4）运行管理条件

如泄洪、发电、通航是否相互干扰、建筑物及设备的运用操作和检修是否方便，对外交通是否便利等。

（5）经济指标

指总投资、总造价、年运行费用、电站单位千瓦投资、发电成本、单位灌溉面积投资、通航能力、防洪以及供水等综合利用效益等。

（6）其他

根据枢纽具体情况，需专门进行比较的项目。若在多泥沙河流上兴建水利枢纽时，应注重泄水和取水建筑物的布置对水库淤积、水电站引水防沙和对下游河床冲刷的影响等。

上述项目有些可定量计算，有些则难以定量计算，这就给枢纽布置方案的选定增加了复杂性，因而，必须以国家研究制订的技术政策为指导，在充分掌握基本资料的基础上，用科学的态度，实事求是地全面论证，通过综合分析和技术经济比较选出最优方案。

3. 枢纽建筑物的布置

（1）挡水建筑物的布置

为了减少拦河坝的体积，除拱坝外，其他坝型的坝轴线最好短而直，但根据实际情况，有时为了利用高程较高的地形以减少工程量，或为避开不利的地质条件，或为便于施工，也可采用较长的直线或折线或部分曲线。

当挡水建筑物兼有连通两岸交通干线的任务时，坝轴线与两岸的连接在转弯半径与坡度方面应满足交通上的要求。

对于用来封闭挡水高程不足的山垭口的副坝，不应该片面追求工程量小，而将坝轴线布置在垭口的山脊上。这样的坝坡可能产生局部滑动，容易使坝体产生裂缝。在这种情况下，一般将副坝的轴线布置在山脊略上游处，避免下游出现贴坡式填土坝坡；如下游山坡过陡，还应适当削坡来满足其稳定要求。

（2）泄水及取水建筑物的布置

泄水及取水建筑物的类型和布置，常决定于挡水建筑物所采用的坝型和坝址附近的地质条件。

土坝枢纽：土坝枢纽一般均采用河岸溢洪道作为主要的泄水建筑物，而取水建筑物及辅助的泄水建筑物，则采用开凿于两岸山体中的隧洞或埋于坝下的涵管。若两岸地势陡峭，但有高程合适的马鞍形垭口，或两岸地势平缓且有马鞍形山脊，以及需要修建副坝挡水的地方，其后又有便于洪水归河的通道，则是布置河岸溢洪道的良好位置。如果在这些位置上布置溢洪道进口，但其后的泄洪线路是通向另一河道，只要经济合理且对另一河道的防洪问题能做妥善处理的，也是比较好的方案。对上述利用有利条件布置溢洪道的土坝枢纽，枢纽中其他建筑物的布置一般容易满足各自的要求，干扰性也较小。当坝址附近或其上游较远的地方均无上述有利条件时，则常采用坝肩溢洪道的布置形式。

重力坝枢纽：对于混凝土或浆砌石重力坝枢纽，通常采用河床式溢洪道（溢流坝段）作为主要泄水建筑物，而取水建筑物及辅助的泄水建筑物采用设置于坝体内的孔道或开凿于两岸山体中的隧洞。泄水建筑物的布置应使下泄水流方向尽量与原河流轴线方向一致，以利于下游河床的稳定。沿坝轴线上地质情况不同时，溢流坝应布置在比较坚实的基础上。在含沙量大的河流上修建水利枢纽时，泄水及取水建筑物的布置应考虑水库淤积和对

下游河床冲刷的影响，一般在于多泥沙河流上的枢纽中，常设置大孔径的底孔或隧洞汛期用来泄洪并排沙，以延长水库寿命；如汛期洪水中带有大量悬移质的细微颗粒时，应研究采用分层取水结构并利用泄水排沙孔来解决浊水长期化问题，减轻对环境的不利影响。

（3）电站、航运及过木等专门建筑物的布置

对于水电站、船闸、过木等专门建筑物的布置，最重要的是保证它们具有良好的运用条件，并便于管理。关键是进、出口的水流条件。布置时须选择好这些建筑物本身及其进、出口的位置，并处理好它们与泄水建筑物及其进、出口之间关系。

电站建筑物的布置应使通向上、下游的水道尽量短、水流平顺，水头损失小，进水

口应不致被淤积或受到冰块等的冲击；尾水渠应有足够的深度和宽度，平面弯曲度不大，且深度逐渐变化，并与自然河道或渠道平顺连接；泄水建筑物的出口水流或消能设施，应尽量避免抬高电站尾水位。此外，电站厂房应布置在好的地基上，以简化地基处理，同时还应考虑尾水管的高程，避免石方开挖过大；厂房位置还应争取布置在可以先施工的地方，以便早日投入运转。电站最好靠近临交通线的河岸，密切和公路或铁路的联系，便于设备的运输；变电站应有合理的位置，应尽量靠近电站。航运设施的上游进口及下游出口处应有必要的水深，方向顺直并与原河道平顺连接，而且没有或者仅有较小的横向水流，以保证船只、木筏不被冲入溢流孔口，船闸和码头或筏道及其停泊处通常布置在同一侧，应该横穿溢流坝前缘，并使船闸和码头或筏道及其停泊处之间的航道尽量地短，以便在库区内风浪较大时仍能顺利通航。

　　船闸和电站最好分别布置于两岸，以免施工和运用期间的干扰。如必须布置在同一岸时，则水电站厂房最好布置在靠河一侧，船闸则靠河岸或切入河岸中布置，这样易于布置引航道。筏道最好布置在电站的另一岸。筏道上游常需设停泊处，以便重新绑扎木或竹筏。

　　在水利枢纽中，通航、过木以及过鱼等建筑物的布置均应与其形式及特点相适应，以满足正常的运用要求。

第三节　水库施工

一、水库施工的要点

（一）做好前期设计工作

　　水库工程设计单位必须明确设计的权利和责任，对设计规范，由设计单位在设计过程中实施质量管理。设计的流程和设计文件的审核，设计标准和设计文件的保存和发布等一系列都必须依靠工程设计质量控制体系。在设计交接时，由设计单位派出设计代表，做好技术交接和技术服务工作。在交接过程中，要根据现场施工的情况，对设计进行优化，进行必要的调整和变更。对于项目建设过程中确有需要重大设计变更、子项目调整、建设标准调整、概算调整等，必须组织开展充分的技术论证，由业主委员会提出编制相应文件，报上级部门审查，并报请项目原复核、审批单位履行相应手续；一般设计变更，项目主管部门和项目法人等也应当及时地履行相应审批程序。由监理审查后报总工批准。对设计单位提交的设计文件，先由业主总工审核后交监理审查，不经监理工程师审查批准的图纸，不能交付施工。坚决杜绝以"优化设计"为名，人为擅自降低工程标准、减少建设内容，造成安全隐患。如果出现对大坝设计比较大的变更时。

（二）强化施工现场管理

严格进行工程建设管理，认真落实项目法人责任制、招标投标制、建设监理制和合同管理制，确保工程建设质量、进度和安全。业主与施工单位签订的施工承包合同条款中的质量控制、质量保证、要求与说明，承包商根据监理指示，必须遵照执行。承包商在施工过程中必须坚持"三检制"的质量原则，在工序结束时必须经业主现场管理人员或监理工程师值班人员检查、认可，未经认可不得进入下道工序施工，对关键的施工工序，均建立有完整的验收程序和签证制度，甚至监理人员跟班作业。施工现场值班人员采用旁站形式跟班监督承包商按合同要求进行施工，把握住项目的每一道工序，坚持做到"五个不准"。为了掌握及控制工程质量，及时了解工程质量情况，对施工过程的要素进行核查，并作出施工现场记录，换班时经双方人员签字，值班人员对记录的完整性及真实性负责。

（三）加强管理人员协商

为协调施工各方关系，业主驻现场工程处每日召开工程现场管理人员碰头会，检查每日工程进度情况、施工中存在的问题，提出改进工作的意见。监理部每月五日、二十五日召开施工单位生产协调会议，由总监主持，重点解决急需解决的施工干扰问题，会议形成纪要文件，结束承包商按工程师的决定执行。

（四）构建质量监督体系

水库工程质量监督可通过查、看、问、核的方式实施工程质量的监督。查，即抽查；通过严格的对参建各方有关资料的抽查，如抽查监理单位的监理实施细则，监理日志；抽查施工单位的施工组织设计，施工日志、监测试验资料等。看，即查看工程实物：通过对工程实物质量的查看，可以判断有关技术规范、规程的执行情况。一旦发现问题，应及时提出整改意见。问，即查问：参建对象，通过对不同参建对象的查问，了解相关方的法律、法规及合同的执行情况，一旦发现问题，及时处理。核，即核实工程质量，工程质量评定报告体现了质量监督的权威性，同时对参建各方的行为也起到监督作用。

（五）合理确定限制水位

通常一些水库防洪标准是否应降低须根据坝高以及水头高度而定。若 15m 以下坝高土坝且水头小于 10m，应当采用平原区标准，此类情况水库防洪标准相应降低，调洪时保证起调水位合理性应分析考虑两点：第一，若原水库设计中无汛期限制水位，仅存在正常蓄水位时，在调洪时应以正常蓄水位作为起调水位。第二，若原计划中存在汛期限制水位，则应该把原汛期限制水位当作参考依据，同时对水库汛期后蓄水情况应做相应的调查，分析水库管理积累的蓄水资料，总结汛末规律，径流资料从水库建成至今，汛末至第二年灌溉用水止，如果蓄至正常蓄水位年份占水库运行年限比例应小于 20%，应利用水库多年的来水量进行适当插补延长，重新确定汛期限制水位，对水位进行起调。若蓄至正常蓄水位的年份占水库运行年限的比例大于 20%，应该采用原汛期限制水位为起调水位。

二、水库帷幕灌浆施工

根据灌浆设计要求，帷幕灌浆前由施工单位在左、右坝肩分别进行了灌浆试验，进一步确定了选定工艺对应下的灌浆孔距、灌浆方法、灌浆单注量和灌浆压力等主要技术参数及控制指标。

（一）钻孔

灌浆孔测量定位后，钻孔采用 100 型或 150 型回转式地质钻机，直径 91mm 金刚石或硬质合金钻头。设计孔深 17.5～48.9m，按单排 2m 孔距沿坝轴线布孔，分 3 个序次逐渐加密灌浆。钻孔具体要求如下：

（1）所有灌浆孔按照技施图认真统一编号，精确测量放线并报监理复核，复核认可后方可开钻。开孔位置与技施图偏差 ≥ 2cm，最后终孔深度应符合设计规定。若需要增加孔深，必须取得监理及设计人员的同意。

（2）施工中高度重视机械操作及用电安全，钻机安装要平正牢固，立轴铅直。开孔钻进采用较长粗径钻具，并适当控制钻进速度及压力。井口管理设好后，选用较小口径钻具继续钻孔，若孔壁坍塌，应考虑跟管钻进。

（3）钻孔过程中应进行孔斜测量，每个灌段（即 5m 左右）测斜一次。各孔必须保证铅直，孔斜率 ≤ 1%。测斜结束，把测斜值记录汇总，如发现偏斜超过要求，确认对帷幕灌浆质量有影响，应及时纠正或采取补救措施。

（4）对设计和监理工程师要求的取芯钻孔，应对岩层、岩性以及孔内各种情况进行详细记录，统一编号，填牌装箱，采用数码摄像，进行岩芯描述并绘制钻孔柱状图。

（5）如钻孔出现塌孔或掉块难以钻进时，应先采取措施进行处理，再继续钻进。如发现集中漏水，应立即停钻，查明漏水部位、漏水量及原因，处理后再进行钻进。

（6）钻孔结束等待灌浆或灌浆结束等待钻进时，孔口应堵盖，妥善加以保护，防止杂物掉入从而影响下一道工序的实施与灌浆质量。

（二）洗孔

（1）灌浆孔在灌浆前应进行钻孔冲洗，孔底沉积厚度不得超过 20cm。洗孔宜采用清洁的压力水进行裂隙冲洗，直至回水清净为止。冲洗压力为灌浆压力的 80%，该值若 > 1MPa 时，采用 1MPa。

（2）帷幕灌浆孔（段）因故中断时间间隔超过 24h 的应在灌浆之前重新进行冲洗。

（三）制浆材料及浆液搅拌

该工程帷幕灌浆主要为基础处理，灌入浆液为纯水泥浆，采用 32.5 普通硅酸盐水泥，用 150L 灰浆搅拌机制浆。水泥必须有合格卡，每个批次水泥必须附生产厂家质量检验报告。施工用水泥必须严格按照水泥配制表认真投放，称量误差 < 3%。受湿变质硬化的水泥一律不得使用。施工用水采用经过水质分析检测合格的水库上游来水，制浆用水量严格按搅浆桶容积准确兑放。水泥浆液必须搅拌均匀，拌浆时用 150L 电动普通搅拌机，搅拌时间不少于 3min，浆液在使用前过筛，从开始制备至用完时间 < 4h。

（四）灌前压水试验

施工中按自上而下分段卡塞进行压水试验。所有的工序灌浆孔按简易压水（单点法）进行，检查孔采用五点法进行压水试验。工序灌浆孔压水试验的压力值，按灌浆压力的0.6倍使用，但最大压力不能超过设计水头的1.5倍。压水试验前，必须先测量孔内安定水位，检查止水效果，效果良好时，才能进行压水试验。压水设备、压力表、流量表（水表）的安装及规格、质量必须符合规范要求，具体按《水利水电工程钻孔压水试验规程》执行。压水试验稳定标准：压力调到规定数值，持续观察，待压力波动幅度很小，基本保持稳定后，开始读数，每5min测读一次压入流量，当压入流量读数符合下列标准之一的时候，压水即可结束，并以最有代表性流量读数作为计算值。

（五）灌浆过程中特殊情况处理

冒浆、漏浆、串浆处理：灌浆过程中，应加强巡查，发现岸坡或井口冒浆、漏浆现象，可立即停灌，及时分析找准原因后采取嵌缝、表面封堵、低压、浓浆、限流、限量、间歇灌浆等具体方法处理。相邻两孔发生串浆时，如被串孔具备灌浆条件，可采用串通的两个孔同时灌浆，即同时两台泵分别灌两个孔。另一种方法是先把被串孔用木塞塞住，继续灌浆，待串浆孔灌浆结束，再对被串孔重新扫孔、洗孔、灌浆及钻进。

（六）灌浆质量控制

首先是灌浆前质量控制，灌浆前对孔位、孔深、孔斜率、孔内止水等各道工序进行检查验收，坚持执行质量一票否决制，上一道工序未经检验合格，不得进行下道工序的施工。其次是灌浆过程中质量控制，应严格按照设计要求和施工技术规范严格控制灌浆压力、水灰比及变浆标准等，并严把灌浆结束标准关，使灌浆主要技术参数均满足设计和规范要求。灌浆全过程质量控制先在于施工单位内部实行3检制，3检结束报监理工程师最后检查验收、质量评定。为保证中间产品及成品质量，监理单位质检员必须坚守工作岗位，实时掌控施工进度，严格控制各个施工环节，做到多跑、多看、多问，发现问题及时解决。施工中应认真做好原始记录，资料档案汇总整理及时归档。因灌浆系地下隐蔽工程，其质量效果判断主要手段之一是依靠各种记录统计资料，没有完整、客观、详细的施工原始记录资料就无法对灌浆质量进行科学合理的评定。最后是灌浆结束质量检验，所有的灌浆生产孔结束14d后，按单元工程划分布设检查孔获取资料对灌浆质量进行评定。

三、水库工程大坝施工

（一）施工工艺流程

1. 上游平台以下施工工艺流程

浆砌石坡脚砌筑和坝坡处理→粗砂铺筑→土工布铺设→筛余卵砾石铺筑和碾压→碎石垫层铺筑→砼砌块护坡砌筑→砼锚固梁浇筑→工作面清理。

2.上游平台施工工艺流程

平台面处理→粗砂铺筑→天然砂砾料铺筑和碾压→平台砼锚固梁浇筑→砌筑十字波浪砖→工作面清理。

3.上游平台以上施工工艺流程

坝坡处理→粗砂铺筑→天然砂砾料铺筑碾压→筛余卵砾石铺筑与碾压→碎石垫层铺筑→砼预制砌块护坡砌筑→砼锚固梁及坝顶预封顶浇注→工作面清理。

4.下游坝脚排水体处施工工艺流程

浆砌石排水沟砌筑和坝坡处理→土工布铺设→筛余卵砾石分层铺筑和碾压→碎石垫层铺筑→水工砖护坡砌筑→工作面清理。

5.下游坝脚排水体以上施工工艺流程

坝坡处理→天然砂砾料铺筑和碾压→砼预制砌块护坡砌筑→工作面清理。

（二）施工方法

1.坝体削坡

根据坝体填筑高度拟按 2 ～ 2.5m 削坡一次。测量人员放样后，采用了 1 部 1.0m3 反铲挖掘机削坡，预留 20cm 保护层待填筑反滤料之前，由人工自上而下地削除。

2.上游浆砌石坡脚及下游浆砌石排水沟砌筑

严格按照图纸施工，基础开挖完成并经验收合格后，方可开始砌筑。浆砌石采用铺浆法砌筑，依照搭设的样架，逐层挂线，同一层要大致水平塞垫稳固。块石大面向下，安放平稳，错缝卧砌，石块间的砂浆插捣密实，并且做到砌筑表面平整美观。

3.底层粗砂铺设

底层粗砂沿坝轴方向每 150m 为一段，分段摊铺碾压。具体施工方法为：自卸车运送粗砂至坝面后，从平台及坝顶向坡面倒料，人工摊铺、平整，平板振捣器拉三遍振实；平台部位粗砂垫层人工摊铺平整后采用光面振动碾顺坝轴线方向碾压压实。

4.土工布铺设

土工布由人工铺设，铺设过程中，作业人员不可穿硬底鞋及带钉的鞋。土工布铺设要平整，与坡面相贴，呈自然松弛状态，以适应变形。接头采用手提式缝纫机缝合3道，缝合宽度为 10cm，以保证接缝施工质量要求；土工布铺设完成后，必须妥善保护，以防受损。为了减少土工布的暴晒，摊铺后 7 日内必须完成上部的筛余卵砾石层铺筑。

5.反滤层铺设

（1）天然砂砾料

自卸车运送天然砂砾料至坝面后从平台及坝顶卸料，推土机机械摊铺，人工辅助平整，然后采用山推160推土机沿坡面上下行驶、碾压，碾压遍数为8遍；平台处天然砂砾料推土机机械摊铺人工辅助平整后，碾压机械顺坝轴线方向碾压6遍。由于

2+700 ~ 3+300 坝段平台处天然砂砾料为 70cm 厚，所以应分两层摊铺、碾压。天然砂砾料设计压实标准为相对密度不低于 0.75。

（2）筛余卵砾石

自卸车运送筛余卵砾料至坝面后从平台及坝顶向坡面到料，推土机机械摊铺，人工辅助平整，然后采用山推 160 推土机沿坡面上下行驶、碾压。上游筛余卵砾料应分层碾压，铺筑厚度不超过 60cm，碾压遍数为 8 遍；下游坝脚排水体处护坡筛余料按设计分为两层，底层为 50cm 厚筛余料，上层为 40cm 厚 > 2 0mm 的筛余料，故应当根据设计要求分别铺筑、碾压。筛余卵砾石设计压实标准为孔隙率不大于 25%0

6.混凝土砌块砌筑

（1）施工技术要求

①混凝土砌块自下而上砌筑，砌块的长度方向水平铺设，下沿第一行砌块与浆砌石护脚用现浇 C25 混凝土锚固，锚固混凝土与浆砌石护脚应结合良好。

②从左（或右）下角铺设其他混凝土砌块，应水平方向分层铺设，不得垂直护脚方向铺设。铺设时，应固定两头，均衡上升，以防止产生累计误差，影响铺设质量。

③为增强混凝土砌块护坡的整体性，拟每间隔 150 块顺坝坡垂直坝轴方向设混凝土锚固梁一道。锚固梁采用现浇 C25 混凝土，梁宽 40cm，梁高 40cm，锚固梁两侧半块空缺部分用现浇混凝土充填和锚固梁同时浇筑。

④将连锁砌块铺设至上游 107.4 高程和坝顶部位时，应在于平台变坡部位和坝顶部位设现浇混凝土锚固连接砌块，上述部位连锁砌块必须与现浇混凝土锚固。

⑤护坡砌筑至坝顶后，应在防浪墙底座施工完成后浇筑护坡砌块的顶部与防浪墙底座之间的锚固混凝土。

⑥如需进行连锁砌块面层色彩处理时，应清除连锁砌块表面浮灰及其他杂物，如需水洗时，可用水冲洗，待水干后即可进行色彩处理。

⑦根据图纸和设计要求，用砂或者天然砂砾料（筛余 2cm 以上颗粒）填充砌块开孔和接缝。

⑧下游水工连锁砌块和不开孔砌块分界部位可采用切割或 C25 混凝土现浇连接。水工连锁砌块和坡脚浆砌石排水沟之间的连接采用 C25 混凝土现浇连接。

（2）砌块砌筑施工方法

①首先确定数条砌体水平缝的高程，各坝段均以此为基准。然后由测量组把水平基线和垂直坝轴线方向分块线定好，并用水泥沙浆固定基线控制桩，来防止基线的变动造成误差。

②运输预制块，首先用运载车辆把预制块从生产区运到施工区，由人工抬运到护坡面上来。

③用瓦刀把预制块多余的灰渣清除干净，再用特制地抬预制块的工具（抬耙）把预制块放到指定位置，和前面已就位的预制块咬合相连锁，咬合式预制块的尺寸 46cm×34cm；具体施工时，需用几种专用工具包括：抬的工具，类似于钉耙，我们临

时称为抬耙；瓦刀和 80cm 左右长的撬杠，用来调节预制块的间距和平整度；木棒（或木锤）用来撞击未放进的预制块；常用的铝合金靠尺和水平尺，用来校核预制块的平整度。施工工艺可用五个字来概括：抬、敲、放、调、平。抬指把预制块放到预定位置；敲指用瓦刀把灰渣敲打干净，以便预制块顺利组装；放置二人用专用抬的工具把预制块放到指定位置；调指用专用撬杠调节预制块的间距和高低；平指用水平尺、靠尺及木锤（木棒）来校核预制块的平整度。

7. 锚固梁浇筑

在大坝上游坝脚处设以小型搅拌机。按设计要求混凝土锚固梁高 40cm，故先由人工开挖至设计深度，人工用胶轮车转运混凝土入仓并振捣密实，人工抹面收光。

四、水库除险加固

（一）为了病险水库的治理，提高质量，从下面的几个方面入手

第一，继续加强病险水库除险加固建设进度必须半月报制度，按照"分级管理，分级负责"的原则，各级政府都应该建立相应的专项治理资金。每月对地方的配套资金应该到位、投资的完成情况、完工情况、验收情况等进行排序，采取印发文件和网站公示等方式向全国通报。通过信息报送和公示，实时掌握各地进展情况，动态监控，及时研判，分析制约年底完成 3 年目标任务的不利因素，为下一步工作提供决策参考。同时，结合病险水库治理的进度，积极稳妥地搞好小型水库的产权制度改革。有除险加固任务的地方也要层层建立健全信息报送制度，指定熟悉业务、认真负责的人员具体负责，保证数据报送及时、准确；同时，对全省、全市所有的正在进行的项目进展情况进行排序，与项目的政府主管部门责任人和建设单位责任人名单一并公布，以便于接受社会监督。病险水库加固规划时，应考虑增设防汛指挥调度网络及水文水情测报自动化系统、大坝监测自动化系统等先进的管理设施，而且要对不能满足需要的防汛道路及防汛物资仓库等管理设施一并予以改造。

第二，加强管理，确保工程的安全进行，督促各地进一步加强对病险水库除险加固的组织实施和建设管理，强化施工过程的质量和安全监管，以确保工程质量和施工的安全，确保目标任务全面完成。一是要狠抓建设管理，认真执行项目法人的责任制、招标投标制、建设监理制，加强对施工现场组织和建设管理、科学调配施工力量，努力调动参建各方积极性，切实地把项目组织好、实施好。二是狠抓工作重点，把任务重、投资多、工期长的大中型水库项目作为重点，把项目多的市县作为重点，有针对性地开展重点指导、重点帮扶。三是狠抓工程验收，按照项目验收计划，明确验收责任主体，科学组织，严格把关，及时验收，确保项目年底前全面完成竣工验收或者投入使用验收。四是狠抓质量关与安全，强化施工过程中的质量与安全监管，建立完善的质量保证体系，真正做到建设单位认真负责、监理单位有效控制、施工单位切实保证，政府监督务必到位，来确保工程质量和施工一切安全。

（二）水库除险加固的施工

加强对施工人员的文明施工宣传，加强教育，统一思想，使得广大干部职工认识到文明施工是企业形象、队伍素质的反映，是安全生产的必要保证，增强现场管理和全体员工文明施工的自觉性。在施工过程中协调好与当地居民、当地政府的关系，共建文明施工窗口。明确各级领导及有关职能部门和个人的文明施工的责任和义务，从思想上、管理上、行动上、计划上和技术上重视起来，切实提高现场文明施工的质量和水平。健全各项文明施工的管理制度，如岗位责任制、会议制度、经济责任制、专业管理制度、奖罚制度、检查制度和资料管理制度。对不服从统一指挥及管理的行为，要按条例严格执行处罚。在开工前，全体施工人员认真学习水库文明公约，遵守公约的各种规定。在现场施工过程当中，施工人员的生产管理符合施工技术规范和施工程序要求，不违章指挥，不蛮干。对施工现场不断进行整理、整顿、清扫、清洁和素养，有效地实现文明施工。合理布置场地，各项临时施工设施必须符合标准要求，做到场地清洁、道路平顺、排水通畅、标志醒目、生产环境达到标准要求。按照工程的特点，加强现场施工的综合管理，减少现场施工对周围环境的一切干扰和影响。自觉接受社会监督。要求施工现场坚持做到工完料清，垃圾、杂物集中堆放整齐，并且及时处理；坚持做到场地整洁、道路平顺、排水畅通、标志醒目，使生产环境标准化，严禁施工废水乱排放，施工废水严格按照有关要求经沉淀处理后用于洒水降尘。加强施工现场的管理，严格按照有关部门审定批准的平面布置图进行场地建设。临时建筑物、构成物要求稳固、整洁、安全，并且满足消防要求。施工场地采用全封闭的围挡形成，施工场地及道路按规定进行硬化，其厚度和强度要满足施工和行车的需要。按照设计架设用电线路，严禁任意去拉线接电，严禁使用所有的电炉及明火烧煮食物。施工场地和道路要平坦、通畅并设置相应的安全防护设施及安全标志。按要求进行工地主要出入口设置交通指令标志和警示灯，安排专人疏导交通，保证车辆和行人的安全。工程材料、制品构件分门别类、有条有理地堆放整齐；机具设备定机、定人保养，并保持运行正常，机容整洁。同时在施工中严格按照审定的施工组织设计实施各道工序，做到工完料清，场地上无淤泥积水，施工道路平整畅通，以实现文明施工合理安排施工，尽可能使用低噪声设备严格控制噪声，对于特殊设备要采取降噪声措施，以尽可能减少噪声对周边环境的影响。现场施工人员应要统一着装，一律佩戴胸卡和安全帽，遵守现场各项规章和制度，非施工人员严禁进入施工现场。加强土方施工管理。弃渣不得随意弃置，并运至规定的弃渣场。外运和内运土方时决不准超高，并且采取遮盖维护措施，防止泥土沿途遗漏污染到马路。

第四节　堤防施工

一、水利工程堤防施工

（一）堤防工程的施工准备工作

1. 施工注意事项

施工前应注意施工区内埋于地下的各种管线，建筑物废基，水井等各类应拆除的建筑物，并和有关单位一起研究处理措施方案。

2. 测量放线

测量放线非常重要，因为它贯穿于施工的全过程，从施工前的准备，到施工中，到施工结束以后的竣工验收，都离不开测量工作。如何把测量放线做块做好，是对测量技术人员一项基本技能的考验和基本要求。当前堤防施工中一般都采用全站仪进行施工控制测量，另外配置水准仪、经纬仪，进行施工放样测量。

（1）测量人员依据监理提供的基准点、基线、水准点及其他测量资料进行核对、复测，监理施工测量控制网，报请监理审核，批准之后予以实施，以利于施工中随时校核。

（2）精度的保障。工程基线相对于相邻基本控制点，平面位置误差不超过 $\pm 30 \sim 50$ mm，高程误差不超过 ± 30 mm。

（3）施工中对所有导线点、水准点进行定期复测，对测量资料进行及时、真实的填写，由专人保存，以便归档。

3. 场地清理

场地清理包括植被清理和表土清理，他的方位包括永久及临时工程、存弃渣场等施工用地需要清理的全部区域的地表。

（1）植被清理

用推土机清除开挖区域内的全部树木、树根、杂草、垃圾及监理人指明的其他有碍物，运至监理工程师指定的位置。除监理人另有指示外，主体工程施工场地地表的植被清理，必须延伸至施工图所示最大开挖边线或建筑物基础边线（或填筑边脚线）外侧至少 5m 距离。

（2）表土清理

用推土机清楚开挖区域内的全部含细根、草本植物及覆盖草等植物的表层有机土壤，按照监理人指定的表土开挖深度进行开挖，且将开挖的有机土壤运至指定地区存放待用。防止土壤被冲刷流失。

（二）堤防工程施工放样与堤基清理

在施工放样中，首先沿堤防纵向定中心线和内外边脚，同时钉以木桩，要把误差控制在规定值内。当然根据不同堤形，可以在相隔一定距离内设立一个堤身横断面样架，以便能够为施工人员提供参照。堤身放样时，必须要按照设计要求来预留堤基、堤身的沉降量。而在正式开工前，还需要进行堤基清理，清理的范围主要包括堤身、铺盖、压载的基面，其边界应在设计基面边线外 30 ～ 50cm。如果堤基表层出现不合格土、杂物等，就必须及时清除，针对堤基范围内的坑、槽、沟等部分，需要按照堤身填筑要求进行回填处理。同时需要耙松地表，这样才能保证堤身和基础结合。当然，假如堤线必须通过透水地基或软弱地基，就必须得对堤基进行必要的处理，处理方法可以按照土坝地基处理的方法进行。

（三）堤防工程度汛与导流

堤防工程施工期跨汛期施工时，度汛、导流方案应根据设计要求和工程需要编制，并报有关单位批准。挡水堤身或围堰顶部高程，按度汛洪水标准的静水位加波浪爬高与安全加高确定。当度汛洪水位的水面吹程小于 500m、风速在 5 级（风速 10m/s）以下时，堤顶高程可仅考虑安全加高。

（四）堤防工程堤身填筑要点

1. 常用筑堤方法

（1）土料碾压筑堤

土料碾压筑堤是应用最多的一种筑堤方法，也是极为有效一种方法，其主要是通过把土料分层填筑碾压，主要用于填筑堤防的一种工程措施。

（2）土料吹填筑堤

土料吹填筑堤主要是通过把浑水或人工拌制的泥浆，引到人工围堤内，通过降低流速，最终能够沉沙落淤，其主要是用于填筑堤防的一种工程措施。吹填的方法有许多种，包括提水吹填、自流吹填、吸泥船吹填、泥浆泵吹填等。

（3）抛石筑堤

抛石筑堤通常是在软基、水中筑堤或者地区石料丰富的情况下使用的，其主要是利用抛投块石填筑堤防。

（4）砌石筑堤

砌石筑堤是采用块石砌筑堤防的一种工程措施。其主要特点是工程造价高，在重要堤防段或石料丰富地区使用较为广泛。

（5）混凝土筑堤

混凝土筑堤主要用于重要堤防段，它的工程造价高。

2. 土料碾压筑堤

（1）铺料作业

铺料作业是筑堤的重要组成部分，因此需要根据要求把土料铺至规定部位，禁止把砂（砾）料，或者其他透水料与黏性土料混杂。当然在上堤土料的过程中，需要把杂质清除干净，这主要是考虑到黏性土填筑层中包裹成团的砂（砾）料时，可能会造成堤身内积水囊，这将会大大影响到堤身安全；如果是土料或者砾质土，就需要选择进占法或后退法卸料，如果是砂砾料，则需要选择后退法卸料；当出现砂砾料或砾质土卸料发生颗粒分离的现象，就需要将其拌和均匀；需要按照碾压试验确定铺料厚度和土块直径的限制尺寸；如果铺料到堤边，那就需要在设计边线外侧各超填一定余量，人工铺料宜为100cm，机械铺料宜为30cm。

（2）填筑作业

为了更好的提高堤身的抗滑稳定性，需要严格控制技术要求，在填筑作业中如果遇到地面起伏不平的情况，就需要根据水分分层，按照从低处开始逐层填筑的原则，禁止顺坡铺填；如果堤防横断面上的地面坡度陡于1∶5，就需要把地面坡度削到缓于1∶5。

如果是土堤填筑施工接头，那很可能会出现成质量隐患，这就要求分段作业面的最小长度要大于100m，如果人工施工时段长，那可以根据相关标准适当减短；如果是相邻施工段的作业面宜均衡上升，在段与段之间出现高差时，就需要以斜坡面相接；不管选择哪种包工方式，填筑作业面都严格按照分层统一铺土、统一碾压的原则进行，同时还需要配备专业人员，或者用平土机具参与整平作业，避免出现乱铺乱倒，出现界沟的现象；为了使填土层间结合紧密，尽可能地减少层间的渗漏，如果已铺土料表面在压实前，已经被晒干，此时就需要洒水湿润。

（3）防渗工程施工

黏土防渗对于堤防工程来说主要是用在黏土铺盖上，而黏土心墙、斜墙防渗体方式在堤防工程中应用较少。黏土防渗体施工，应在清理的无水基底上进行，并与坡脚截水槽和堤身防渗体协同铺筑，尽量减少接缝；分层铺筑时，上下层接缝应错开，每层厚以15～20cm为宜，层面间应刨毛、洒水，来保证压实质量；分段、分片施工时，相邻工作面搭接碾压应符合压实作业规定。

（4）反滤、排水工程施工

在进行铺反滤层施工之前，需要对基面进行清理，同时针对个别低洼部分，则需要通过采用与基面相同土料，或者反滤层第一层滤料填平。而在反滤层铺筑的施工中，需要遵循以下几个要求：

①铺筑前必须要设好样桩，做好场地排水，准备充足的反滤料。

②按照设计要求的不同，来选择粒径组的反滤料层厚。

③必须要从底部向上按设计结构层要求，禁止逐层铺设，同时需要保证层次清楚，不能混杂，也不能从高处顷坡倾倒。

④分段铺筑时，应使接缝层次清楚，不可出现发生缺断、层间错位、混杂等现象。

二、堤防工程防渗施工技术

（一）堤防发生险情的种类

堤防发生险情包括开裂、滑坡和渗透破坏，其中，渗透破坏尤为突出。渗透破坏的类型主要有接触流土、接触冲刷、流土、管涌及集中渗透等。由渗透破坏造成的堤防险情主要分为：

1. 堤身险情

该类险情的造成原因主要是堤身填筑密实度以及组成物质的不均匀所致，如堤身土壤组成是砂壤土、粉细沙土壤，或者堤身存在裂缝、孔洞等，跌窝、漏洞、脱坡、散浸是堤身险情的主要表现。

2. 堤基与堤身接触带险情

该类险情的造成原因是建筑堤防时，没有清基，导致堤基与堤身的接触带的物质复杂、混乱。

3. 堤基险情

该类险情是由于堤基构成物质中包含了砂壤土与砂层，而这些物质的透水性又极强所致。

（二）堤防防渗措施的选用

在选择堤防工程的防渗方案时，应当遵循以下原则：首先，对于堤身防渗，防渗体可选择劈裂灌浆、锥探灌浆、截渗墙等。在必要情况下，可帮堤以增加堤身厚度，或挖除、刨松堤身后，重新碾压并填筑堤身。其次在进行堤防截渗墙施工时，为了降低施工成本，要注意采用廉价、薄墙的材料。较为常用的造墙方法有开槽法、挤压法、深沉法，其中，深沉法的费用最低，对于 < 20m 的墙深最宜采用该方法。高喷法的费用要高些，但在地下障碍物较多、施工场地较狭窄的情况下，该方法的适应性较高。若地层中含有的砂卵砾石较多且颗粒较大时，应结合使用冲击钻和其他开槽法，该法的造墙成本会相应地提高不少。对于该类地层上堤段险情的处理，还可使用盖重、反滤保护、排水减压等措施。

（三）堤防堤身防渗技术分析

1. 黏土斜墙法

黏土斜墙法，是先开挖临水侧堤坡，将其挖成台阶状，再将防渗黏性土铺设在堤坡上方，铺设厚度 ≥ 2m，并要在铺设过程中将黏性土分层压实。对于堤身临水侧滩地足够宽且断面尺寸较小的情况，适宜使用该方法。

2. 劈裂灌浆法

劈裂灌浆法，是指利用堤防应力的分布规律，通过灌浆压力在沿轴线方向将堤防劈裂，再灌注适量泥浆形成防渗帷幕，使堤身防渗能力加强。该方法的孔距通常设置为

10m，但在弯曲堤段，要适当缩小孔距，对于沙性较重的堤防，不适宜使用劈裂灌浆法，这是因为沙性过重，会使堤身弹性不足。

3.表层排水法

表层排水法，是指在清除背水侧堤坡的石子、草根后，喷洒除草剂，然后再铺设粗砂，铺设厚度在 20cm 左右，再一次铺设小石子、大石子，每层厚度都为 20cm，最后铺设块石护坡，铺设厚度为 30cm。

4.垂直铺塑法

垂直铺塑法，是指使用开槽机在堤顶沿着堤轴线开槽，开槽后，将复合土工膜铺设在槽中，然后使用黏土在其两侧进行回填。该方法对复合土工膜的强度和厚度要求较高。若将复合土工膜深入至堤基的弱透水层中，还能起到堤基防渗的作用。

（四）堤基的防渗技术分析

1.加盖重技术

加盖重技术，是指在背水侧地面增加盖重，以减小背水侧的出流水头，从而避免堤基渗流破坏表层土，使背水地面的抗浮稳定性增强，降低其出逸比降。针对下卧透水层较深、覆盖层较厚的堤基，或者透水地基，都适宜采用该方法进行处理。在增加盖重的过程中，要选择透水性较好的土料，至少要等于或大于原地面的透水性。而且不宜使用沙性太大的盖重土体，因为沙性太大易造成土体沙漠化，影响周围环境。若盖重太长，要考虑联合使用减压沟或减压井。如果背水侧为建筑密集区或是城区，则不适宜使用该方法。对于盖重高度、长度的确定，要用渗流计算结果为依据。

2.垂直防渗墙技术

垂直防渗墙技术，是指在堤基中使用专用机建造槽孔，使用泥浆加固墙壁，再将混合物填充至槽孔中，最终形成连续防渗体。其主要包括了全封闭式、半封闭式和悬挂式三种结构类型。全封闭式防渗墙：是指防渗墙穿过相对强透水层，且底部深入到相对弱透水层中，在相对弱透水层下方没有相对强透水层。通常情况下，该防渗墙的底部会深入到深厚黏土层或弱透水性的基岩中。若在较厚的相对强透水层中使用该方法，会增加施工难度和施工成本。该方式会截断地下水的渗透径流，故其防渗效果十分显著，但同时也易发生地下水排泄、补给不畅的问题。所以会对生态环境造成一定的影响。

半封闭式防渗墙：是指防渗墙经过相对强透水层深入弱透水层中，在相对弱透水层下方有相对强透水层。该方法对的防渗稳定性效果较好。影响其防渗效果的因素较多，主要有相对强透水层和相对弱透水层各自的厚度、连续性及渗透系数等。此方法不会对生态环境造成影响。

三、堤防绿化的施工

（一）堤防绿化在功能上下功夫

1. 防风消浪，减少地面径流

堤防防护林可以降低风速、削减波浪，从而减小水对大堤的冲刷。绿色植被能够有效地抵御雨滴击溅、降低径流冲刷，减缓河水冲淘，起到了护坡、固基、防浪等方面的作用。

2. 以树养堤、以树护堤，改善生态环境

合理的堤防绿化能有效地改善堤防工程区域性生态景观，实现养堤、护堤、绿化、美化的多功能，实现堤防工程的经济、社会和生态 3 个效益相得益彰，为全面建设和谐社会提供和谐的自然环境。

3. 缓流促淤、护堤保土，保护堤防安全

树木干、叶、枝有阻滞水流作用，干扰水流流向，使水流速度放缓，对地表的冲刷能力大大下降，从而使泥沉沙落。同时林带内树木根系纵横，使得泥土形成整体，大大提高了土壤的抗冲刷能力，保护堤防安全。

4. 净化环境，实现堤防生态效益

枝繁叶茂的林带，通过叶面的水分蒸腾，起到一定排水作用，可以降低地下水位，能在一定程度上防止由于地下水位升高而引起的土壤盐碱化现象。另外防护林还能储存大量的水资源，维持环境的湿度，改善了局部循环，形成良好的生态环境。

（二）堤防绿化在植树上保成活

理想的堤防绿化是从堤脚到堤肩的绿化，理想的堤防绿化是一条绿色的屏障，是一道天然的生态保障线，它可以成为一条亮丽的风景线，不但要保证植树面积，还要保证树木的存活率。

1. 健全管理制度

领导班子要高度重视，成立专门负责绿化苗木种植管理领导小组，制定绿化苗木管理，责任制，实施细则、奖惩办法等一系列规章制度。直接责任到人，真正实现分级管理、分级监督、分级落实，全面推动绿化苗木种植管理工作。为打造"绿色银行"起到了保驾护航及良好的监督落实作用。

2. 把好苗木种植关

（1）三埋

所谓三埋就是：植树填土分 3 层，即挖坑时要将挖出的表层土 1/3、中层土 1/3、底层土 1/3 分开堆放。在栽植前先将表层土填于坑底，然后把树苗放于坑内，使中层土还原，底层土是起封口使用。

（2）两踩

所谓两踩就是：中层土填过后进行人工踩实，封堆后再进行一次人工踩实，可使根部周围土密实，保墙抗倒。

（3）一提苗

所谓一提苗就是指有根系的树苗，待中层土填入之后，在踩实之前先将树苗轻微上提，使弯乱的树根舒展，便于扎根。

（三）堤防绿化在管理上下功夫

巍巍长堤，人、水、树相依，堤、树、河相伴。堤防变成绿色风景线。这需要堤防树木的"保护伞"的支撑。

1. 加强法律法规宣传，加大对沿堤群众的护林教育

利用电视、广播、宣传车、散发传单、张贴标语等各种方式进行宣传，目的是使广大群众从思想上认识到堤防绿化对保护堤防安全的重要性和必要性，增强群众爱树、护树的自觉性，形成全员管理的社会氛围。对于乱砍乱伐的违法乱纪行为进行严格的查处，提高干部群众的守法意识，自觉做环境的绿化者。

2. 加强树木呵护，组织护林专业队

根据树木的生长规律，时刻关注树木的生长情况，做好保墙、施肥、修剪等工作，满足树木不同时期生长的需要。

3. 防治并举，加大对林木病虫害防治的力度

在沿堤设立病虫害观测站，并坚持每天巡查，一旦发现病虫害，及时除治，及时总结树木的常见病、突发病害，交流防治心得、经验，控制病虫害的泛滥。例如：杨树虽然生长快、材质好、经济价值高，但幼树抗病虫害能力差的缺点。易发病虫害有：溃疡病，黑斑病、桑天牛、潜叶蛾等病害。针对溃疡病、黑斑病主要通过施肥、浇水增加营养水分，使其健壮；针对桑天牛害虫，主要采用清除构、桑树，断其食源，对病树虫眼插毒签、注射1605、氧化乐果50倍或者100倍溶液等办法；针对潜叶蛾等害虫主要采用人工喷洒灭幼脲药液的办法。

（四）堤防防护林发展目标

1. 抓树木综合利用，促使经济效益最大化

为创经济效益和社会效益双丰收，在路口、桥头等重要交通路段，种植一些既有经济价值，又有观赏价值的美化树种，来适应旅游景观的要求，创造美好环境，为打造水利旅游景观做基础。

2. 乔灌结合种植，缩短成材周期

乔灌结合种植，树木成材快，经济效益明显。乔灌结合种植可以保护土壤表层的水土，有效防止水土流失，协调土壤水分。另外，灌木的叶子腐烂之后，富含大量的腐殖质，既防止土壤板结，又改善土壤环境，促使植物快速生长，形成良性循环。缩短成材

的周期。

3. 坚持科技兴林，提升林业资源多重效益

在堤防绿化实践中，要勇于探索，大胆实践及科学造林。积极探索短周期速生丰产林的栽培技术和管理模式。加大林木病虫害防治力度。管理人员应经常参加业务培训，实行走出去，引进来的方式，不断提高堤防绿化水平。

4. 创建绿色长廊，打造和谐的人居环境

为了满足人民日益提高的物质文化生活的需要，在原来绿化、美化的基础上，建设各具特色的堤防公园，使它成为人们休闲娱乐的好去处，实现了经济效益、社会效益的双丰收。

四、生态堤防建设

（一）生态堤防建设概述

1. 生态堤防的含义

生态堤防是指恢复后的自然河岸或具有自然河岸水土循环人工堤防。主要是通过扩大水面积和绿地、设置生物的生长区域、设置水边景观设施、采用天然材料的多孔性构造等措施来实现河道生态堤防建设。在实施过程中要尊重河道实际情况，根据河岸原生态状况，因地制宜，在此基础上稍加"生态加固"，不要作过多的人为建设。

2. 生态堤防建设的必要性

原来河道堤防建设，仅是加固堤岸、裁弯取直、修筑大坝等工程，满足了人们对于供水、防洪、航运的多种经济要求。但水利工程对于河流生态系统可能造成不同程度的负面影响：一是自然河流的人工渠道化，包括平面布置上的河流形态直线化，河道横断面几何规则化，河床材料的硬质化；二是自然河流的非连续化，包括筑坝导致顺水流方向的河流非连续化，筑堤引起了侧向的水流连通性的破坏。

3. 生态堤防的作用

生态堤防在生态的动态系统中具有很多种功能，主要表现在：①成为通道，具有调节水量、滞洪补枯的作用。堤防是水陆生态系统内部及相互之间生态流动的通道，丰水期水向堤中渗透储存，减少洪灾；枯水期储水反渗入河或蒸发，起着滞洪补枯、调节气候的作用。传统上用混凝土或浆砌块石护岸，阻隔这个系统的通道，就会使水质下降；②过滤的作用，提高河流的自净能力。生态河堤采用种植水中植物，从水中吸取无机盐类营养物，利于水质净化；③能形成水生态特有的景观。堤防有自己特有的生物和环境特征，是各种生态物种的栖息地。

4. 生态堤防建设效益

生态堤防建设改善了水环境的同时，也改善了城市生态、水资源及居住条件，并强化了文化、体育、休闲设施，使城市交通功能、城市防洪等再上新的台阶，对于优化城市环境，提升城市形象，改善投资环境，拉动经济增长，扩大了对外开放，都将产生直接影响。

（二）堤防生态发展对策

1. 堤线和堤型的选择

堤线布置及堤型选择河流形态的多样化是生物物种多样化的前提之一，河流形态的规则化、均一化，会在不同程度之上对生物多样性造成影响。堤线的布置要因地制宜，应尽可能保留江河湖泊的自然形态，保留或恢复其蜿蜒性或分化散乱状态，就保留或恢复湿地、河湾、急流和浅滩。

2. 河流断面设计

自然河流的纵、横断面也显示出多样性的变化，浅滩与深潭相间。

3. 岸坡的防护

岸堤是水陆过渡地带，是水生物繁衍和生息的场所，因此岸坡的防护将对生态环境产生直接的影响。以往在岸坡防护方面多采用"硬处理措施"，即在坡中、坡顶进行削坡、修坡，在坡脚修筑齿墙并抛石防冲，在坡面采用干砌石、浆砌石或混凝土预制块砌护，而很少考虑"软处理措施"亦即生态防护措施的应用，导致河道渠化，岸坡植被遭破坏，河道失去原来的天然形态，因此重视"软处理措施"或"软硬结合处理措施"的应用是十分必要的。

（1）尽可能保持岸坡的原来形态，尽量不破坏岸坡的原生植被，局部不稳定的岸坡可局部采用工程措施加以处理，避免大面积削坡，导致全堤段岸坡断面统一化。

（2）尽可能少用单纯的干砌石、浆砌石或混凝土护坡，宜采用植物护坡，在坡面种植适宜的植物，达到防冲固坡的目的，或采用生态护坡砖，为增强护坡砖的整体性，可采用互锁式护坡砖，中间预留适当大小的孔洞，以便种植固坡植物（如香根草、蜴螟菊等），固坡植物生长后，将护坡砖覆盖，既能达到固坡防冲的目的，又能绿化岸坡，使岸坡保持原来的植被形态，为水生生物提供必要的生活环境。

（3）尽可能保护岸坡坡脚附近的深潭和浅滩，这是河床多样化的表现，为生物的生长提供栖息场所，增加与生物和谐性，坡脚附近的深潭以往一般认为是影响岸坡稳定的主要因素之一，因此，常采用抛石回填，实际上可以采取多种联合措施，减少或避免单一使用抛石回填，从而保护深潭的存在，比如将此处的堤轴线内移，减少堤身荷载对岸坡稳定的影响，或者在坡脚采用阻滑桩处理等。

4. 对已建堤防作必要的生态修复

由于认识和技术的局限性，以往修筑的一些堤防，尤其是城市堤防对生态环境产生的负面影响是存在的，可以采用必要的补救措施，尽可能地减少或消除对生态环境的影响，而植物措施是最为经济有效的，如对影响面较大的硬质护坡，可采用打孔种植固坡植物，覆盖硬质护坡，使岸坡恢复原有的绿色状态；也可以结合堤防的扩建，对原有堤防进行必要的改造，使其恢复原有的生态功能。

第五节　水闸施工

一、水闸工程地基开挖施工技术

开挖分为水上开挖和水下开挖。其中涵闸水上部分开挖、旧堤拆除等为水上开挖，新建堤基础面清理、围堰形成前水闸处淤泥清理开挖为水下开挖。

（一）水上开挖施工

水上开挖采用常规的旱地施工方法。施工原则为"自上而下，分层开挖"。水上开挖包括旧堤拆除、水上边坡开挖及基坑开挖。

1. 旧堤拆除

旧堤拆除在围堰保护下干地施工。为保证老堤基础的稳定性和周边环境的安全性，旧堤拆除不采用爆破方式。干、砌块石部分采用挖掘机直接挖除，开挖渣料可利用部分装运至外海进行抛石填筑或者用于石渣填筑，其余弃料装运至监理指定弃渣场。

2. 水上边坡开挖

开挖方式采取旱地施工，挖掘机挖除；水上开挖由高到低依次进行，均衡下降。待围堰形成和水上部分卸载开挖工作全部结束之后，方可进行基坑抽水工作，以确保基坑的安全稳定。开挖料可利用部分用于堤身和内外平台填筑，其余弃料运至指定弃料场。

3. 基坑开挖与支护

基坑开挖在围堰施工和边坡卸载完毕后进行，开挖前首先进行开挖控制线和控制高程点的测量放样等。开挖过程中要做好排水设施的施工，主要有：开挖边线附近设置临时截水沟，开挖区内设干码石排水沟，干码石采用挖掘机压入作为脚槽。另外设混凝土护壁集水井，配水泵抽排，以降低基坑水位。

（二）水下开挖施工

水下开挖施工主要为水闸基坑水下流溯状淤泥开挖。

1. 水下开挖施工方法

（1）施工准备

水下开挖施工准备工作主要有：弃渣场的选择、机械设备的选型等等。

（2）测量放样

水下开挖的测量放样拟采用全站仪进行水上测量，主要测定开挖范围。浅滩可采用打设竹竿作为标记，水较深的地方用浮子作标记；为了避免开挖时毁坏测量标志，标志可设在开挖线外 10m 处。

（3）架设吹送管、绞吸船就位

根据绞吸船的吹距（最大可达 1000m）和弃渣场的位置，吹送管可架设在陆上，也可架设在水上或淤泥上。

（4）绞吸吹送施工

绞吸船停靠就位、吹送管架设牢固后，即可以开始进行绞吸开挖。

2. 涵闸基坑水下开挖

（1）涵闸水下基坑描述

涵闸前后河道由于长期双向过流，其表层主要为流塑状淤泥，对后期的干地开挖有较大影响，因此须先采用水下开挖方式清除掉表层淤泥。

（2）施工测量

施工前，对涵闸现状地形实施详细的测量，绘制原始地形图，标注出各部位的开挖厚度。一般采用 50m² 为分隔片，并且在现场布置相应的标识指导施工。

（3）施工方法

在围堰施工前，绞吸船进入开挖区域，根据测量标识开始作业。

（三）基坑开挖边坡稳定分析与控制

1. 边坡描述

根据本工程水文、地质条件，水闸基础基本为淤泥土构成，基坑边坡土体含水量大，基本为淤泥，基坑开挖及施工过程中，容易出现边坡失稳，造成整体边坡下滑的现象。因此如何保证基坑边坡的稳定是本开挖施工重点。

2. 应对措施

（1）采取合理的开挖方法

根据工程特点，对于基坑先采用水下和岸边干地开挖，以减少基坑抽水后对边坡下部的压载，上部荷载过大使边坡土体失稳而出现垮塌以及深层滑移。

（2）严格控制基坑抽排水速度

基坑水下部分土体长期经海水浸泡，含水量大，地质条件差，基坑排水下降速度大于边坡土体固结速度，在没有水压力平衡下极易造成整体边坡失稳。

（3）对已开挖边坡的保护

在基坑开挖完成后，沿坡脚形成排水沟组织排水，并设置小型集水井，及时排除基坑内的水。在雨季，对边坡覆盖条纹布加以保护，必要时设置抗滑松木桩。

（4）变形监测

按规范要求，在边坡开挖过程中，在坡顶、坡脚设置观测点，对边坡进行变形观测，测量仪器采用全站仪和水准仪。观测期间，对每一次的测量数据进行分析，若发现位移或沉降有异常变化，立即报告并停止施工，待分析处理之后再恢复施工。

（四）开挖质量控制

（1）开挖前进行施工测量放样工作，以此控制开挖范围与深度，并做好过程中的检查。

（2）开挖过程中安排有测量人员在现场观测，避免出现超、欠挖现象。

（3）开挖自上而下分层分段施工，随时做成一定坡势，避免挖区积水。

（4）水下开挖时，随时进行水下测量，以保证基坑开挖深度。

（5）水闸基坑开挖完成后，沿坡脚打入木桩并堆沙包护面，维持出露边坡的稳定。

（6）开挖完成后对基底高程进行实测，并且上报监理工程师审批，以利于下道工序迅速开展。

二、水闸排水与止水问题

（一）水闸设计中的排水问题

1. 消力池底板排水孔

消力池底板承受水流的冲击力、水流脉动压力和底部扬压力等作用，应有足够的重量、强度和抗冲耐磨的能力。为了降低护坦底部的渗透压力，可在水平护坦的后半部设置垂直排水孔，孔下铺反滤层。排水孔呈梅花形布置。有一些水闸消力池底板排水孔是从水平护坦的首部一直到尾部全部布设有排水孔。这种布置有待商榷。因为，水流出闸后，经平稳整流后，经陡坡段流向消力池水平底板，在陡坡段末端和底板水平段相交处附近形成收缩水深，为急流，此处动能最大，即流速水头最大，其压强水头最小。如果在此处也设垂直排水孔，在高流速及低压强的作用下，垂直排水孔下的细粒结构，在底部大压力的作用下，有可能被从孔中吸出，久而久之底板将被掏空。

故应在消力池底板的后半部设垂直排水孔。以使从底板渗下的水量从消力池的垂直排水孔排出，从而达到了减小消力池底板渗透压力的作用。

2. 闸基防渗面层排水

水闸在上下游水位差的作用下，上游水从河床入渗，绕经上游防渗铺盖、板桩及闸底板，经反滤层由排水孔至下游。不透水的铺盖、板桩及闸底板等与地基的接触面成为地下轮廓线。地下轮廓线的布置原则是高防低排，即在高水位一侧布置铺盖、板桩、浅齿墙等防渗设施，滞渗延长底板上游的渗径，使得作用在底板上的渗透压力减小。在低水位一侧设置面层排水、排渗管等设施排渗，使地基渗水尽快地排出。土基上的水闸多采用平铺式排水，即用透水性较强的粗砂、砾石或者卵石平铺在闸底板、护坦等下面。渗流由此与下游连通，降低排水体起点前面闸底上的渗透压力，消除排水体起点后建筑物底面上的渗透压力。排水体一般无须专门设置，而是将滤层中粗粒粒径最大的一层厚度加大，构成排水体。然而，有一些在建水闸工程，其水闸底板后的水平整流段和陡坡段，却没有设平铺式排水体，有的连反滤层都没有，仅仅在消力池底板处设了排水体。这种设计，将加大闸底板，陡坡段的渗透压力，对水闸安全稳定也极为不利。一般水闸的防渗设计，都应在闸室后水平整流段处开始设排水体，闸基渗透压力在排水体开始处是零。

3. 翼墙排水孔

水闸建成后，除闸基渗流外，渗水经从上游绕过翼墙、岸墙和刺墙等流向下游，成为侧向渗流。该渗流有可能造成底板渗透压力的增大，并使渗流出口处发生危害性渗透变形，故应做好侧向防渗排水设施。为了排出渗水，单向水头的水闸可在下游翼墙和护坡设置排水孔，并在挡土墙一侧孔口处设置反滤层。然而，有些设计，却在进口翼墙处也设置了排水孔。此种设计，使翼墙失去了防渗、抗冲和增加渗径的作用，使上游水流不是从垂直流向插入河岸的墙后绕渗，而是直接从孔中渗入墙之后，这将减少了渗径，增加了渗流的作用，将会减小翼墙插入河岸的作用。

4. 防冲槽

水流经过海漫后，能量虽然得到进一步消除，但海漫末端水流仍具有一定的冲刷能力，河床仍难免遭受冲刷。故需在海漫末端采取加固措施，即设置防冲槽。常见的防冲槽有抛石防冲槽和齿墙或板桩式防冲槽。在海漫末端处挖槽抛石预留足够的石块，当水流冲刷河床形成冲坑时，预留在槽内的石块沿冲刷的斜坡陡段滚下，铺盖在冲坑的上游斜坡上。防止冲刷坑向上游扩展，保护海漫安全。有些防冲槽采用的是干砌石设计，且设计得非常结实，此种设计不甚合理。因为防冲槽的作用，是有足够量的块石以随时填补可能造成的冲坑的上游侧表面，护住海漫不被淘刷。所以建议使用抛石防冲为好。

（二）水闸的止水伸缩缝渗漏问题

1. 渗漏原因

水闸工程中，止水伸缩缝发生渗漏的原因很多，有设计、施工及材料本身的原因等，但绝大多数是由施工引起的。止水伸缩缝施工有严格的施工措施、工艺和施工方法，施工过程中引起渗漏的原因一般有以下几条：

（1）止水片上的水泥渣、油渍等污物没有清除干净就浇筑混凝土，使得止水片与混凝土结合不好而渗漏。

（2）止水片有砂眼、钉孔或者接缝不可靠而渗漏。

（3）止水片处混凝土浇筑不密实造成渗漏。

（4）止水片下混凝土浇筑得较密实，但因混凝土的泌水收缩，形成微间隙而渗漏。

（5）相邻结构由于出现较大沉降差造成止水片撕裂或止水片锚固松脱引起渗漏。

（6）垂直止水预留沥青孔沥青灌填不密实引起了渗漏或者预制混凝土凹形槽外周与周围现浇混凝土结合不好产生侧向绕流渗水。

2. 止水伸缩缝渗漏的预防措施

（1）止水片上污渍杂物问题

施工过程中，模板上脱模剂时易使止水片沾上脱模剂污渍，所以模板上脱模剂这道工序要安排在模板安装之前并在仓面外完成。浇筑过程中不断会有杂物掉在止水片上，故在初次清除的基础上还要强调在混凝土淹埋止水片时再次清除这道工序。另外，浇筑底层混凝土时就会有混凝土散落在止水片上，在混凝土淹埋止水片时先期落上的混凝土因时间过长而初凝，这样混凝土会留下渗漏隐患应及时清除。

（2）止水片砂眼、钉孔和接缝问题

在止水片材料采购时，应严格把关。不但止水片材料的品种、规格和性能要满足规范和设计要求，对其外观也要仔细检查，不合格材料应及时更换。止水片安装时有的施工人员为了固定止水片采用铁钉把止水片钉在模板上，这样会在止水片上留下钉孔，这种方法应避免，而应采取模板嵌固的方法来固定止水片。止水片接缝也是常出现渗漏的地方，金属片接缝一定要采用与母材相同的材料焊接牢固。为了保证焊缝质量和焊接牢固，可以使用制接加双面焊接的方法，焊缝均采用平焊，搭接长度220mm。重要部位止水片接头应热压黏接，接缝均要做压水检查验收合格后才能使用。

（3）止水片处混凝土浇筑不密实问题

止水处混凝土振捣要细致谨慎，选派的振捣工既应有较强的责任心又要有熟练的操作技能。振捣要掌握"火候"，既不能欠振，也不能烂振，振捣时振捣器一定不能触及止水片。混凝土要有良好的和易性，易于振捣密实。

（4）止水处混凝土的泌水收缩问题

选用合适的水泥和级配合理的骨料能有效减小混凝土的泌水收缩。矿渣水泥的保水性较差，泌水性较大，收缩性也大，因此止水处混凝土最好不要用矿渣水泥而宜用普通硅酸盐水泥配制。另外混凝土坍落度不能太大，流动性大的混凝土收缩性也大，一般选5～7cm坍落度为佳，泵送混凝土由于坍落度大不宜采用。

（5）沉降差对止水结构的影响问题

沉降差很难避免，有设计方面的原因，也有施工方面的原因。结构荷载不同，沉降量一般也不同，大的沉降差一般出现在荷载悬殊的结构之间。水闸建筑中，防渗铺盖与闸首、翼墙间荷载较悬殊，会有较大的沉降差。小的沉降差一般不会对止水结构产生危害，因为止水结构本身有一定的变形适应能力。施工方面可以采取预沉和设置二次浇筑带的施工措施和方法来减小沉降差：施工计划安排时先安排荷载大的闸首、翼墙施工，让它们先沉降，待施工到相当荷载阶段，沉降较稳定后再施工相邻的防渗铺盖，或在沉降悬殊的结构间预留二次浇筑带等到两结构沉降较稳定后再浇筑二次混凝土浇筑带。

（6）垂直止水缝沥青灌注密实问题及混凝土预制凹槽与现浇混凝土结合问题

通常预留沥青孔一侧采用每节1m长左右的预制混凝土凹形槽，逐节安装于已浇筑止水片的混凝土墙面上，缝槽用砂浆密封固定，热沥青分节从顶端灌注。需要注意的是在安装预制槽时要格外小心，沥青孔中不能掉进杂物和垃圾。因为沥青孔断面较小，一旦掉进去很难清除干净，必将留下渗漏隐患，因此安装好的预制槽顶端要及时封盖，避免掉进杂物甚至垃圾。

三、水闸施工导流

（一）导流施工

1. 导流方案

在水闸施工导流方案的选择上，多数是采用束窄滩地修建围堰的导流方案。水闸施工受地形条件的限制比较大，这就使得围堰的布置只能紧靠主河道的岸边，但是在施工中，岸坡的地质条件非常差，极易造成岸坡的坍塌，所以在施工中必须通过技术措施来解决此类问题。在围堰的选择上，要坚持选择结构简单且抗冲刷能力大的浆砌石围堰，基础还要用松木桩进行加固，堰的外侧还需通过红黏土夯措施来进行有效的加固。

2. 截流方法

在水利水电工程施工中，我国在堵坝的技术上累积了很多成熟的经验。在截流方法上要积极总结以往的经验，在具体的截流之前要进行周密的设计，可以通过模型试验和现场试验来进行论证，可以采用平堵与立堵相结合的办法进行合龙。土质河床上的截流工程，戗堤常因压缩或冲蚀而形成较大的沉降或滑移，所以导致计算用料与实际用料会存在较大的出入，所以在施工中要增加一定的备料量，以保证工程的顺利施工。特别要注意，土质河床尤其是在松软的土层上筑戗堤截流要做好护底工程，这一工程是水闸工程质量实现的关键。根据以往的实践经验，应该保证护底工程范围的宽广性，对护底工程要排列严密，在护堤工程进行前，要找出抛投料物在不同流速及水深情况下的移动距离规律，这样才能保证截流工程中抛投料物的准确到位。对于那些准备抛投的料物，要保证其在浮重状态和动静水作用下的稳定性能。

（二）水闸施工导流规定

（1）施工导流、截流及度汛应制订专项施工措施设计，重要的或技术难度较大的须报上级审批。

（2）导流建筑物的等级划分及设计标准应按《水利水电枢纽工程等级划分及设计标准》（平原、滨海部分）有关规定执行。

（3）当按规定标准导流有困难时，经充分论证并报主管部门批准，可适当降低标准；但汛期前，工程应达到安全度汛要求，在感潮河口和滨海地区建闸时，其导流挡潮标准不应降低。

（4）在引水河、渠上的导流工程应满足下游用水的最低水位和最小流量的要求。

（5）在原河床上用分期围堰导流时，不宜过分束窄河面宽度，通航河道尚需满足航运的流速要求。

（6）截流方法、龙口位置及宽度应根据水位、流量、河床冲刷性能及施工条件等因素确定。

（7）截流时间应根据施工进度，尽可能选择在枯水、低潮与非冰凌期。

（8）对土质河床的截流段，应在足够范围内抛筑排列严密的防冲护底工程，并随龙口缩小及流速增大及时投料加固。

（9）合龙过程中，应随时测定龙口的水力特征值，适时改换投料种类、抛投强度和改进抛投技术。截流后，应即加筑前后戗，然后才可以有计划地降低堰内水位，并完善导渗、防浪等措施。

（10）在导流期内，必须对导流工程定期进行观测、检查，并及时维护。

（11）拆除围堰前，应根据上下游水位、土质等情况确定充水、闸门开度等放水程序。

（12）围堰拆除应符合设计要求，筑堰的块石及杂物等应当拆除干净。

四、水闸混凝土施工

（一）施工准备工作

大体积混凝土的施工技术要求比较高，特别在施工中要防止混凝土因水泥水化热引起的温度差产生温度应力裂缝。因此需要从材料选择上、技术措施等有关环节做好充分的准备工作，才能保证闸室底板大体积混凝土施工质量。

1. 材料选择

（1）水泥

考虑本工程闸室混凝土的抗渗要求及泵送混凝土的泌水小，保水性能好的要求，确定采用普通硅酸盐水泥，并通过掺加合适的外加剂可以改善混凝土的性能，提高混凝土的抗裂和抗渗能力。

（2）粗骨料

采用碎石，粒径 5 ~ 25mm，含泥量不大于 1%。选用粒径较大、级配良好的石子配制混凝土，和易性较好，抗压强度较高，同时可以减少用水量和水泥用量，从而使水泥水化热减少，降低混凝土温升。

（3）细骨料

采用机制混合中砂，平均粒径大于 0.5mm，含泥量不大于 5%。选用平均粒径较大的中、粗砂拌制的混凝土比采用细砂拌制的混凝土可减少用水量 10% 左右，同时相应减少水泥用量，使水泥水化热减少，降低混凝土温升，并可以减少混凝土收缩。

（4）矿粉

采用金龙 S95 级矿粉，增加混凝土的和易性，同时相应地减少水泥用量，使水泥水化热减少，降低混凝土温升。

（5）粉煤灰

由于混凝土的浇筑方式为泵送，为了改善混凝土的和易性便于泵送，考虑掺加适量的粉煤灰。粉煤灰对降低水化热、改善混凝土和易性有利，但掺加粉煤灰的混凝土早期极限抗拉值均有所降低，对混凝土抗渗抗裂不利，所以要求粉煤灰的掺量控制在 15% 以内。

（6）外加剂

设计无具体要求，通过分析比较及过去在其他工程上的使用经验，混凝土确定采用微膨胀剂，每立方米混凝土掺入 23kg，对混凝土收缩有补偿功能，可提高混凝土的抗裂性。同时考虑到泵送需要，采用高效泵送剂，其减水率大于 18%，可有效降低水化热峰值。

2. 混凝土配合比

混凝土要求混凝土搅拌站根据设计混凝土的技术指标值、当地材料资源情况及现场浇筑要求，提前做好混凝土试配。

3. 现场准备工作

（1）基础底板钢筋及闸墩插筋预先安装施工到位，并且进行隐蔽工程验收。

（2）基础底板上的预留闸门门槽底槛采用木模，并安装好门槽插筋。

（3）将基础底板上表面标高抄测在闸墩钢筋上，并作明显标记，供浇筑混凝土时找平用。

（4）浇筑混凝土时，预埋的测温管及覆盖保温所需的塑料薄膜、土工布等应提前准备好。

（5）管理人员、现场人员、后勤人员及保卫人员等做好排班，保证混凝土连续浇灌过程中，坚守岗位，各负其责。

（二）混凝土浇筑

1. 浇筑方法

底板浇筑采用泵送混凝土浇筑方法。浇筑顺序沿长边方向，采用台阶分层浇筑的方式由右岸向左岸方向推进，每层厚 0.4m，台阶宽度 4.0m。每层每段混凝土浇筑量为 $20.5 \times 0.4 \times 4.0 \times 3 = 98.4 m^3$，现场混凝土供应能力为 $75 m^3/h$，循环浇筑间隔时间约 1.31h，浇筑日期为 9 月 10 日，未形成冷缝。

2. 混凝土振捣

混凝土浇筑时，在每台泵车的出灰口处配置 3 台振捣器，因为混凝土的坍落度比较大，在 1.2m 厚的底板内可斜向流淌 2m 远左右，1 台振捣器主要负责下部斜坡流淌处振捣密实，另外 1～2 台振捣器主要负责顶部混凝土振捣，为防止混凝土集中堆积，先振捣出料口处混凝土，形成自然流淌坡度，然后全面振捣。振捣时严格控制振动器移动的距离、插入深度及振捣时间，避免各浇筑带交接处漏振。

3. 混凝土中泌水的处理

混凝土浇筑过程中，上部的泌水和浆水顺着混凝土坡脚流淌，最后集中在基底面，用软管污水泵及时排除，表面混凝土找平后采用真空吸水机工艺脱去混凝土成型后多余的泌水，从而降低混凝土的原始水灰比，提高混凝土强度、抗裂性及耐磨性。

4. 混凝土表面的处理

由于采用泵送商品混凝土坍落度比较大，混凝土表面的水泥砂浆较厚，易产生细小裂缝。为了防止出现这种裂缝，在混凝土表面进行真空吸水后、初凝前，用圆盘式磨浆机磨平、压实，并用铝合金长尺刮平；在混凝土预沉后、混凝土终凝前采取二次抹面压实措施。即用叶片式磨光机磨光，人工辅助压光，这样既可以很好地避免干缩裂缝，又能使混凝土表面平整光滑、表面强度提高。

5. 混凝土养护

为防止浇筑好的混凝土内外温差过大，造成温度应力大于同期混凝土抗拉强度而产生裂缝，养护工作极其重要。混凝土浇筑完成及二次抹面压实后立即进行覆盖保温，先在混凝土表面覆盖一层塑料薄膜，再加盖一层土工布。新浇筑的混凝土水化速度比较陕，盖上塑料薄膜和土工布后可保温保湿，防止混凝土表面因脱水而产生干缩裂缝。根据外界气温条件及混凝土内部温升测量结果，采取相应的保温覆盖和减少水分蒸发等相应的养护措施，并适当延长拆模时间，控制闸室底板内外温差不可以超过 25℃。保温养护时间超过 14d。

6. 混凝土测温

闸室底板混凝土浇筑时设专人配合预埋测温管。测温管采用 $\phi 48 \times 3.0$ 钢管，预埋时测温管与钢筋绑扎牢固，以免位移或损坏。钢管内注满水，在钢管高、中、低三部位插入 3 根普通温度计，人工定期测出混凝土温度。混凝土测温时间，从混凝土浇筑完成后 6h 开始，安排专人每隔 2h 测 1 次，发现中心温度与表面温度超过允许温差时，及时报告技术部门和项目技术负责人，现场立即采取加强保温养护措施，从而减小温差，避免因温差过大产生的温度应力造成混凝土出现裂缝。随混凝土浇筑后时间延长测温间隔也可延长，测温结束时间，以混凝土温度下降，内外温差在表面养护结束不应当超过 15℃时为宜。

（三）管理措施

（1）精心组织、精心施工，认真做好班前技术交底工作，确保作业人员明确工程的质量要求、工艺程序和施工方法，是保证工程质量的关键。

（2）借鉴同类工程经验，并根据当地材料资源条件，在预先进行混凝土试配的基础上，优化配合比设计，确保混凝土的各项技术指标符合设计和规范规定要求。

（3）严格检查验收进场商品混凝土的质量，不合格商品混凝土料，坚决退场；同时严禁混凝土搅拌车在施工现场临时加水。

（4）加强过程控制，合理分段和分层，确保浇筑混凝土的各层间不出现冷缝；混凝土振捣密实，无漏振，不过振；采用"二次振捣法""二次抹光法"，以增加混凝土的密实性和减少混凝土表面裂缝的产生。

（5）混凝土浇筑完成后，加强养护管理，结合现场测温结果，调整养护方法以确保混凝土的养护质量。

第四章 水利工程测量

第一节 水利工程测量概述

一、测量基本理论知识及工作

由开头已提出测量学的原理，测量学随着科技的发展，现如今，按研究对象和研究范围的不同，可分为大地测量学、地形测量学、摄影测量学、工程测量学、制图学，水利工程测量就属于工程测量学其中一项。水利工程测量的主要任务是：为水利工程规划设计提供所需的地形资料，规划时需提供中、小比例尺地形图及有关信息以及进行建筑物的具体设计时需要提供大比例尺地形图；在工程施工阶段，要将图上设计好的建筑物按其位置，大小测设于地面，以便据此施工，称为施工放样；在施工过程中及工程建成后的运行管理中，都需要对建筑物的稳定性以及变化情况进行监测—变形观测，确保工程安全。学会测量，得先学会确定地面点的位置，概略了解地球的形状和大小，建立适当的确定地面点位的坐标系。测量的基本原则是在布局上由整体到局部，在工作步骤上先控制后碎步，简单点就是先进行控制测量，再进行碎步测量。

确定地面点高程的测量工作，称为高程测量。高程测量按使用的仪器和施测方法的不同，可分为水准测量、三角高程测量、气压高程测量和 GPS 测量等。在工程建设中进行高程测量主要用水准测量的方法。而我们所学的，也主要是水准测量。水准测量是运用水准仪所提供的水平实现来测定两点间的高差，根据某一已知点的高程和两点间的高差，计算另一待定点的高程。进行水准测量的仪器是水准仪，所用的测量工具是水准尺和尺垫。水准仪的安置是在设测站的地方，打开三脚架，将仪器安置在三脚架上，旋紧中心螺旋，仪器安置高度要适中，三脚架设大致水平，并将三脚架的脚尖踩入土中。用水准测量方法确定的高程控制点称为水准点（一般以 BM 表示），水准点应按照水准路线等级，根据不同性质的土壤及实际需求，每隔一定的距离埋设不同类型的水准标志或标石。水准仪有视准轴、水准管轴、圆水准器轴仪器竖轴四条轴线，而在其中，圆水准器轴应平行仪器竖轴、十字丝横丝应垂直于仪器竖轴、水准管轴应平行于视准轴。在进行水准测量工作中，由于人的感觉器官反映的差异，仪器和自然条件等的影响，使测量成果不可避免地产生误差，因此应对产生的误差进行分析，并采用适当的措施和方法，尽可能减少误差予以消除，使测量的精度符合要求。

确定地面点位一般要进行角度测量。角度测量是测量基本任务之一，在测量中与边长一样占有比较重要的位置，角度测量是次梁的三个基本工作之一。角度测量包括水平角测量和竖直角测量。所谓的水平角，就是空间两条直线在水平面上投影的夹角。在同一竖直角内，目标方向与水平面的夹角称为竖角，亦称垂直角，通常用 $\alpha \in$（-90°，+90°），当视线位于水平方向上方时，竖角为正值，称为仰角；当视线位于水平方向下方时，竖角为负值，称为俯角，根据竖角的基本概念，要测定竖角，必然也与水平角一样是两个方向读数的差值。经纬仪是角度测量的主要仪器，它就是根据上述水平角和竖直角的测量原理设计制造，同时，与水准仪一样还可以进行视距测量。经纬仪的使用包括仪器安置、瞄准和读数三项。水平角的观测方法有多种，但是为了消除仪器的某些误差，一般用盘左和盘右两个位置进行观测。竖盘又称垂直度盘，它被固定在水平轴的一端，水平轴垂直于其平面且通过其中心。最终，为了测得正确可靠的水平角和竖角，使之达到规定的精度标准，作业开始之前必须对经纬仪进行检验和校正。角度观测的误差来源于仪器误差、观测误差和外界条件影响三个方面。

距离测量是确定地面点位的基本测量工作之一。距离是指地面两点之间的直线长度。主要包括两种：水平面两点之间的距离称为水平距离，简称平距；不同高度上两点之间的距离称为倾斜距离，简称斜距。距离测量的方法有钢尺量距、视距测量、电磁波测距和 GPS 测量等。钢尺量距工具简单、经济实惠。其测距的精度可达到 1/10000 ~ 1/40000，适合于平坦地区距离测量，钢尺测量的主要器材有钢尺、测钎、温度计、弹簧秤、小花杆，其他辅助工具有测钎、标杆、垂球、温度计、弹簧秤和尺夹。视距测量是一种间接测距方法，它利用望远镜内十字丝分划板上的视距丝及刻有厘米分划的视距标尺，根据光学和三角学原理同时测定两点间的水平距离和高差的一种快速方法。普通视距测量与钢尺量距相比较，具有速度快、劳动强度小、受地形条件限制少等优点。但测量精度较低其测量距离的相对误差约为 1/300，低于钢尺量距；测定高差的精度低于水准测量和三角高程测量。视距测量广泛用于地形测量的碎部测量中。电磁波（简称 EDM）是用电磁波（光波或微波）作为载波传输测距信号直接测量两点间距离的一种方法。与传统的钢尺量距和视距测量相比，EDM 具有测程长、精度高、作业快、工作强度低、几乎不受地形限制等优点。边长测量是测量的基本任务之一，在求解地面点位时绝大多数都要求观测出边长。加之现在的测距仪器都比较先进、精度比较高而且距离测量的内、外也都比以前简单多了，所以距离的测量在现代测量中的地位越来越重要。

在测量工作中常要确定地面上两点间的平面位置关系，要确定这种关系除了需要测量两点之间的水平距离以外，还必须确定该两点所连直线的方向。在测量上，直线的方向是根据某一标准方向（也称基本方向）来确定的，确定一条直线与标准方向间的关系称为直线定向。直线的方向的表示方法有真方位角、磁方位角、坐标方位角及三者之间的关系。通常用直线与标准方向的水平角来表示。测量工作中的直线都是具有一定方向的，一条直线存在正、反两个方向。

通常将能同时进行测角和光电测距的仪器称为电子速测仪，简称速测仪。速测仪的类型很多，按结构形式可分为组合式和整体式两种类型。

任何观测都是在一定的外界环境中进行的，不可避免地包含误差。产生测量的误差的主要原因是：使用的测量仪器构造不十分完善；观测者感官器官的鉴别能力有一定的局限性，所以在仪器的安置、照准、读数等方面都会产生误差；观测时所处的外界条件发生变化。测量误差是测量过程中必然会存在的，也是测量技术人员必须要面对及处理的问题。

二、小区域控制测量

在测量工作中，为了防止误差累积和提高测量的精度和速度，测量工作必须遵循"从整体到局部""先控制后碎部"的测量工作原则。即在进行测图或进行建筑物施工放样前，先在测区内选定少数控制点，构成一定的几何图形或一系列的折线，然后精确测定控制点的平面位置和高程，这种测量工作称为控制测量。控制测量分为平面控制测量和高程控制测量两部分。精确测定控制点平面坐标（x，y）的工作称为平面控制测量，精确测定控制点高程（H）的工作称为高程控制测量。根据国家经济建设和国防建设的需要，国家测绘部门在全国范围内采用"分级布网、逐级控制"的原则，建立国家级平面控制网，作为科学研究、地形测量和施工测量的依据，称之为国家平面控制网。直接用于测图而建立的控制网为图根控制网。导线测量是平面控制测量的一种常用的方法，主要用于带状地区、隐蔽地区、城建区、地下控制、线路工程等控制测量。在野外进行选定导线点的位置、测量导线各转折角和边长及独立导线时测定起始方位角的工作，称为导线测量的外业工作。导线测量的外业工作包括：踏勘选点及埋设标志、角度观测、边长测量和导线定向四个方面。导线的内业计算，即在导线测量工作外业工作完成之后，合理地进行各种误差的计算和调整，计算出各导线点坐标的工作。在面积为 $15km^2$ 内为满足需要进行的平面控制测量称为小区域平面控制测量。小三角测量是小区域测量的一种常用方法，他的特点是变长短、量距工作量少、测角任务重。计算时不考虑地球曲率影响，采用近视平差计算的方法处理观测结果。小区域平面控制网的布设，一般采用导线测量和小三角测量的方法。当测区内已有控制点的数量不能满足测图或施工放样需要时，也经常采用交会法测量来加密控制点。测角交会法布设的形式有前方交会法、侧方交会法和后方交会法。

精确测定控制点高程的工作称为高程控制测量。高程控制测量首先要在测区建立高程控制网，为了测绘地形图或建筑物施工放样以及科学研究工作而需要进行的高程测量，我国在全国范围内建立一个统一的高程控制网，高程控制网由一系列的水准点构成，沿水准路线按一定的距离埋设固定的标志称为水准点，水准点分为临时性和永久性水准点，等级水准点埋设永久性标志，三、四等水准点埋设普通标石，图根水准点可根据需要埋设永久性或临时性水准点，临时性水准点埋设木桩或在水泥板或石头上用红油漆画出临时标志表示。国家高程控制测量分为一、二、三、四等。一二等高程控制测量是国家高程控制的基础，三四等高程控制是一二等的加密或作为地形图测绘和工程施工工程量的基本控制。图根控制测量的精度较低，主要用于确定图根点高程。

三、地形测量及地形图使用

地表的物体不计其数，测量学中，我们把它们分成两类：地物与地貌。将地表上的自然、社会、经济等地理信息，按一定的要求及数学模式投影到旋转椭球面上，再按制图的原则和比例缩绘所称的图解地图。为了测绘、管理和使用上的方便，地形图必须按照国家统一规定的图幅、编号、图式进行绘制。

地形图上两点之间的距离与其实际距离之比，称为比例尺。它又分数字比例尺和直线比例尺。图式是根据国民经济建设各部门的共性要求制定的国家标准，是测绘、出版地形图的依据之一，是识别和使用地形图的重要工具，也是地形图上表示各种地物、地貌要素的符号，地形符号包括地物符号、地貌符号和注记符号。地形图四周里面的四条直线是坐标方格网的边界线称为内图廓；四周外面的四条直线称为外图廓。当一张图不能把整个测区的地形全部描绘下来的时候，就必须分幅施测，统一编号，地形图的编号方法是：按照经纬线分幅的国际分幅法；按坐标格网分幅的矩形分幅法。

测绘前的准备：控制测量成果的整理，大比例尺地形图图式、地形测量规范资料的收集；测量仪器的检验和校正，以及绘图小工具的准备；坐标方格网控制；控制点的展绘。测量碎部点平面位置的基本方法：极坐标法、直角坐标法、方向交会法。地形测绘的方法：大平板仪测图法、小平板仪和经纬仪联合测图法、经纬仪测绘法、全站仪测绘法。地形图的绘制：地物描绘、地貌勾绘、地形图的拼接、地形图的整饰、地形图的检查。

绘制地形图的根本目的是使用地形图，地形图是工程建设中不可缺少的一项重要资料，因此，正确应用地形图是每个工程技术人员必须掌握的一门技能（求图上某点的坐标、两点之间的水平距离、方位角、高程、坡度计算）。

四、水利工程测量

水利工程测量是水利工程建设中不可缺少的一个组成部分，无论是在水利工程的勘测设计阶段，还是在施工建造阶段以及运营管理阶段，都要进行相应的测量工作。

在勘测设计阶段，测量工作的主要任务是为水工设计提供必要的地形资料和其他测量数据。由于水利枢纽工程不同的设计阶段，枢纽位置的地理特点不同，以及建筑物规模大小等因素，对地形图的比例尺要求各不相同，因而在为水利工程设计提供地形资料时，应根据具体情况确定相应的比例尺。

例如，对某一水系（或流域）进行流域规划时，其主要任务是研究该水系的开发方案，设计内容较多，涉及区域范围广，但对其中的某些具体问题并不一定作详细的研究。为使用方便，一般要求提供大范围、小比例尺的地形图，即流域地形图。在水利枢纽的设计阶段，随着设计的逐步深入，设计内容比较详细。因此对某些局部地区，如库区、枢纽建筑区等主体工程地区，要求提供内容较详细、比例尺较大、精度要求较高的相应比例尺地形图。

由于为水利工程设计提供的地形图是一种专业性用图，所以在测量精度、地形图所示的内容等方面都有一定的特殊要求。一般来讲，与国家基本图相比，平面位置精度要求较宽，而对地形精度要求有时较严。当设计需用较大的比例尺图面时，精度要求可低于图面比例尺，即按小一级比例尺的精度要求施测大一级比例尺地形图。

在勘测设计阶段除了提供上述地形资料外，还应满足其他勘测工作的需要。如地质勘探工作中的各种比例尺的地形底图，联测钻孔的平面位置和高程，测定地下水位的高程；在水文勘测工作中测定流速、流向、水深，以及提供河流的纵横断面图等；此外，还需要为各种专用输电线、运输线和附属企业、建筑材料场地提供各种比例尺的地形图及相应的测量资料。

在水利枢纽工程的施工期间，测量工作的主要任务是按照设计的意图，将设计图纸上的建筑物以一定的精度要求测设于实地。为此，在施工开始之前，必须建立施工控制网，作为施工放样的依据。然后根据控制网点并结合现场条件选用适当放样方法，将建筑物的轴线和细部测试于实地，便于施工人员进行施工安装。此外，在施工过程中，有时还要对地基及水工建筑物本身或基础，进行施工中的变形观测，以了解建筑物的施工质量，并为施工期间的科研工作收集资料。在工程竣工或阶段性完工时，要进行验收和竣工测量。

一个水利枢纽通常是由多个建筑物构成的综合体。其中包括有挡水建筑物（常称为大坝），它的作用大，在它投入运营之后，由于水压力和其他因素的影响将产生变形。为了监视其安全，便于及时维护和管理，充分发挥其效益，以及为了科研的目的，都应对它们进行定期或不定期的变形观测。观测内容及项目较多，用工程测量的方法观测水工建筑物几何形状的空间变化常称之为外部变形观测。通常包括水平位移观测、垂直位移观测、挠度观测和倾斜观测等。从外部变形观测的范围来看，不仅包括建筑物的基础、建筑物本身，还包括建筑物附近受水压力影响的部分地区。除外部变形观测之外，还要在混凝土大坝坝体内部埋设专用仪器，检测结构内部的应力、应变的变化情况，称其为内部变形观测；这种观测常由水工技术人员完成。在这一时期，测量工作的特点是精度要求高、专用仪器设备多、重复性大。

由上所述可以看出：在水利枢纽工程的建设中，测量工作大致可分为勘测阶段、施工阶段和运营管理阶段三大部分。在不同的时期，其工作性质、服务对象和工作内容不完全相同，但是各阶段的测量工作有时是交叉进行的，例如，在设计阶段为进行施工前的准备工作，亦着手布置施工控制网；而在施工期间，为了掌握施工质量，要测定地基回弹、基础沉降等，这就是变形观测的一部分内容；在工程阶段性竣工或全部完工之后，要进行竣工测量，绘制竣工图等，其中又包括了测图的工作内容。而它们所采用的测量原理和方法以及仪器又基本相同。所以我们不能将各阶段的测量工作绝对分开，应看成是一个互相联系的整体。

水利工程测量贯穿于水工建设的各个阶段，是应用测量学原理和方法解决水工建设中相关的问题。由于近几年来，测绘仪器正向电子化与自动化方面发展，精度也在不断提高。各种类型的全站仪已使测角、量边完全自动化，尤其是瑞士徕卡生产的ATC1800I测量机器人，使变形观测完全自动化。它能自动寻找目标、自动观测、自动记录，真正实现了测量外业工作的自动化。同时，随着空间技术的发展，全球定位系统（GPS）精度不断提高，它可以提供精密的相对定位，特别是它不要求地面控制点之间互相通视，且可以大量减少施工控制网中的中间过渡控制点，这在水利工程测量中将发挥极大的作用，也为水工建筑物的变形观测提供远离建筑物的基准点创造了条件。

第二节　水利工程地形测量

一、水利工程地形测量概述

地形测量（topographic survey）指的是测绘地形图的作业。即对地球表面的地物、地形在水平面上的投影位置和高程进行测定，并按照一定比例缩小，用符号和注记绘制成地形图的工作。水利工程地形测量指的是在水利工程规划设计阶段，为满足工程总体设计需要，在水利工程建设区域进行的地形测量工作。工程设计阶段的主要测绘工作是提供各种比例尺的地形图，但在工程设计初期，一般只要求提供比例尺较小的地形图，以满足工程总体设计的需要。随着工程设计进行的逐步深入，设计内容越来越详细，要求测图的范围逐渐减小，而测绘的内容则要求更加精确、详细。所以，测图比例尺也随之扩大，而这种大比例尺的测图范围又是局部的、零星的。

水利工程地形测量是水利工程测量的一部分，水利工程测量还包括施工中的放样测量，以及在施工过程中及工程建成之后的运行管理阶段的变形观测。水利工程地形测量主要工作内容是指通过实地测量和计算获得观测数据，利用地形图图式，把地球表面的地物和地貌按一定比例尺缩绘成地形图，为水利工程勘测、设计提供所需的测绘资料。水利工程地形测量主要包括控制测量和碎部测量，其中控制测量又包含平面控制测量和

高程控制测量两部分内容。

二、主要测量方法和优缺点分析

（一）控制测量

1. 平面控制测量

平面控制测量是为测定控制点平面坐标而进行的。平面控制网常用三角测量、导线测量、三边测量和边角测量等方法建立，所建立的控制网分别为三角网、导线网、三边网及边角网。

三角网是将控制点组成连续的三角形，观测所有三角形的水平内角以及至少一条三角边的长度（该边称为基线），其余各边的长度均从基线开始按边角关系进行推算，然后计算各点的坐标。三角测量是建立平面控制网的基本方法之一。三角测量法的优点是：几何条件多、结构强、便于检核；用高精度仪器测量网中角度，可以保证网中推算边长、方位角具有必要的精度。缺点是：要求每点与较多的邻点相互通视，在隐蔽地区常需建造较高的规标；推算而得到的边长精度不均匀，距起始边越远精度越低。

导线网是测定相邻控制点间边长，由此连成折线，并测定相邻折线间的水平角，以计算控制点坐标。导线测量布设简单，推进迅速，受地形限制小，每点仅需与前后两点通视，选点方便，特别是在隐蔽地区和建筑物多而通视困难的地区，应用起来方便灵活。随着电磁波测距仪的发展，导线测量的应用日益广泛。主要优点在于：①网中各点上的方向数较少，除节点外只有两个方向，因而受通视要求的限制较小，易于选点和降低规标高度，甚至无须造标；②导线网的网形非常灵活，选点时可根据具体情况随时改变；③网中的边长都是直接测定的，因此边长的精度较均匀。导线网的主要缺点是：①导线网中的多余观测数较同样规模的三角网要少，检核条件少，有时不易发现观测值中的粗差，因而可靠性不高；②其基本结构是单线推进，控制面积没有三角网大；③方位传算的误差较大。

三边网是在地面上选定一系列点构成连续的三角形，采取测边方式推算各三角形顶点平面位置的方法。在三边测量中，由一系列相互连接的三角形所构成的网形称为三边网。三边网要求测量网中的所有边长，利用余弦公式计算各三角形内角，从起始点和已知方位角的边出发推算各三角形顶点的平面坐标。因为用三边测量方法布设锁网不进行角度测量，推算方位角的误差易于迅速积累，所以需要通过大地天文测量测设较密的起始方位角，以提高三边测量锁网的方位精度。此外，在三角测量中，可以用三角形的三角之和应等于其理论值这一条件作为三角测量的内部校核，而测边三角形则无此校核条件，这是三边测量的缺点。当作业期间的天气条件不利于角度观测时，用微波测距仪建立二等或更低等的三边测量锁网，有较高经济效益。工程测量中正在采用激光测距仪或红外测距仪布设短边的三边测量控制网。

边角测量是利用三角测量和三边测量，同时观测三角形内角和全部或若干边长，推求各个三角形顶点平面坐标的测量技术和方法。边角测量法既观测控制网的角度，又测量边长。测角有利于控制方向误差，测边有利于控制长度误差。边角共测可充分发挥两者的优点，提高点位精度。在工程测量中，不一定观测网中所有的角度和边长，可以在测角网的基础上加测部分边长，或在测边网的基础上加测部分角度，以达到所需要的精度。

目前，由于GPS技术的推广应用，利用GPS建立平面控制网已成为主要的方法。GPS定位技术比常规控制测量具有速度快、成本低、全天候（不受天气影响）、控制点之间无须通视、不需要建造规标、仪器轻便、操作简单、自动化程度高等优点，另一方面，GPS控制网与常规控制网相比，大大淡化了"分级布网、逐级控制"的布设原则，控制点位置是彼此独立直接测定的，所以在控制测量工作中已经广泛应用。但是GPS测量易受干扰（较大反射面或电磁辐射源），对地形地物的遮挡高度有要求。

2. 高程控制测量

水利工程设计阶段所建立的高程控制主要是为各种比例尺的测图所用，但水利水电用图本身具有特殊的要求，它对地形图的精度要求较高，在库区地形图中，要求居民地有较多的高程点，以便正确估计淹没范围。水库高水位边界地带的垭口高程必须仔细测定和注记，以便判定是否修建副坝。

高程控制网主要采用水准测量和三角高程测量方法建立。虽然GPS用于高程控制网的建立已经取得了较大的进展，但是由于其精度仍然具有较大的误差，和上述两种方法有一定差距，且正处于探索阶段，因此本文不再介绍。高程控制网可以一次全面布网，也可以分级布设。首级网一般布设成环形网，加密时可布设成附和线路或结点网。测区高程应采用国家统一高程系统。

水准测量又名"几何水准测量"，是用水准仪和水准尺测定地面上两点间高差的方法。在地面两点间安置水准仪，观测竖立在两点上的水准标尺，按尺上读数推算两点间的高差。通常由水准原点或任一已知高程点出发，沿选定的水准路线逐站测定各点的高程。由于不同高程的水准面不平行，沿不同路线测得的两点间高差将有差异，所以在整理国家水准测量成果时，须按所采用的正常高系统加以必要改正，以求得正确的高程。用水准测量方法建立的高程控制网称为水准网。区域性水准网的等级和精度与国家水准网一致。各等级水准测量都可作为测区的首级高程控制。小测区联测有困难时，也可用假定高程。水准测量属于直接测高，精度高，但是工作量大，测量速度慢，同时受地形影响较大，适用于较平坦的区域。

三角高程测量是根据两点间的竖直角和水平距离计算高差而求出高程的，其精度低于水准测量。常在地形起伏较大、直接水准测量有困难的地区测定三角点的高程，为地形测图提供高程控制。三角高程测量可采用一路线、闭合环、结点网或者高程网的形式布设。三角高程路线一般由边长较短和高差较小的边组成，起讫于用水准联测的高程点。为保证三角高程网的精度，网中应有一定数量的已知高程点，这些点由直接水准测量或水准联测求得。为了尽可能消除地球曲率和大气垂直折光的影响，每边均应相向观测。

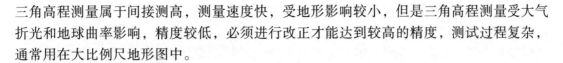

三角高程测量属于间接测高，测量速度快，受地形影响较小，但是三角高程测量受大气折光和地球曲率影响，精度较低，必须进行改正才能达到较高的精度，测试过程复杂，通常用在大比例尺地形图中。

（二）碎部测量

碎部测量（detail survey）是根据比例尺要求，运用地图综合原理，利用图根控制点对地物、地貌等地形图要素的特征点，用测图仪器进行测定并对照实地用等高线、地物、地貌符号和高程注记、地理注记等绘制成地形图的测量工作。碎部点的平面位置常用极坐标法测定，碎部点的高程通常用视距测量法测定。碎部测量又可以分为传统测图法和数字化测图。

1.传统测图法

传统测图法有平板仪测图法、经纬仪和小平板仪联合测图法、经纬仪（配合轻便展点工具）测图法等。它们的作业过程基本相同。测图前将绘图纸或聚酯薄膜固定在测图板上，在图纸上绘出坐标格网，展绘出图廓点和所有控制点，经检核确认点位正确后进行测图。测图时，用测图板上已展绘的控制点或临时测定的点作为测站，在测站上安置整平平板仪并定向，通过测站点的直尺边即为指向碎部点的方向线，再用视距测量方法测定测站至碎部点的水平距离和高程，按测图比例尺沿直尺边沿自测站截取相应长，即碎部点在图上的平面位置，并在点旁注记高程。这样逐站边测边绘，即可测绘出地形图。

2.数字化测图

随着计算机技术的迅猛发展和科技的不断进步，其向各个领域正在不断渗透，加之电子全站仪、GPS-RTK技术等先进测量设备和技术的广泛应用，地形测量正向着自动化和数字化方面全面发展，在此背景下，数字化测图技术便应运而生。20世纪90年代初，测绘科技人员将其与内业机助制图系统相结合，形成了野外数据采集到内业成图全过程数字化和自动化的测量制图系统，人们通常将这种测图方式称为野外数字测图或地面数字测图。根据野外数据采集设备的不同，可把数字化测图分为全站仪测图和GPS-RTK测图两种方式。

（1）全站仪测图

电子全站仪是一种利用机械、光学、电子等元件组合而成、可以同时进行角度（水平角、垂直角）测量和距离（斜距、平距、高差）测量，并可进行有关计算并实现数据存储的一种综合三维坐标高科技测量仪器。全站仪只需要在测站上一次安置该仪器，便可以完成该测站上所有的测量工作，故称为电子全站仪，简称全站仪。

全站仪测图的原理是：将全站仪架设在控制点上，整平、对中，将控制点位坐标、仪器高、棱镜高等相关信息输入到全站仪内，然后把棱镜垂直立在另一个控制点或图根点上并用全站仪后视测量此棱镜，此时便完成了坐标系统的构建，并在全站仪内部进行储存。此时便可用极坐标法进行地物、地形点的测量，将棱镜依次架设到地貌、地物点上，然后分别用全站的照准设备对准棱镜中心，利用全站仪的自动测角、测边功能测定测站至测点间的距离及方位角并实时计算出测点的三维坐标并进行记录，测站每换一处位置便需要仪器站观测一次。将每一个测站上的所有地物、地貌点测量完成并检验后，便可以搬到下一个测站按照上述相同的步骤进行观测，直到测完所有测站上的所有地物、地形点。

相比于传统纸质测图来说，全站仪测图由于其便捷、快速、简单、电子存储等优点已经得到了较大的进步和发展。但是由于仪器站对棱镜站必须每点进行观测，便要求测站点与棱镜站点必须互相通视，因此受地形影响较大，每一站测站只能控制通视范围内的测点，通视范围外的测点需要另设测站进行观测，同时由于全站仪目前大都为激光测距，因此受一定距离的限制，超出该距离仪器站便无法读取棱镜站信息，因此受上述两方面因素的影响，全站仪测图适用于小范围的平坦地区作业。同时由于对中、照准等过程存在部分人为误差，对测量精度也会带来一定的影响。

（2）GPS-RTK 测图

GPS 实时动态定位测量简称 RTK（real time kinematic）。GPSRTK 系统是集计算机技术、无线电技术、卫星定位技术和数字通信技术于一体组合系统。单基站 RTK 首先需要在一个基准站上架设一台 GPS 接收机，然后一台或多台 GPS 接收机安设在运动载体上，基站与运动载体上的 GPS 接收机间通过无线电数据进行传输，联合测得该运动载体的实时位置，从而描绘出运动载体的行动轨迹。

RTK 的工作原理是在基准站 GPS 和移动站 GPS 间通过一套无线电通信系统进行连接，将相对独立的接收机连成一个有机整体。基准站 GPS 把接收到的伪距、载波相位观测值和基准站的一些信息（如基准站的坐标和天线高）都通过通信系统传送到流动站，流动站在接收卫星信号的同时，还接收基准站传送来的数据并进行处理：将基准站的载波信号与自身接收到的载波信号进行差分处理，即可实时求解出两站间的基线向量，同时输入相应的坐标，转换参数和投影参数，即可求得实用的未知点坐标。

上述全站仪测图和 RTK 测图只介绍了野外数据的采集，要完成最终地形图的绘制，还需要用专门的软件进行地形图的制作。CASS 是比较常用的地形地籍成图软件。上述野外数据采集后，用 CASS 软件进行室内数据的传输和格式的转换统一，最后在计算机上编辑成图。不过上述两种方法均要求在野外采集数据的时候进行草图的绘制，室内进行编辑成图时要求严格按草图进行，这样才能保证成图的准确性。

第三节　拦河大坝施工测量

一、土坝的控制测量

土坝是一种较为普遍的坝型。根据土料在坝体的分布以及其结构的不同，其类型又有多种。土坝的控制测量是根据基本网确定坝轴线，然后以坝轴线为依据布设坝身控制网以控制坝体细部的放样。

（一）坝轴线的确定

对于中小型土坝的坝轴线，一般是由工程设计人员和勘测人员组成选线小组，深入现场进行实地踏勘，根据当地的地形、地质和建筑材料等条件，经过方案比较，直接在现场选定。

对于大型土坝以及与混凝土坝衔接的土质副坝，一般经过现场踏勘，图上规划等多次调查研究和方案比较，确定建坝位置，并在坝址地形图上结合枢纽的整体布置，将坝轴线标于地形图上，为了将图上设计好的坝轴线标定在实地上，一般可以根据预先建立的施工控制网用角度交会法测设到地面上。

坝轴线的两端点在现场标定后，应用永久性标志标明。为了防止施工时端点被破坏，应将坝轴线的端点延长到两面山坡上。

（二）坝身控制线的测设

坝身控制线一般要布设与坝轴线平行和垂直的一些控制线。这项工作需要在清理基础前进行（如修筑围堰，在合拢后将水排尽，才能进行）。

1. 平行于坝轴线的控制线的测设

平行于坝轴线的控制线可布设在坝顶上下游线、上下游坡面变化处、下游马道中线，也可按一定间隔布设（如 10m、20m、30m 等），以便控制坝体的填筑和进行收方。

2. 垂直于坝轴线的控制线的测设

垂直于坝轴线的控制线，一般按 50m、30m 或 2 0m 的间距以里程来测设，其步骤如下。

（1）沿坝轴线测设里程桩

由坝轴线的一端定出坝顶与地面的交点，作为零号桩，其校号为 0+000。

然后由零号桩起，由经纬仪定线，沿坝轴线方向按选定的间距丈量距离，顺序钉下 0+030、060、090 等里程桩，直至另一端坝顶和地面的交点为止。

（2）测设垂直于坝轴线的控制线

将经纬仪安置在里程桩上，定出垂直于坝轴线的一系列平行线，并在上下游施工范围以外用方向桩标定在实地上，作为测量横断面和放样的依据，这些桩亦称横断面方向桩。

（三）高程控制网的建立

用于土坝施工放样的高程控制，可由若干永久性水准点组成基本网和临时作业水准点两级布设。基本网布设在施工范围以外，并应与国家水准点连测，组成闭合或附合水准路线，用三等或四等水准测量的方法施测。

临时水准点直接用于坝体的高程放样，布置在施工范围以内不同高度地方。临时水准点应根据施工进程及时设置，附合到永久水准点上。

二、土坝清基开挖与坝体填筑的施工测量

（一）清基开挖线的放样

为使坝体与岩基很好结合，坝体填筑前，必须对基础进行清理。为此，应当放出清基开挖线，即坝体与原地面的交线。

清基开挖线的放样精度要求不高，可用图解法求得放样数据在现场放样。为此，先沿坝轴线测量纵断面。即测定轴线上各里程桩的高程，绘出纵断面图，求出各里程桩的中心填土高度，再对每一里程桩进行横断面测量，绘出横断面图，最后根据里程桩的高程、中心填土高度与坝面坡度，在横断面图上套绘大坝的设计断面。

（二）坡脚线的放样

清基以后应放出坡脚线，以便填筑坝体。坝底和清基后地面的交线即为坡脚线，下面介绍两种放样方法。

1. 横断面法

仍用图解法获得放样数据。首先恢复轴线上的所有里程桩，然后进行纵横断面测量，绘出清基后的横断面图，套绘土坝设计断面。

2. 平行线法

这种方法以不同高程坝坡面与地面的交点获得坡脚线。在地形图上确定土坝的坡脚线，是用已知高程的坝坡面（为一条平行于坝轴线的直线），求得它与坝轴线间的距离，获得坡脚点。平行线法测设坡脚线的原理与此相同，不同的是由距离（平行控制线与坝轴线的间距为已知）求高程（坝坡面的高程），而后在平行控制线方向上用高程放样的方法，定出坡脚点。

（三）边坡放样

坝体被脚放出后，就可填土筑坝，为标明上料填土的界线，每当坝体升高 1m 左右，就要用桩（称为上料桩）将边坡的位置标定出来。标定上料桩的工作称为边坡放样。

（四）坡面修整

大坝填筑至一定高度且坡面压实后，还要进行坡面的修整，使其符合设计要求。此时可用水准仪或经纬仪按测设坡度线的方法求得修坡量（削坡或回填度）。

三、混凝土坝的施工控制测量

混凝土坝按其结构和建筑材料相对土坝来说较为复杂，其放样精度比土坝要求高。施工平面控制网一般按两级布设，不多于三级，精度要求最末一级控制网的点位中误差不超过 ±10mm。

（一）基本平面控制网

基本网作为首级平面控制，一般布设成三角网，并应尽可能将坝轴线的两端点纳入网中作为网的一条边。根据建筑物重要性的不同要求，一般按三等以上三角测量的要求施测，大型混凝土坝的基本网兼作变形观测监测网，要求更高，需按一、二等三角测量要求施测。为了减少安置仪器的对中误差，三角点一般建造混凝土观测墩，并在墩顶埋设强制对中设备，以便安置仪器和视标。

（二）坝体控制网

混凝土坝采取分层施工，每一层中还分跨分仓（或分段分块）进行浇筑。坝体细部常用方向线交会法和前方交会法放样，为此，坝体放样的控制网——定线网，有矩形网和三角网两种，前者以坝轴线为基准，按施工分段分块尺寸建立矩形网，后者则由基本网加密建立三角网作为定线网。

1. 矩形网

直线型混凝土重力坝分层以坝轴线为基准布设的矩形网，其是由若干条平行和垂直于坝轴线的控制线所组成，格网尺寸按施工分段分块的大小而定。

2. 三角网

由基本网的一边加密建立的定线网，各控制点的坐标（测量坐标）可测算求得。但坝体细部尺寸是以施工坐标系船岁为依据的，因此应根据设计图纸求其得施工坐标系原点的测量坐标和坐标方位角，换算为便于放样的统一坐标系统。

（三）高程控制

分两级布没，基本网是整个水利枢纽的高程控制。视工程不同要求按二等或三等水准测量施测，并考虑以后可用作监测垂直位移的高程控制。作业水准点或施工水准点，随施工进程布设，尽可能布设成闭合或附合水准路线。作业水准点多布设在施工区内，应经常由基本水准点检测其高程，如有变化应及时改正。

四、混凝土坝清基开挖线的放样

清基开挖线是确定对大坝基础进行清除基岩表层松散物的范围，它的位置根据坝两侧坡脚线、开挖深度和坡度决定。标定开挖线一般采用图解法。与土坝一样先沿坝轴线进行纵横断面测量绘出纵横断面图，由各横断面图上定坡脚点，获得坡脚线及开挖线。

实地放样时，可用与土坝开挖线放样相同的方法，在各横断面上由坝轴线向两侧量距的开挖点。如果开挖点较多，可以用大平板仪测放也较为方便。方法是按一定比例尺将各断面的开挖点绘于图纸上，同时将平板仪的设站点及定向点位置也绘于图上。

在清基开挖过程中，还应控制开挖深度，在每次爆破之后及时在基坑内选择较低的岩面测定高程（精确到厘米即可），并用红漆标明，以便施工人员和地质人员掌握开挖情况。

第四节　河道测量

一、测量的任务

测量工作在水利工程中起着十分重要的作用。我国的水资源按人口平均是很少的，只有世界人均占有水量的四分之一。但因我国地域辽阔，水资源总量居世界第六位，许多未能开发利用。为了合理开发和利用我国的水资源，治理水利工程的规划设计阶段、建筑施工阶段和运行管理阶段，每个阶段都离不开测量工作。

对一条河流进行综合开发，使其在供水、发电、航运、防洪及灌溉等方面都能发挥最大的效益。在工程的规划阶段，应该对整个流域进行宏观了解，进行不同方案的分析比较，确定最优方案，这时应该有全流域小比例尺（例如采用 1∶50000 或 1∶100000）的地形图。当进行水库的库容与淹没面积计算时，为正确地选择大坝轴线的位置时，这时应该采用较小比例尺（例如采用 1∶10000～1∶50000）的地形图。坝轴线选定后，在工程的初步设计阶段，布置各类建筑物时，应提供较大比例尺（例如 1∶2000～1∶5000）的地形图。在工程的施工设计阶段，进行建筑物的具体形状、尺寸的设计，应提供大比例尺（例如 1∶500～1∶1000）的地形图。另外，由于地质勘探及水文测验等的需要，还要进行一定的测量工作。

在工程的建筑施工阶段，为了把审查和批准的各种建筑物的平面位置与高程，通过测量手段，以一定的精度测设到现场，首先要根据现场地形、工程的性质以及施工组织设计等情况，布设施工控制网，作为放样的基础。然后，再按照施工的需要，采用适当的放样方法，按照猫画虎规定的精度要求，将图纸上设计好的建筑物测设到实地，定点划线，以指导施工的开挖与砌筑。另外，在施工过程中，有时还要进行变形观测。工程竣工后，要测绘竣工图，以作为工程完工后的验收资料，并为今后工程扩建或改建提供第一手资料。在工程的运行管理阶段，需要对水工建筑物进行的变形观测。以便了解工程设计是否合理，验证设计理论是否正确，同时也为水工建筑物的设计和研究提供重要的数据。对水工建筑物进行系统的变形观测，能及时掌握建筑物的变化情况，能及时了解建筑物的安全与稳定情况，一旦发现异常变化，可以及时采取相应措施，防止事故的发生。水工建筑物的变形观测工作，大体上分为外部观测和内部观测两类。在施工单位实施项目施工时，外部观测项目由测量部门负责；内部观测项目由实验或科研单位负责。在管理工作上，一般将外部、内部观测工作，统一由观测班、组承担。水工建筑物的变形观测项目，主要包括大坝的水平位移、垂直位移（又称沉陷）、裂缝、渗漏观测等。

二、河道测量概述

河道有对人们提供灌溉、泄洪、航运和动力等有利的一面，但是又有危害人们的另一面。为了兴利除害，就必须进行河道的整治。要正确地整治河道，必须了解河道及其附近的地形情况掌握它的演变规律，而河道测量就是对河道进行调查研究的一个重要的方法。

河道测量是江、河、湖泊等水域测量的总称。为了充分开发和利用水力资源以获得廉价的电力，为了更好地满足工业与居民用水的需求，为了使农田免受旱涝灾害以增加生产，为了整治河道以提高航运能力，应当对河道进行裁弯取直、拓宽、加深甚至兴建各种水利工程。在这些工程的勘测设计中，除了需要路上地形图外，还需要了解水下地形情况，测绘水下地形图。它的内容不像路上地形图那样复杂，根据用途目的，一般可用等高线或等深线表示水下地形。

在水利工程的规划设计阶段，为了拟定梯级开发方案，选择坝址和水头高度，推算回水曲线等，都应编绘河道纵断面图。河道纵断面图是河道纵向各个最深点（又称深泓点）组成的剖面图。图上包括河床深泓线、归算至某一时刻的同时水位线、某一年代的洪水位线、左右堤岸线以及重要的近河建筑物等要素。

在水文站进行水情预报时，在研究河床变化规律和计算库区淤积确定清淤方案时，在桥梁勘测设计中，决定桥墩的类型和基础深度，布置桥梁的孔径等时，都不得需要施测河道貌岸然横断面图。河道横断面图是垂直于河道主流方向河床剖面图。图上包括河谷横断面、施测时的工作水位线和规定年代的洪水位线等要素。

另外，河道纵断面图，完全是依据河道横断面图绘制的。

三、河道控制测量

河道测量与陆上测量的原理相同，即先作陆上控制测量，后测绘水下地形（含纵横断面的水下部分），河道控制测量包括平面控制测量及高程控制测量。

（一）平面控制测量

当测区原有的控制点能满足河道测量的精度与密度要求时，应充分予以利用，不再另布设新控制网。当测区已有的地形图的比例尺和精度能满足要求时，容许依据地形图上的明显地物点作为测站，把沿河水位点和横断面位置等测绘于图上，作为编绘纵断面图的基本资料。

当测区没有适合的平面控制和地形图可利用时，应按《水测规范》的规定布设首级平面控制网（图根级）。

例如，对中、小河道进行测量时，通常用经纬仪导线作为平面控制。根据实际情况，把导线布置在河道一岸的堤顶上或者沿着河岸布置。对于大河道，由于河面宽，堤防高，在一边布置导线，对施测河道另一边的地形就会有困难，所以可考虑用小三角测量作为平面控制。导线和小三角应该尽量与国家控制点连接，如果连接有困难，最好在两端分别观测方位角，以便校核。

（二）高程控制测量

施测河道纵、横断面布设基本高控制时，在水准路线长度一定的情况下，河流比降愈大，水准测量的等级愈低；反之，则水准测量的等级愈高。这样使水准测量的误差，在测定河流比降时，对其影响最小。

中、小河道可以采用五等或四等水准测量作为高程控制。在进行五等或四等水准测时，应该以高一级的水准点为起闭点，采用附和或闭合水准路线。五等或四等水准测量的路线不要紧靠导线，可以选择在平坦和坚硬的大路上进行。为了便于连测导线点，在观测过程中，一般每隔 1 ~ 2km 测设一个临时水准点，并且尽可能设置在坚固的建筑物上，如石桥、涵闸、房屋角等适当的部位。

根据测设的临时水准点，用普通水准测量的方法采用附、闭合水准路线，测定导线点的高程。

（三）河道控制测量特点

（1）平面和高程控制网，应靠近平行于河流岸边布设，并尽可能将各横断面端点、水文站的水准基点及连测水位点高程的临时水准标志等直接组织在基本控制网内。

（2）如果新布设平面和高程控制网，其坐标系统和高程起算基准面，应与计划利用的原有测绘资料的系统一致。

（3）五等水准点、平面控制点和横断面端点的埋石数量，应在任务书中明确规定。

（4）固定标石应埋在常年洪水位线以上。靠近库区边缘的标石，应尽可能埋在正常高水位线以上。以保证标石的安全，而且在洪水季节也可进行测量工作。

四、水位观测

（一）水位观测

1. 水位观测的基本知识

在进行河道横断面或水下地形测量时，如果作业时间较短，河流水位双比较稳定，可以直接测定水位线的高程作为计算水下地形点高程的起算依据。如作业时间较长，河流水位变化不定时，则应设置水尺随时进行观测，以保证提供测深时的准确水面高程。

水下地形点的高程等于水位减水深，因此，水位最好与测量水深同时进行。水位等于水尺零点高程与水面截取水尺读数之和。

由于河流水面涨落是不断变化的，所以水尺读数也随时变化。然而待观测的水深点一般较多，因此不可能与测深相对应的时间都进行观测水位。在实际工作中，一般可根据水域特性、测深时段与精度要求，采用定时观测水位，绘制水位与时间曲线。

水位观测时应遵守下述规定：

（1）水位观测，根据具体情况，确定观测时间和观测水位的次数，并将观测结果及时刻（年、月、日、时、分）计入手簿。

（2）为保证观测精度，观测水尺读数时，应蹲下身体使视线尽量平等于水面读取，每次均应读出相邻波峰与波谷的水尺读数各两次，当两次波峰与波谷中数的较差小于1cm时，取平均值作为最后结果。水尺读数应该读至毫米，读数时应特别注意水尺上分米、厘米读数的正确性，每次观测后对大数必须进行复核。

（3）在水位观测中，应充分利用原有水文站，观测水位的时间应尽量与水文站相一致，或请水文站人员按规定时间代为观测。

2. 临时水准站的布设

在河道测量中，如果河道沿线原水水位站或水文站不可满足要求时，可根据河流特点与水文工作者共同研究，适当布设临时水位点进行补充。临时水位站一般可供规划设计阶段或施工阶段观测水位。它的设备较简单，即要每个临时水位站附近，设立一个临时水准点，并根据河流特性，设置直立式或矮桩式水尺。水尺由木桩、水尺板、螺栓的垫木组成。

设置水尺的原则是：既要能观测最低水位，也要能观测最高水位。应用较多的为直立式水尺；当水尺易受水流、漂浮物撞击、河床土质松软时，可设置矮桩式水尺，它是由一连串短木桩组成，各木桩通过临时水准点测定其高程。

3. 同时水位的测定

为了在河道纵、横断面上绘出同时水位线，或者提供各河段水面落差等资料，一般均需测定同时水位。但在河段比降大，水位变化小，用工作水位能满足规划设计要求时，可用工作水位代替同时水位线。根据河道长度、水面比降、水位变化大小和生产的要求，测定同时水位的方法有多种，现主要介绍两种。

（1）工作水位法

在不同时间内测定各水位点的高程，然后，从两端水文站或临时水位站的水位资料来换算同时水位。若河道较长，可分为若干河段，每段都以水位站作为起止点。现将具体作业方法介绍如下：

①根据任务要求，对河道作适当分段，然后，逐段测定水位点高程。

②作业出发前，所有观测人员应核对时表，使上、下游两水位点的时表一致。

③在选出的水位点处设立水边桩，测量出水面与桩顶的高差，并读出时刻，计入手簿。为了便于观测，可采用引沟或其他防浪措施使水面稳定。

④从临时水位点连测出水边桩的高程。按五等水准观测精度，转站次数最多不得超过3站。

（2）瞬时水位法

在规定的同一时刻，连测出全部水位点的高程，具体作业步骤如下：

①作业出发前，观测员应核对时表，并规定测量水面高程的同一时刻。

②在选出的水位点处挑一水边桩，并且在上、下游各约5m处再打两个检查桩。水边桩的位置应在测量水位时不致因水位下落而使木桩离开水边。

③在规定的同一时刻，迅速量出水面与桩顶的高差，即木桩顶上的水深。高差取一次波峰与波谷的中数。当由 3 个桩推得的水位无显著矛盾时，以主桩观测结果为准。

④各水边桩桩顶高程的连测，以在测量水面与各桩顶水深前、后两天之内进行为宜。

4. 洪水调查测量

进行洪水调查时，应请当地年长居民指点亲眼看见的最大洪水淹没痕迹，回忆发水的具体日期。洪水痕迹高程用五等水准测量从临近的水准点引测确定。

洪水调查测量一般应选择适当的河段进行。选择河段应注意以下几点：

（1）为了满足某一工程设计需要而进行洪水调查时，调查河段应尽量靠近工程地点。

（2）调查河段应当稍长，并且两岸最好有古老村庄与若干易受洪水浸淹的建筑物。

（3）为了准确推算洪水流量，调查段内河道应比较顺直，各处断面形状相近，有一定的落差；同时无大的支流加入，无分流和严重跑滩现象，不受建筑物大量引水、排水和变动回水的影响。

在弯道处，水流因受离心力的作用，凹岸水位通常高于凸岸水位而出现横向比降，其两岸洪水位差有的可达3m以上。根据弯道水流的特点，应在两岸多调查一些洪水痕迹，取两岸洪水位的平均值作为标准洪水位。

五、水深测量

水深即水面至水底的垂直距离。为了求得水下地形点的高程，必须进行水深测量。水深测量根据河流特性、水深、流速、水域通航情况，按照测量工具的不同，测深工作可分为下述几种方法。

（一）测深杆测深

测深杆简称测杆。它适用于流速小于1m/s且水深小于5m的测区。其测深读数误差不大于0.1m。测深杆一般用长度为 6 ~ 8m、直径5cm的竹竿、木杆或铝杆制成。从杆底底盘，用以防止测深时测杆下陷而影响测深精度。

测深时，应将测杆斜向测点上游插入水中，当测杆到达和测点位置呈垂直状态时，读取水面所截杆上读数，即为水深。

（二）测深锤测深

测深锤测深一般适用于流速小于 1m/s、水深小于 15m 的测区。在险滩、急流和其他无法通行测船，而必须在皮筏上测深时，也适合采用。

测深时，应将测深锤向上游投掷，当测绳成垂直状态的一瞬间立即进行读数。读数前，应将测绳松弛部分拉紧并稍向上提后迅速落下，当证实测锤确实抵达水底时，读数方为有效。有浪段应将波浪影响记入读数内。在堆积岩石河段测深时，为避免测锤被岩石卡住，读数后应立即提锤。若在皮筏或小船上测深时，可在水平处抓住测绳，提锤后再读数。

六、河道纵横断面测量

（一）河道横断面测量

河道横断面图是垂直于河道主流方向的河床剖面图，图上包括河谷横断面、施测时的工作水位线和规定年代的洪水位线等要素。

1. 断面基点的测定

代表河道横断面位置并用作测定断面点平距和高程的测站点，称为断面基点。在进行河道横断面测量之前，首先必须沿河布设一些断面基点，并测定它们的平面位置和高程。

专为水利、水能计算所进行的纵、横断面测量，通常利用已有地形图上的明显地物点作为断面基点，对照实地打桩标定，并按顺序编号，不再另行测定它们平面位置。对于有些无明显地物可作断面基点的横断面，它们的基点须在实地另行选定，再在相邻两明显地物点之间用视距导线测量测定这些基点的平面位置，并按坐标展点法（或量角器展点法）在地形图上展绘出这些基点。根据这些断面基点可在地形图上绘出与河道主流方向垂直的横断面方向线。

在无地形图可利用的河流上，须沿河的一岸每隔 50 ~ 100m 布设一个断面基点。这些基点的排列应尽量与河道主流方向平行，并从起点开始按里程进行编号。各基点间的距离可按具体要求分别采用视距、量距、解析法测距和红外测距的方法测定；在转折点上应用经纬仪观测水平角，以便在必要时（如需测绘水下地形图时）按导线计算各断面点坐标。

2. 横断面方向的确定

在断面基点上安置经纬仪，照准和河流主流垂直的方向，倒转望远镜在本岸标定一点作为横断面后视点。由于相邻断面基点的连线不一定与河道主流方向恰好平行，所以横断面不一定与相邻基点连线垂直，应在实地测定其夹角，并在横断面测量记录手簿上绘一略图注明角值，以便在平面图上标出横断面方向。

为使测深船在航行时有定向的依据，应在断面基点与后视点插上花杆。

3. 陆地部分横断面测量

在断面基点上安置经纬仪，用视距法依次测定水边点、地形变换点和地物点至测站点的平距及高差，并计算出高程。在平缓的匀坡断面上，应保证图上 1 ~ 3cm 有一个断面点。每个断面都要测至最高洪水位以上；对于不可能到达的断面点，可利用相邻断面基点按前方交会法进行测定。

4. 河道横断图的绘制

河道横断面图的绘制方法与公路横断面图的绘制方法基本相同，用印有毫米方格的坐标纸绘制。横向表示平距，比例尺一般为 1 ： 1000 或 1 ： 2000；纵向表示高程，比例尺为 1 ： 100 或 1 ： 200。绘制时应当注意：左岸必须绘在左边，右岸必须绘在右边。

因此，绘图时通常以左岸最末端的一个断面点作为平距起算点，标绘在最左边，将其他各点对断面基点的平距换算成对左岸断面端点的平距，再去展绘各点。在横断面图上应绘出工作水位（实测水位）线；调查了洪水位的地方应当绘出水位线。

（二）河道纵断面的绘制

河道纵断面图是根据各个横断面的里程桩号（或从地形图上量得的横断面间距）及河道貌岸然深泓点、岸边点、堤顶角肩点等的调高程绘制而成。在坐标纸上以横向表示平距，比例尺为 1：1000 ~ 1：10000；纵向表示高程，比例尺为 1：100 ~ 1：1000。为了绘图方便，事先应编制纵断面成果表，表中除列出里程桩号和深泓点、左右岸边点、左右堤顶的高程等外，还应根据设计需要列出同时水位和最高洪水位。绘图时，从河道上游断面桩起，依次向下游取每一个断面中的最深点展绘到图纸上，连成折线即为河底纵断面。按照类似方法绘出左右堤岸线或岸边线、同时水位线与最高洪水位线。

第五章 水利工程项目合同管理

第一节 水利工程施工招标投标

一、概念

（一）招标

招标是指招标人对货物、工程及服务，事先公布采购的条件与要求，邀请投标人参加投标，招标人按照规定的程序确定中标人的行为。

招标方式分为公开招标和邀请招标两种。

公开招标：指招标人以招标公告的方式，邀请不特定的法人或其他组织投标。其特点是能保证竞争的充分性。

邀请招标：指招标人以投标邀请书的方式，邀请三个以上特定的法人或者其他组织投标，对其使用法律作出了限制性规定。

1. 招标人

招标人是指依照招标投标法的规定提出招标项目，进行招标的法人或者其他组织。招标人不得为自然人。

招标人应当具备以下必要条件：第一，应有进行招标项目的相应资金或资金来源已落实，并应当在招标文件中如实载明；第二，招标项目按规定履行审批手续的，应先履行审批手续并获得批准。

2. 招标程序

（1）招标公告与投标邀请书

公开招标时，应在国家指定的报刊、网络或其他媒介发布招标公告。招标公告应载明：招标人的名称和地址，招标项目的性质数量、实施地点和时间以及获得招标文件的办法等事项。

邀请招标时，应向三个以上具备承担招标项目能力、资信良好的特定法人或组织发出投标邀请书。投标邀请书应载明的事项和招标公告应载明的事项相同。

（2）对投标人的资格审查

由于招标项目一般都是大中型建设项目或技术复杂项目，为了确保工程质量以及避免招标工作上的财力和时间的浪费，招标人可以要求潜在投标人提供有关资质证明文件和业绩情况，并对其进行资格审查。

（3）编制招标文件

招标文件是要约邀请内容的具体化。招标文件要根据招标项目的特点编制，还要涵盖法律规定的共性内容：招标项目的技术要求、投标人资格审查标准、投标报价要求、评标标准等所有实质性要求和条件以及拟签订合同主要条款。

招标文件不得要求或标明特定的生产供应商，不得含有排斥潜在投标人的内容及含有排斥潜在投标人倾向的内容。不得透露已获得的潜在投标人的有可能影响公平竞争的情况，设有标底的标底必须保密。

（二）投标

投标是指投标人按照招标人提出的要求和条件回应合同的主要条款，参加投标竞争的行为。

1. 投标人

投标人是指响应招标、参加投标竞争的法人或者其他组织，依法招标的科研项目允许个人参加投标。投标人应当具备承担招标项目的能力，有特殊规定的，投标人应当具备规定的资格。

2. 投标文件的编制

投标人应当按照招标文件的要求编制投标文件，且投标文件应当对招标文件提出的实质性要求和条件做出响应。涉及中标项目分包的，投标人应该在投标文件中载明，以便在评审时了解分包情况，决定是否选中该投标人。

3. 联合体投标

联合体投标是指两个以上的法人或其他组织共同组成一个非法人的联合体，以该联合体名义作为一个投标人，参加投标竞争。联合体各方均应当具备承担招标项目的相应能力，由同一专业的单位组成的联合体，按照资质等级较低的单位确定资质等级。

在联合体内部，各方应当签订共同投标协议，并将共同投标协议连同投标文件一并提交招标人。联合体中标后，应当由各方共同与招标人签订合同，就中标项目向招标人承担连带责任。招标人不得强制投标人联合共同投标，投标人之间的联合投标应出于自愿。

4. 禁止行为

投标人不得相互串通投标或与招标人串通投标；不得以行贿的手段谋取中标；不得以低于成本的报价竞标；不得以他人名义投标或者其他方式弄虚作假，骗取中标。

二、招标过程

（一）施工招标文件

1. 编制要求

招标文件的编制是招标准备工作的一个重要环节，规范化的招标文件对于搞好招标投标工作至关重要。为了满足规范化的要求，在编写招标文件时，应遵循合法性、公平性和可操作性的编写原则。在此基础上，根据《建设工程施工招标文件范本》以及《水利水电土建工程施工合同条件》结合各个项目的具体情况和相应的法律法规的要求予以补充。根据范本的格式和当前招标工作的实践，施工招标文件应包括以下内容：投标邀请书、投标人须知、合同条件、技术规范、工程量清单、图纸、勘察资料、投标书（及附件）、投标担保书（及格式）等。

因合同类型的不同，招标文件的组成有所差别。比如，对于总价合同而言，招标文件中须包括施工图纸但无需工程量清单；而单价合同可以没有完整的施工图纸，但工程量清单必不可少。

2. 投标邀请书

投标邀请书是招标人向经过资格预审合格的投标人正式发出参加本项目投标的邀请，因此投标邀请书也是投标人具有参加投标资格证明，而没有得到投标邀请书的投标人，无权参加本项目的投标。投标邀请书很简单，一般只要说明招标人的名称、招标工程项目的名称和地点、招标文件发售的时间和费用、投标保证金金额和投标截止时间、开标时间等。

3. 投标须知

投标须知是一份为让投标人了解招标项目及招标的基本情况和要求而准备的一份文件。其应包括本项目工程量的情况及技术特点，资金来源及筹措情况，投标的资格要求（如果在招标之前已对投标人进行了资格预审，这部分内容可以省略），投标中的时间安排及相应的规定（如发售招标文件现场考察、投标答疑、投标截止日期、开标等的时间安排），投标中须遵守和注意的事项（如投标书的组成、编制要求及密封、递送要求等），开标程序，投标文件的澄清，招标文件的响应性评定，算术数性错误的改正，评标与定标的基本原则、程序、标准和方法。同时，在投标须知中还应当注明签订合同、重新招标、中标中止、履约担保等事项。

4. 合同条件

合同条件又被称为合同条款，其主要规定了在合同履行过程当中，当事人基本的权利和义务以及合同履行中的工作程序、监理工程师的职责与权力，目的是让承包商充分了解施工过程中将面临的监理环境。合同条款包括通用条款和专用条款，通用条款在整个项目中是相同的，甚至可以直接采用范本中的合同条款，这样既可节省编制招标文件的时间，又能较好地保证合同的公平性和严密性（也便于投标单位节省阅读招标文件的时间）。专用条款是对通用条款的补充和具体化，应根据各标段的情况来组织编写。但是在编写专用条款时，一定要满足合同的公平性及合法性要求，以及合同条款具体明确和满足可操作性的要求。

5. 技术规范

技术规范是十分重要的文件，应详细具体地说明对承包商履行合同时的质量要求、验收标准、材料的品级和规格。为满足质量要求应遵守的施工技术规范，以及计量与支付的规定等。由于不同性质的工程，其技术特点和质量要求及标准等均不相同，所以技术规范应根据不同的工程性质及特点，分章、分节、分部、分项来编写。例如，水利工程的技术规范中，通常被分成了一般规定、施工导截流、土石方开挖、引水工程、钻孔与灌浆大坝、厂房、变电站等章节，并针对每一章节工程的特点，按质量要求、验收标准、材料规格、施工技术规范及计量支付等，分别进行规定及说明。

技术规范中施工技术的内容应简化，由于施工技术是多种多样的，招标中不应排斥承包商通过先进的施工技术降低投标报价的机会。承包商完全可以在施工中"八仙过海，各显神通"，采用自己所掌握的先进施工技术。

技术规范中的计量与支付规定也是非常重要的。可以说，没有计量与支付的规定，承包商就无法进行投标报价（编制单价），施工中也无法进行计量与支付工作。计量与支付的规定不同，承包商的报价也会不同。计量与支付的规定中包括计量项目、计量单位、计量项目中的工作内容、计量方法以及支付规定。

6. 工程量清单

工程量清单是招标文件的组成部分，是一份以计量单位说明工程实物数量，并与技术规范相对应的文件。它是伴随着招标投标竞争活动产生的，是单价合同的产物。其作用有两点：一是向投标人提供统一工程信息和用于编制投标报价的部分工程量，以便投标人编制有效、准确的标价；二是对于中标签订合同的承包商而言，标有单价的工程量清单是办理中期支付和结算以及处理工程变更计价的依据。

根据工程量清单的作用和性质，它具有两个显著的特点：首先是清单的内容与合同文件中的技术规范、设计图纸一一对应，章节一致；其次是工程量清单与概预算定额有同有异，清单所列数量与实际完成数量（结算数量）有着本质差别，且工程量清单所列单价或总额反映的是市场综合单价或总额。

工程量清单主要由工程量清单说明、工程细目、计日工明细表和汇总表四部分组成。其中，工程量清单说明规定了工程量清单的性质、特点以及单价的构成和填写要求等。工程细目反映了施工项目中各工程细目的数量，它是工程量清单的主体部分。

工程量清单的工程量是反映承包商的义务量大小及影响造价管理的重要数据。在整理工程量时，应根据设计图纸及调查所得的数据，在技术规范的计量与支付方法的基础上进行综合计算。同一工程细目，其计量方法不同，所整理出来的工程量也会不一样。在工程量的整理计算中，应保证其准确性。否则，承包商在投标报价时会利用工程量的错误，实施不平衡报价、施工索赔等策略，给业主带来了不可挽回的损失、增加工程变更的处理难度和投资失控等危害。

计日工是表示工程细目里没有，工程施工中需要发生，且得到工程师同意的工料机费用。根据工种、材料种类以及机械类别等技术参数分门别类编制的表格，称为计日工明细表。

7. 投标担保书

投标担保的目的是约束投标人承担施工投标行为的法律后果。其作用是约束投标人在投标有效期内遵守投标文件中的相关规定，在接到中标通知书后按时提交履约担保书，认真履行签订工程施工承包合同的义务。

投标担保书通常采用银行保函的形式，投标保证金额一般不低于投标报价 2%。投标保证书的格式如下（为保证投标书的一致性，业主或招标人应在准备招标文件时，编写统一的投标担保书格式）。

（二）资格预审

投标人资格审查分为资格预审和资格后审两种形式。资格预审有时也称为预投标，即投标人首先对自己的资格进行一次投标。资格预审在发售招标文件之前进行，投标人只有在资格预审通过后才能取得投标资格，参加施工投标。而资格后审则是在评标过程中进行的。为减小评标难度，简化评标手续，避免一些不合格的投标人，在投标上的人力、物力和财力上的浪费，投标人资格审查以资格预审形式为好。

资格预审具有如下积极作用：

（1）保证施工单位主体的合法性；

（2）保证施工单位具有相应履约能力；

（3）减小评标难度；

（4）抑制低价抢标现象。

无论是资格预审还是资格后审，其审查的内容是基本相同的。主要是根据投标须知的要求，对投标人的营业执照、企业资质等级证书、市场准入资格、主要有施工经历、技术力量简况、资金或财务状况以及在建项目情况（可通过现场调查予以核实）等方面的情况进行符合性审查。

（三）投标组织阶段的组织工作

投标组织阶段的工作内容包括发售招标文件、组织现场考察、组织标前会议（标前答疑）、接受投标人的标书等事项。

发售招标文件前，招标人通常召开一个发标会，向全体投标人再次强调投标中应当注意和遵守的主要事项。在发售招标文件过程中，招标人要查验投标人代表的法人代表委托书（防止冒领文件），收取招标文件工本费，在投标人代表签字后，方可将招标文件交投标人清点。

在投标人领取招标文件并进行了初步研究后，招标人应组织投标人进行现场考察，以便投标人充分了解与投标报价有关的施工现场的地形、地质、水文、气象、交通运输、临时进出场道路及临时设施、施工干扰等方面的情况和风险，并在报价中对这些风险费用做出准确的估计和考虑。为了保证现场考察的效果，现场考察的时间安排通常应考虑投标人研究招标文件所需要的合理时间。在现场考察过程中，招标人应派比较熟悉现场情况的设计代表详细地介绍各标段的现场情况，现场考察的费用由投标人自己承担。

组织标前会议的目的是解答投标人提出的问题。投标人在研究招标文件、进行现场考察后，会对招标文件中的某些地方提出疑问。这些疑问，有些是投标人不理解招标文件产生的，有些是招标文件的遗漏和错误产生的。根据投标人须知中规定，投标人的疑问应在标前会议 7 天前提出。招标人应将各投标人的疑问收集汇总，并逐项研究处理。如属于投标人未理解招标文件而产生的疑问，可将这些问题放在"澄清书"中予以澄清或解释；如属于招标文件的错误或遗漏，则应编制"招标补遗"对招标文件进行补充和修正。

总之，投标人的疑问应统一书面解答，并在标前会议当中将"澄清书""补遗书"发给各家投标人。

根据《中华人民共和国招标投标法》的规定，"招标补遗""澄清书"应当在投标截止日期至少 28 天前，书面通知投标人。因此，一方面，应注意标前会议的组织时间符合法律法规的规定；另一方面，当"招标补遗"很多且对招标文件的改动较大时，为使投标人有合理的时间将"补遗书"的内容在编标时予以考虑，招标人（或业主）可视情况，宣布延长投标截止日期。

为了投标的保密，招标人一般使用投标箱（也有不设投标箱的做法），投标箱的钥匙由专人保管（可设双锁，分人保管钥匙），箱上加贴启封条。投标人投标时，将标书装入投标箱，招标人随即将盖有日期的收据交给投标人，以证明是在规定的投标截止日期前投标的。投标截止期限一到，立即封闭投标箱，在此以后的投标概不受理（为无效标书）。投标截止日期在招标文件或投标邀请书中已经列明，投标期（从发售招标文件到投标截止日期）的长短视标段大小、工程规模技术复杂程度及进度要求而定，一般为 45 ~ 90 天。

（四）标底

标底是建筑产品在市场交易中的预期市场价格。在招标投标过程中，标底是衡量投标报价是否合理，是否具有竞争力的重要工具。此外，实践中标底还具有制止盲目报价、抑制低价抢标、工程造价、核实投资规模的作用，同时具有（评标中）判断投标单位是否有串通哄抬标价的作用。

科学合理地制定标底是搞好评标工作的前提和基础。科学合理的标底应具备以下经济特征：

（1）标底的编制应遵循价值规律，即标底作为一种价格应反映建设项目的价值。价格与价值相适应是价值规律的要求，是标底科学性的基础。因此，在标底编制过程中，应充分考虑建设项目在施工过程中的社会必要劳动消耗量、机械设备使用量以及材料和其他资源的消耗量。

（2）标底的编制应服从供求规律，即在编制标底时，应当考虑建设市场的供求状况对产品价格的影响，力求使标底和产品的市场价格相适应。当建设市场的需求增大或缩小时，相应的市场价格将上升或下降。所以，在编制标底时，应考虑到建筑市场供求关系的变化所引起的市场价格的变化，并在底价上做出相应的调整。

（3）标底在编制过程中，应反映建筑市场当前平均先进的劳动生产力水平，即标底应反映竞争规律对建设产品价格的影响，以图通过标底促进投标竞争和社会生产力水平的提高。

以上三点既是标底的经济特征，也是编制标底时应满足的原则和要求。因此，标底的编制一般应注意以下几点：

①根据设计图纸及有关资料招标文件，参照国家规定的技术、经济标准定额及规范，确定工程量和设定标底。

②标底价格应由成本、利润和税金组成，一般应控制在批准的建设项目总概算及投资包干的限额之内。

③标底价格作为招标人的期望价，应力求与市场的实际变化相吻合，要有利于竞争和保证工程质量。

④标底价格要考虑人工材料、机械台班等价格变动因素，还应包括施工不可预见费包干费和措施费等。要求工程质量达到优良的，还应增加相应费用。

⑤一个标段只能编制一个标底。

标底不同于概算预算，概算、预算反映的是建筑产品的政府指导价格，主要受价值规律的作用和影响，着重体现的是施工企业过去平均先进的劳动生产力水平；而标底则反映的是建设产品的市场价格，它不仅受价值规律的作用，同时还受市场供求关系的影响，主要体现的是施工企业当前平均先进劳动生产力水平。

在不同的市场环境下，标底编制方法亦随之变化。通常，在完全竞争市场环境下，由于市场价格是一种反映了资源使用效率的价格，标底可直接根据建设产品的市场交易价格来确定。在这样的环境条件中，议标是最理想的招标方式，其交易成本可忽略不计。然而，在不完全竞争市场环境下，标底编制要复杂得多，不能再根据市场交易价格予以确定，更不宜采用议标形式进行招标。此时，则应据工料单价法和统计平均法来进行标底编制。

关于不完全竞争市场条件下的标底编制程序及具体方法可参阅相关书籍。

（五）开标、评标与定标

1. 开标的工作内容及方法

开标的过程是启封标书、宣读标价并对投标书的有效性进行确认的过程。参加开标的单位有招标人、监理单位、投标人、公证机构、政府有关部门等。开标的工作人员有唱标人、记录人、监督人、公证人及后勤人员。开标日期一到，即在规定的时间、地点组织开标工作。开标的工作内容有：

（1）宣布（重申）投标人须知的评标定标原则、标准和方法。

（2）公布标底。

（3）检查标书的密封情况。按照规定，标书未密封，封口上未签字盖章的标书为无效标书；国际招标中要求标书有双层封套，且外层封套上不能有识别标志。

（4）检查标书的完备性。标书（包括投标书、法人代表授权书、工程量清单、辅助资料表施工进度计划等内容）、投标保证书（前列文件都要密封）以及其他要交回的招标文件。标书不完备，特别是无投标保证书的标书是无效标书。

（5）检查标书的符合性。即标书是否与招标文件的规定有重大出入或保留，是否会造成评标困难或给其他投标人的竞争地位造成不公正的影响；标书中的有关文件是否有投标人代表的签字盖章。标书中是否有涂改（一般规定标书中不能有涂改痕迹，特殊情况需要涂改时，应在涂改处签字盖章）等等。

（6）宣读和确定标价，填写开标记录（有特殊降价申明或其他重要事项的，也应一起在开标中宣读确认或记录）。

除上述内容外，公证单位还应确认招标的有效性。在国际工程招标当中，如遇下列情况，在经公证单位公证后，招标人会视情况决定全部投标作废：

（1）投标人串通哄抬标价，致使所有投标人的报价远远高出标底价；

（2）所有投标人递交的标书严重违反投标人须知的规定，致使全部标书都是无效标书；

（3）投标人太少（如不到三家），没有竞争性。

一旦发现上述情况之一，正式宣布了投标作废，招标人应当依照招标投标法规定，重新组织招标。

2. 评标与定标

评标定标是招投标过程中比较敏感的一个环节，也是对投标人的竞争力进行综合评定并确定中标人的过程。因此在评标与定标工作中，必须坚持公平竞争原则、投标人的施工方案在技术上可靠原则和投标报价应当经济合理原则。只有认真坚持上述原则，才能够通过评标与定标环节，体现招标工作的公开、公平与公正的竞争原则。综合市场竞争程度、社会环境条件（法律法规和相关政策）以及施工企业平均社会施工能力等因素，可以根据实际情况选用最低评标价法、合理评标价法或在合理评标价基础上的综合评分法，确定中标人。在我国市场经济体制尚未完善的条件下，上述三种方法各有优缺点，实践中应当扬长避短。我国土建工程招标投标的实践经验证明，技术含量高施工环节比较复杂的工程，宜采用综合评分法评标；而技术简单施工环节少的一般工程，可以采用最低标价的方法评标。

招标人或其授权评标委员会在评标报告的基础之上，从推荐的合格当中标候选人中，确定出中标人的过程称为定标。定标不能违背评标原则、标准、方法以及评标委员会的评标结果。

当采用最低评标价评标时，中标人应是评标价最低，而且有充分理由说明这种低标是合理的，且能满足招标文件的实质性要求，为技术可靠、工期合理财务状况理想的投标人。当采用综合评分法评标时，中标人应是能够最大限度地满足招标文件中规定的各项综合评价标准且综合评分最高的单位。

在确定中标人之后，招标人即可向中标人颁发"中标通知书"，明确其中标项目（标段）和中标价格（如无算术错误，该价格即为投标总价）等内容。

三、投标过程

招标与投标构成以围绕标的物的买方与卖方经济活动，是相互依存、不可分割的两个方面。施工项目投标是施工单位对招标的响应和企业之间工程造价的竞争，也是比管理能力、生产能力、技术措施、施工方案、融资能力、社会信誉、应变能力与掌握信息本领的竞争，是企业通过竞争获得工程施工权利过程。

施工项目投标与招标一样，有其自身的运行规律与工作程序。参加投标的施工企业，在认真掌握招标信息、研究招标文件的基础上，根据招标文件的要求，在规定的期限内向招标单位递交投标文件，提出合理报价，以争取获胜中标，最终实现获取工程施工任务的目的。

1. 投标报价程序

（1）根据招标公告或招标人的邀请，筛选投标的有关项目，选择适合本企业承包的工程参加投标。

（2）向招标人提交资格预审申请书，并且附上本企业营业执照及承包工程资格证明文件企业简介、技术人员状况历年施工业绩、施工机械装备等情况。

（3）经招标人投标资格审查合格后，向招标人购买招标文件及资料，并交付一定的投标保证金。

（4）研究招标文件合同要求技术规范和图纸，了解合同特点和设计要点，制订初步施工方案，提出考察现场提纲和准备向招标人提出的疑问。

（5）参加招标人召开标前会议，认真考察现场、提出问题、倾听招标人解答各单位的疑问。

（6）在认真考察现场及调查研究的基础上，修改原有施工方案，落实和制订出切实可行的施工组织设计。在工程所在地材料单价、运输条件、运距长短的基础上编制出确切的材料单价，然后计算和确定标价，填好合同文件所规定的各种表函，盖好印鉴密封，在规定的时间内送达招标人。

（7）参加招标人召开的开标会议，提供招标人要求补充的资料或者回答须进一步澄清的问题。

（8）如果中标，与招标人一起依据招标文件规定的时间签订承包合同，并送上银行履约保函；如果不中标，及时总结经验和教训，按时撤回投标保证金。

2. 投标资格

根据《中华人民共和国招标投标法》规定，投标人应当具备承担招标项目的能力，企业资质必须符合国家或招标文件对投标人资格方面的要求。当企业资格不符合要求时候，不得允许参加施工项目投标活动。如果采用联合体的投标人，其资质按联合体中资质最低的一个企业的资质，作为联合体的资质进行审核。

根据建筑市场准入制度的有关规定，在异地参加投标活动的施工企业，除了需要满足上述条件外，投标前还需要到工程所在地政府建设行政主管部门，进行市场准入注册，获得行政许可，未能获准建设行政主管部门注册的施工企业，仍然不能够参加工程施工投标活动，特别是国际工程，注册是投标必不可缺的手续。

资格预审是承包商投标活动的前奏，与投标一样存在着竞争。除认真按照业主要求，编送有关文件外，还要开展必要的宣传活动，争取资格审查获得通过。

在已有获得项目的地域，业主更多地注重承包商在建工程的进展和质量。为此，要获得业主信任，应当很好地完成在建工程。一旦在建工程搞好了，通过投标的资格审查就没有多大问题。在新进入的地域，为了争取通过资格审查，应派人专程报送资格审查文件，并开展宣传、联络活动。主持资格审查的可能是业主指定的业务部门，也可能委托咨询公司。如果主持资格审查的部门对新承包商缺乏了解，或抱有某种成见，资格审查人员可能对承包商提问或挑剔，有些竞争对手也可能通过关系施加了影响，散布谣言，破坏新来的承包商的名誉。所以，承包商的代表要主动了解资格审查进展情况，向有关部门、人员说明情况，并提供进一步的资料，以便取得主持资格审查人员的信任。必要时，还要通过驻外人员或别的渠道介绍本公司的实力和信誉。在竞争激烈的地域，只靠寄送资料，不开展必要活动，就可能受到挫折。有的公司为了在一个新开拓地区获得承建一项大型工程，不惜出资邀请有关当局前来我国参观其公司已建项目，了解公司情况，并取得了良好效果。有的国家主管建设当局，得知我国在其邻国成功地完成援建或承包工程，常主动邀请我国参加他们的工程项目投标。这都说明了扩大宣传的必要性。

3. 投标机构

进行施工项目投标，需要成立专门的投标机构，设置固定的人员，对投标活动的全部过程进行组织与管理。实践证明，建立强有力的管理、金融和技术经验丰富的专家组成的投标组织是投标获取成功的有力保证。

为了掌握市场和竞争对手的基本情况，以便在投标中取胜，中标获得项目施工任务，平时要注意了解市场的信息和动态，搜集竞争企业与有关投标的信息，积累相关资料。

遇有招标项目时，对招标项目进行分析，研究有无参加的价值；对于确定参加投标的项目，则应研究投标和报价编制策略，在认真分析历次投标中失败的教训和经验的基础上，编制标书，争取中标。

投标机构主要由以下人员组成：

（1）经理或业务副经理作为投标负责人和决策人，其职责是决定最终是否参加投标及参加投标项目的报价金额。

（2）建造工程师的职责是编制施工组织设计方案技术措施及技术问题。

（3）造价工程师负责编制施工预算及投标报价工作。

（4）机械管理工程师要根据本投标项目工程特点，选型配套组织本项目施工设备。

（5）材料供应人员要了解、提供当地材料供应及运输能力情况。

（6）财务部门人员提供企业工资、管理费、利润等有关成本资料。

（7）生产技术部门人员负责安排施工作业计划等。

建设市场竞争越来越激烈，为了最大限度地争取投标的成功，对参与投标的人员也提出了更高的要求。要求有丰富经验的建造师和设计师，还要求有精通业务的经济师和熟悉物资供应的人员。这些人员应熟悉各类招标文件和合同条件；如果是国际投标，则这些人员最好具有较高了的外语水平。

4. 投标报价

（1）现场考察

从购买招标文件到完成标书这一期间，投标人为投标而做的工作可统称为编标报价。在这个过程中，投标工作组首先应当充分仔细研究招标文件。招标文件规定了承包人的职责和权利，以及对工程的各项要求，投标人必须高度重视。积极参加招标人组织的现场考察活动，是投标过程中的一个非常重要的环节，其作用有两大方面：一是如果投标人不参加由招标人安排的正式现场考察，可能会被拒绝投标；二是通过参加现场考察活动的机会，可以了解工程所在地的政治局势（对国际工程）与社会治安状态、工程地质地貌和气象条件、工程施工条件（交通、供电供水、通信、劳动力供应、施工用地等）、经济环境以及其他方面同施工相关的问题。当现场考察结束后，应当抓紧时间整理在现场考察中收集到的材料，把现场考察和研究招标文件当中存在的疑问整理成书面文件，以便在标前会议上，请招标人给予解释和明确。

按照国际、国内规定，投标人提出的报价，一般被认为是在现场考察的基础上编制的。一旦标书交出，如在投标日期截止后发现问题，投标人就无法因现场考察不周，情况不了解而提出修改标书，或调整标价给予补偿的要求。另外，编制标书需要的许多数据和情况也要从现场调查中得出。因此，投标人在报价以前，必须认真地进行工程现场考察，全面、细致地了解工地及其周围的政治、经济、地理、法律等情况。如考察时间不够，参加编标人员在标前会结束后，一定要留下几天，再到现场查看一遍，或重点补充考察，并在当地做材料、物资等调查研究，仔细收集编标资料。

（2）标前会议

标前会议也称投标预备会，是招标人给所有投标人提供的一次答疑的机会，有利于投标人加深对招标文件的理解、了解施工现场和准确认识工程项目施工任务。凡是想参加投标并希望获得成功的投标人，都应认真准备和积极参加标前会议。投标人参加标前会议时应注意以下几点：

①对工程内容范围不清的问题，应提请解释、说明，但不要提出任何修改设计方案的要求。

②如招标文件中的图纸技术规范存在相互矛盾之处，可请求说明以何者为准，但不要轻易提出修改的要求。

③对含糊不清、容易产生理解上歧义的合同条款，可请求给予澄清、解释，但不要提出任何改变合同条件的要求。

④应注意提问的技巧，注意不使竞争对手从自己的提问中，获悉本公司的投标设想和施工方案。

⑤招标人或咨询工程师在标前会议上，对所有问题的答复均应发出书面文件，并作为招标文件的组成部分。投标人不能仅凭口头答复来编制自己的投标文件。

（3）报价编制原则

①报价要合理

在对招标文件进行充分完整、准确理解的基础上，编制出的报价是投标人施工措施、能力和水平的综合反映，应是合理的较低报价。当标底计算依据比较充分、准确时，适当的报价不应与标底相差太大。每当报价高出标底许多时，往往不被招标人考虑；当报价低于标底较多时，则会使投标人盈利减少，风险加大，且易造成招标人对投标者的不信任。因此，合理的报价应与投标者本身具备的技术水平和工程条件相适应，接近标底，低而适度，尽可能地为招标者理解和接受。

②单价合理可靠

各项目单价的分析、计算方法应合理可行，施工方法及所采用的设备应与投标书中施工组织设计相一致，以提高单价的可信度和合理性。

③较高的响应性和完整性

投标单位在编制报价时，应按招标文件规定的工作内容、价格组成与计算填写方式，编制投标报价文件，从形式到实质都要对招标文件给予充分响应。

投标文件应当完整，否则招标人可能拒绝这种投标。

（4）编制报价的主要依据

①招标文件、设计图纸。

②施工组织设计。

③施工规范。

④国家部门、地方或企业定额。

⑤国家部门或地方颁发的各种费用标准。

⑥工程材料、设备的价格及运杂费。

⑦劳务工资标准。

⑧当地生活、物资价格水平。

（5）报价编制程序

编制投标报价与编制标底的程序和方法基本相同，只是两者的作用与分析问题的角度不同，报价编制程序主要有：

①研究并"吃透"招标文件。

②复核工程量，在总价承包中，此项工作尤为重要。

③了解投标人编制的施工组织设计。

④根据标书格式及填写要求，进行报价计算。要根据报价策略做出各个报价方案，供投标决策人参考。

⑤投标决策确定最终报价。

⑥编制投标书。

四、投标决策与技巧

（一）以获得较大利润为投标策略

施工企业的经营业务近期比较饱和，该企业施工设备和施工水平又较高，而投标的项目施工难度较大、工期短竞争对手少，非我莫属。在这种情况之下所投标的报价，可以比一般市场价格高一些并获得较大利润。

（二）以保本或微利为投标策略

施工企业的经营业务近期不饱满，或预测市场将要开工工程项目较少，为防止窝工，投标策略往往是多抓几个项目，标价以微利保本为主。

要确定一个低而适度的报价，首先要编制出先进合理的施工方案。在此基础上计算出能够确保合同工期要求和质量标准的最低预算成本。降低项目预算成本要从降低直接费、现场经费和间接费着手，其具体做法和技巧如下：

（1）发挥本施工企业优势，降低成本。每个施工企业都有自身的长处和优势。如果发挥这些优势来降低成本，从而降低报价，这种优势才会在投标竞争中起到实质作用，即把企业优势转化为价值形态。

一个施工企业的优势，一般可以从下列几个方面来表示：①职工素质高：技术人员云集、施工经验丰富、工人技术水平高劳动态度好、工作效率高。②技术装备强：本企业设备新、性能先进、成套齐全、使用效率高、运转劳务费低、耗油低。③材料供应：有一定的周转材料，有稳定的来源渠道，价格合理、运输方便，运距短、费用低。④施工技术设计：施工人员经验丰富，提出了先进的施工组织设计、方案切实可行、组织合理、经济效益高。⑤管理体制：劳动组合精干、管理机构精练、管理费开支低。

当投标人具有某些优势时，在计算报价的过程中，就不必照搬统一的工程预算定额和费率，而是结合本企业的实际情况将优势转化为较低的报价。比外，投标人可以利用优势降低成本，进而降低报价，发挥优势报价。

（2）运用其他方法降低预算成本。有些投标人采用预算定额不变，而利用适当降低现场经费、间接费和利润的策略，降低标价，争取中标。

（三）以最大限度的低报价为投标策略

有些施工企业为了参加市场竞争，打入其他新的地区、开辟了新的业务，并想在这个地区占据一定的位置，往往在第一次参加投标时，用最大限度的低报价保本价、无利润价甚至亏5%的报价，进行投标。中标后在施工中充分发挥本企业专长，在质量上、工期上（出乎业主估计的短工期）取胜，创优质工程创立新的信誉，缩短工期，使业主早得益。自己取得立足，同时取得业主的信任和同情，以提前奖的形式给予补助，使总价不亏本。

（四）超常规报价

在激烈的市场竞争中，有的投标人报出超常规的低价，令业主和竞争对手吃惊。超常规的报价方法，常用于施工企业面临生存危机或者竞争对手较强，为保住施工地盘或急于解决本企业窝工问题的情况。

一旦中标，除解决窝工的危机，同时保住地盘，并且促进企业加强管理，精兵简政，优化组合，采取合理的施工方法，采用新工艺降低消耗和成本来完成此项目，力争减少亏损或不亏损。

为了在激烈的市场竞争中能够战胜对手、获得中标、最大限度地争取高额利润，投标人投标报价时除要灵活运用上述策略外，在计算标价中还需要采用一定的技巧，即在工程成本不变的情况下，设法把对外标价报得低一些，待中标之后再按既定办法争取获得较多的收益。报价中这两方面必须相辅相成，以提高战胜竞争对手的可能性。以下介绍一些投标中经常采用的报价技巧与思路，以供参考。

（1）不平衡单价法

不平衡单价法是投标报价中最常采用的一种方法。所谓不平衡单价，即在保持总价格水平的前提下，将某些项目的单价定得比正常水平高些，而另外一些项目的单价则可以比正常水平低些，但是这种提高和降低又应保持在一定限度内，避免因为某一单价的明显不合理而成为无效报价。常采用的"不平衡单价法"有下列几种：

①为了将初期投入的资金尽早回收，以减少资金占用时间和贷款利息，而将待摊入单价中的各项费用多摊入早收款的项目（如施工动员费、基础工程、土方工程等）中，使这些项目的单价提高，而将后期的项目单价适当降低，这样可以提前回收资金，有利于资金周转，存款也有利息。

②对在工程实施中工程量可能增加的项目适当提高单价，而对在工程实施中工程量可能减少的项目则适当降低单价。这样处理，虽然表面上维持总报价不变，但在今后实施过程中，承包商将会得到更多的工程付款。这种做法在公路、铁路、水坝以及各类难以准确计算工程量的室外工程项目的投标中常被采用。这一方法的成功与否取决于承包商在投标复核工程量时，对今后增减某些分项工程量所做的估计是否正确。

③图纸不明确或有错误的，估计今后有可能修改的项目的单价可提高，工程内容说明不清楚的项目的单价可降低，这样做有利于以后的索赔。

④工程量清单中无工程量而只填单价的项目（如土方工程中的挖淤泥、岩石等备用单价），其单价宜高些。因为这样做不会影响总标价，而一旦发生工程量时便可以多获利。

⑤对于暂定金额（或工程），分析其将来要做的可能性大的，价格可定高些；估计不一定发生的，价格可定低些，以增加中标机会。

⑥零星用工（计日工）单价，一般可稍高于工程单价中的工资单价，因它不属于承包价的范围，发生时实报实销，也可多获利。但有的招标文件为了限制投标人随意提高计日工价，对零星用工给出一个"名义工程量"而计入总价，此时则不必提高零星用工单价了。

（2）利用可谈判的"无形标价"

在投标文件中，某些不以价格形式表达的"无形标价"，在开标后有谈判余地，承包人可利用这种条件争取收益。如一些发展中国家的货币对世界主要外币的兑换率逐年贬值，在这些国家投标时，投标文件填报的外汇比率可以提高些。因为投标时一般是规定采用投标截止日前30天官方公布的固定外汇兑换率。承包商在多得到汇差的外汇付款后，再及早换成当地货币使用，就可以由其兑换率的差值而得到额外收益。

（3）调价系数的利用

多数施工承包合同中都包括有关价格调整的条款，并给出利用物价指数计算调价系数的公式，付款时承包人可根据该系数得到由于物价上涨的补偿。投标人在投标阶段就应对该条款进行仔细研究，以便利用该条款得到最大的补偿。对此，可考虑如下几种情况：

①有的合同提供的计算调价系数的公式中各项系数未定，标书中只给出一个系数的取值范围，要求承包者自己确定系数的具体值。此时，投标人应当在掌握全部物价趋势的基础上，对于价格增长较快的项目取较高的系数，对于价格较稳定的项目取较低的系数。这样，最终计算出的调价系数较高，因而可得到较高的补偿。

②在各项费用指数或系数已确定的情况下，计算各分项工程的调价指数，并预测公式中各项费用的变化趋势。在保持总报价不变的情况下，利用上述不平衡报价的原理，对计算出的调价指数较大的工程项目报较高的单价，可获较大的收益。

③公式中外籍劳务和施工机械两项，一般要求承包人提供承包人本国或相应来源国的有关当局发布的官方费用指数。有的招标文件还规定，在投标人不能提供这类指数时，则采用工程所在国的相应指数。利用这一规定，就可以在本国的指数和工程所在国的指数间选择。国际工程施工机械常可能来源于多个国家，在主要来源国不明确的条件下，投标人可在充分调查研究的基础上，选用费用上涨可能性较大的国家的官方费用指数。这样，计算出的调价系数值较大。

（4）附加优惠条件

如在投标书中主动附加带资承包、延期付款、缩短工期或者留赠施工设备等，可以吸引业主，提高中标的可能性。

第二节　施工承发包的模式

工程项目承发包是一种商业行为，交易的双方为发包人和承包人。双方签订承发包合同，明确双方各自的权利与义务，承包人负责为发包人（业主）完成工程项目全部和部分的施工建设工作，并从发包人处取得相应的报酬。

工程的承发包方式多种多样，适用于不同的情形。发包人应结合自己的意愿、工程项目的具体情况，选择有利于自己（或受委托的监理及咨询公司）进行了项目管理，以节省投资、缩短工期，确保质量目的的发包方式。而承包人也应结合自身的经营状况、承包能力及工程项目的特点、发包人所选定的发包方式等因素，选择承包有利于减少自身风险，又有合理利润的工程项目。

一、施工平行承发包模式

（一）施工平行承发包的概念

施工平行承发包，是指发包方将建设工程的施工任务经过分解分别发包给若干个施工单位，并分别与各方签订合同。各施工单位之间的关系是平行的，各材料设备供应单位之间的关系也是平行的。

（二）平行承发包模式的运用

采用这种模式首先应合理地分解工程建设任务，然后进行分类综合，确定每个合同的发包内容，以便选择适当承包单位。

进行任务分解与确定合同数量、内容时应考虑以下因素：

1. 工程情况

建设工程的性质、规模、结构等是决定合同数量和内容的重要因素。建设工程实施时间的长短，计划的安排对合同数量也有影响。

2. 市场情况

首先，由于各类承建单位的专业性质、规模大小在不同市场的分布状况不同，建设工程的分解发包应力求使其与市场结构相适应；其次，合同任务和内容对市场具有吸引力，中小合同对中小型承建单位有吸引力，又不妨碍大型承建单位参与竞争；最后，还应按市场惯例做法，市场范围和有关规定来决定合同内容和大小。

3. 贷款协议要求

对两个以上贷款人的情况，可能贷款人对贷款使用范围、承包人资格等不同要求，

因此需要在确定合同结构时予以考虑。

（三）平行承发包模式的优点

1. 有利于缩短工期

设计阶段与施工阶段有可能形成搭接关系，从而缩短整个建设工程工期。

2. 有利于质量控制

整个工程经过分解分别发包给各承建单位，合同约束与相互制约使每一部分都能够较好地实现质量要求。

3. 有利于业主选择承建单位

大多数国家的建筑市场中，专业性强、规模小的承建单位一般占较大比例。这种模式的合同内容比较单一、合同价值小、风险小，使它们有可能参与竞争。因此，无论大型承建单位还是中小型承建单位都有机会竞争。业主可在很大范围内选择承建单位，提高择优性。

（四）平行承发包模式的缺点

1. 合同数量多，会造成合同管理困难

合同关系复杂，使建设工程系统内结合部位数量增加，组织协调工作量大。加大合同管理的力度，加强各个承建单位之间的横向协调工作。

2. 投资控制难度大

这主要表现在：一是总合同价不易确定，影响投资控制实施；二是工程招标任务量大，需控制多项合同价格，增加了投资控制难度；三是在施工过程中设计变更和修改较多，导致投资增加。

二、施工总承包模式

（一）施工总承包的概念

施工总承包是工程业主一项工程的施工安装任务全部发包给了一个资质符合要求的施工企业或由多个施工单位组成的施工联合体或施工合作体，他们之间签订施工总承包合同，以明确双方的责任义务的权限。而总承包施工企业，在法律规定许可的范围内，可以将工程按专业分别发包给一家或多家经营资质、信誉等条件经业主（发包方）或其监理工程师认可的分包商。

（二）施工总承包模式的主要特点

1. 投资控制方面

（1）一般以施工图设计为投标报价的基础，投标人的投标报价比较有依据。

（2）在开工前就有较明确的合同价，有利于业主的总投资控制。

（3）若在施工过程中发生设计变更，可能会引发索赔。

2. 进度控制方面

由于一般要等施工图设计全部结束后，业主才进行施工总承包的招标，因此开工日期不可能太早，建设周期会较长。这是施工总承包模式的最大缺点，限制了其在建设周期紧迫的建设工程项目上应用。

3. 质量控制方面

建设工程项目质量的好坏在很大程度上取决于施工总承包单位的管理水平和技术水平。

4. 合同管理方面

业主只需要进行一次招标，与施工总承包商签约，因此招标及合同管理工作量将会减小；在很多工程实践中，采用的并不是真正意义上的施工总承包，而是所谓的"费率招标"。"费率招标"实质上是开口合同，对业主方的合同管理和投资控制十分不利。

5. 组织与协调方面

施工总承包单位负责对所有分包人的管理以及组织协调，在项目全部竣工试运行达到正常生产水平后，再把项目移交业主。

三、施工总承包管理模式

（一）施工总承包管理的概念

施工总承包管理是业主方委托一个施工单位或由多个施工单位组成的施工联合体或施工合作体作为施工总包管理单位，业主方另委托其他施工单位作为分包单位进行施工。一般情况下，施工总承包管理单位是纯管理公司，不参与具体工程的施工，但如施工总承包管理单位也想承担部分工程的施工，其也可以参加该部分工程的投标，通过竞争取得施工任务。

（二）施工总承包管理模式的特点

1. 投资控制方面

（1）一部分施工图完成后，业主就可单独或与施工总承包管理单位共同进行该部分工程的招标，分包合同的投标报价和合同价以施工图为依据。

（2）在对施工总承包管理单位进行招标时，只确定施工总承包管理费，而不确定工程总造价，这可能成为业主控制总投资的风险。

（3）多数情况下，由业主方与分包人直接签约，这样有可能增加业主方的风险。

2. 进度控制方面

不需要等施工图设计完成后再进行施工总承包管理的招标，分包合同的招标也可提前，这样有利于提前开工，有利于缩短建设周期。

3. 质量控制方面

（1）对分包人的质量控制由施工总承包管理单位进行。

（2）分包工程任务符合质量控制的"他人控制"原则，对质量控制有利；但这类管理对于总承包管理单位来说是站在工程总承包立场上的项目管理，而不是站在业主立场上的"监理"，业主方还需要有自己的项目管理，以监督总承包单位的工作。

（3）各分包之间的关系可由施工总承包管理单位负责，这样就可减少业主方管理的工作量。

4. 合同管理方面

（1）一般情况下，所有分包合同的招标投标、合同谈判及签约工作均由业主负责，业主方的招标及合同管理工作量较大。

（2）对分包人的工程款支付可由施工总包管理单位支付或由业主直接支付，前者有利于施工总包管理单位对分包人的管理。

5. 组织与协调方面

由施工总承包管理单位负责对所有分包人的管理及组织协调，这样也就大大减轻了业主方的工作。这是采用施工总承包管理模式的基本出发点。

第三节　施工合同执行过程中的管理

工程施工合同作为工程项目任务委托和承接的法律依据，是工程施工过程中承发包双方的最高行为准则。工程施工过程中的一切活动都是为了履行合同，都必须按合同办事，双方的行为主要靠合同来约束。

工程施工合同定义了承发包双方项目目标，这些目标必须通过具体的工程活动实现。工程施工中各种干扰的作用，常常使工程实施过程偏离总目标，如果不及时采取措施，这种偏差常常由小到大，日积月累。这就需要对合同实施情况进行跟踪，对项目实施进行控制，以便及时发现偏差，不断调整合同实施，使之与总目标一致。

一、施工合同跟踪与控制

（一）施工合同跟踪

1. 施工合同跟踪的含义

施工合同跟踪有两个方面的含义：一是承包单位的合同管理职能部门对合同执行者（项目经理部或项目参与人）的履行情况进行的跟踪、监督和检查；二是合同执行者（项目经理部或项目参与人）本身对合同计划的执行情况进行的跟踪检查和对比。

2. 施工合同跟踪的依据

合同跟踪时，判断实际情况与计划情况是否存在差异的依据主要有：合同和合同分析的结果，如各种计划、方案、合同变更文件等；各种实际的工程文件，如原始记录、各种工程报表、报告、验收结果等；工程管理人员每天对现场情况的直观了解，如对施工现场的巡视、与各种人员谈话、召集小组会谈、检查工程质量、通过报表，报告了解等。

3. 施工合同跟踪的对象

施工合同实施情况跟踪的对象主要有以下几个方面：

（1）具体的合同事件

对照合同事件表的具体内容，分析该事件实际完成情况，如以设备安装事件为例进行分析：

①安装质量，如标高、位置、安装精度、材料质量是否符合合同要求，安装过程中设备有无损坏等。

②工程数量，如是否全部安装完毕、有无合同规定以外的设备安装、有无其他的附加工程等。

③工期，如是否在预定期限内施工、工期有无延长、延长的原因是什么等。

④成本的增加和减少，将上述内容在合同事件表上加以注明，这样可以检查每个合同事件的执行情况。对一些有异常情况的特殊事件，即实际与计划存在大的偏离的事件，可以列特殊事件分析表进一步处理。经过上述分析得到偏差的原因和责任，以从中发现索赔的机会。

（2）工程小组或分包商的工程和工作

一个工程小组或分包商可能承担许多专业相同、工艺相近的分项工程或许多合同事件，所以必须对它们实施的总情况进行检查分析。在实际工程中常常因为某一工程小组或分包商的工作质量不高或进度拖延而影响整个工程施工。合同管理人员在这方面应给他们提供帮助，如协调他们之间的工作，对工程缺陷提出意见、建议或警告，责成他们在一定时间内提高质量、加快进度等。

作为分包合同的发包商，总承包商必须对分包合同的实施进行有效的控制，这是总承包商合同管理的重要任务之一。分包合同控制目的如下：

①控制分包商的工作，严格监督他们按分包合同完成工程责任。分包合同是总承包合同的一部分，如果分包商完不成他们的合同责任，则总承包商也不能顺利完成总承包合同。

②为向分包商索赔和对分包商的反索赔做准备。总包与分包之间的利益是不一致的，双方之间常常有尖锐的利益冲突。在合同实施中，双方都在进行合同管理，都在寻求向对方索赔的机会，所以双方都有索赔和反索赔的任务。

③对专业分包人的工程和工作，总承包商负有协调和管理的责任，并承担由此造成的损失。分包商的工程和工作必须纳入总承包商工程的计划与控制中，防止因分包商的工程管理失误而影响全局。

（3）业主和工程师的工作

业主和工程师是承包商的主要工作伙伴，对他们的工作进行监督和跟踪十分重要。业主和工程师的工作主要包括：

①业主和工程师必须正确、及时地履行合同责任，及时提供各种工程实施条件，如及时发布图纸、提供场地、及时下达指令、做出答复，及时支付工程款等，这常常作为承包商推卸责任的托词，所以要特别重视。在这里合同工程师应寻找合同中及对方合同执行中的漏洞。

②在工程中承包商应积极主动地做好工作，如提前催要图纸、材料，对工作事先通知。这样不仅可以让业主和工程师及时准备，以建立良好的合作关系，保证工程顺利实施，而且可以推卸自己的责任。

③有问题及时与工程师沟通，多向工程师汇报情况，及时听取他的指示（书面的）。

④及时收集各种工程资料，对各种活动、双方的交流应做好记录。

⑤对有恶意的业主提前防范，并及时采取措施。

（4）工程总的实施状况

工程总的实施状况包括：

①工程整体施工秩序情况。如果出现以下情况，合同实施必定存在问题：现场混乱、拥挤不堪，承包商与业主的其他承包商、供应商之间协调困难，合同事件之间和工程小组之间协调困难，出现事先未考虑到的情况和局面，发生较严重的工程事故等。

②已完工程没有通过验收，出现大的工程质量事故，工程试运行不成功或达不到预定的生产能力等。

③施工进度未能达到预定的施工计划，主要的工程活动出现拖期，在工程周报和月报上计划和实际进度出现大的偏差。

④计划和实际的成本曲线出现大的偏离。通过计划成本累积曲线与实际成本累积曲线的对比，可以分析出实际和计划的差异。

通过合同实施情况追踪、收集、整理，能反映工程实施状况的各种工程资料和实际数据，如各种质量报告、各种实际进度报表、各种成本和费用收支报表及其分析报告。将这些信息与工程目标，如合同文件、合同分析的资料、各种计划、设计等进行对比分析，可以发现两者的差异。根据差异的大小确定工程实施偏离目标的程度。

（二）施工合同实施情况的偏差分析与处理

通过合同跟踪，可能会发现合同实施中存在的偏差，即工程实施实际情况偏离了工程计划和工程目标，应该及时分析原因，采取措施，纠正了偏差，避免损失。

1. 施工合同实施情况偏差分析

（1）产生偏差的原因分析

通过对合同执行实际情况与实施计划的对比分析，不仅可以发现合同实施的偏差，而且可以探索引起差异的原因。原因分析可采用鱼刺图，因果关系分析图（表），成本量差、价差、效率差分析等方法定性或定量地进行。

（2）合同实施偏差的责任分析

合同实施偏差的责任分析即分析产生合同偏差的原因是由谁引起的，应该由谁承担责任。责任分析必须以合同为依据，按合同规定落实双方的责任。

（3）合同实施趋势分析

针对合同实施偏差情况，可以采取不同的措施，分析在不同措施之下合同执行的结果与趋势，包括：

①最终的工程状况，包括总工期的延误、总成本的超支，质量标准、所能达到的生产能力（或功能要求）等；

②承包商将承担什么样的后果，如被罚款、被清算，甚至被起诉，对承包商资信、企业形象、经营战略的影响等；

③最终工程经济效益（利润）水平。

2. 合同实施偏差处理

根据合同实施偏差分析的结果，承包商应该采取相应的调整措施，调整措施可以分为：

（1）组织措施，如增加人员投入、调整人员安排、调整工作流程和工作计划等。

（2）技术措施，如变更技术方案、采用新的高效率的施工方案等。

（3）经济措施，如增加投入、采取经济激励措施等。

（4）合同措施，如进行合同变更、签订附加协议、采取索赔手段等等。合同措施是承包商的首选措施，该措施主要由承包商的合同管理机构来实施。承包商采取合同措施时通常应考虑以下问题：

①如何保护和充分行使自己的合同权利，如通过索赔以降低自己的损失。

②如何利用合同使对方的要求降到最低，即如何充分限制对方的合同权力，找出业主的责任。如果通过合同诊断，承包商已经发现业主有恶意、不支付工程款或者自己已经陷入合同陷阱中，或已经发现合同亏损，而且国际亏损会越来越大，则要及早确定合同执行战略。如及早解除合同，降低损失；争取道义索赔，取得部分赔偿；采用以守为攻的办法拖延工程进度，消极怠工。因为在这种情况下，承包商投入资金越多，工程完成得越多，承包商就越被动，损失会越大。

二、施工合同变更管理

（一）施工合同变更和工程变更

施工合同变更指施工合同成立以后，履行完毕以前由双方当事人依法对原合同约定的条款（权利和义务、技术和商务条款等）所进行的修改、变更。

工程变更一般指在工程施工过程中，根据合同约定对施工程序、工程数量、质量要求及标准等做出的变更。工程变更是一种特殊的合同变更。

通常认为工程变更是一种合同变更，但是不可忽视工程变更和一般合同变更所存在的差异。一般合同变更需经过协商的过程，该过程发生在履约过程中合同内容变更之前，而工程变更则较为特殊。在合同中双方有这样的约定，业主授予工程师进行工程变更的权力；在施工过程中，工程师直接行使合同赋予的权力发出工程变更指令，工程变更之前事先不须经过承包商的同意，一旦承包商接到工程师的变更指令，承包商不管同意与否，都有义务实施该指令。

（二）施工合同变更的原因

合同内容频繁变更是工程合同的特点之一，合同变更一般主要有以下几个方面的原因：

（1）业主新的变更指令，对建筑的新要求。如业主有新的意图，业主修改项目计划、削减项目预算等。

（2）由于设计人员、监理方人员、承包商事先没有很好地理解业主的意图，或设计得有错误，导致图纸修改。

（3）工程环境的变化，预定的工程条件不准确，要求实施方案或实施计划变更。

（4）由于产生新技术和知识，有必要改变原设计，原实施方案或实施计划，或由于业主指令及业主责任的原因造成承包商施工方案的改变。

（5）政府部门对工程新的要求，比如国家计划变化、环境保护要求、城市规划变动等等。

（6）由于合同实施出现问题，必须调整合同目标或修改合同条款。

第四节　水利工程索赔和风险管理

一、索赔的依据和证据

（一）索赔的依据

1.合同文件

合同文件是索赔的最主要依据，包括：（1）本合同协议书；（2）中标通知书；（3）投标书及其附件；（4）合同专用条款；（5）合同通用条款；（6）标准、规范及有关技术文件；（7）图纸；（8）工程量清单；（9）工程报价单或预算书。

合同履行中，发包人与承包人有关工程的洽商、变更等书面协议或文件应视为合同文件的组成部分。在《建设工程施工合同示范文本》中列举了发包人可以向承包人提出索赔的依据条款，也列举了承包人在哪些条件下可向发包人提出索赔；《建设工程施工专业分包合同（示范文本）》中列举了承包人与分包人之间索赔的诸多依据条款。

2. 订立合同所依据的法律法规

（1）适用法律和法规

建设工程合同文件适用国家的法律和行政法规及需要明示的法律、行政法规，由双方在专用条款中约定。

（2）适用标准、规范

双方在专用条款内约定适用国家标准、规范和名称。

3. 工程建设惯例

工程建设惯例是指在长期的工程建设过程中某些约定俗成的做法。这种惯例有的已经形成了法律，有的虽没有法律依据，但大家均对其表示认可，例如，《建设工程施工合同（示范文本）》中的许多约定，并没有法律依据，但在本行业大家都习惯于受这个文本中的规定约束，这就是所谓的工程建设惯例的具体体现。

（二）索赔证据

1. 索赔证据的含义

索赔证据是当事人用来支持其索赔成立或与索赔有关的证明文件和资料。索赔证据作为索赔文件的组成部分，在很大程度上关系索赔的成功与否。证据不全、不足或者没有证据，索赔是很难获得成功的。

在工程项目实施过程中，会产生大量工程信息和资料，这些信息和资料是开展索赔的重要证据。因此，在施工过程中应该自始至终做好资料积累工作，建立完善的资料记录和科学管理制度，认真系统地积累和管理合同、质量、进度以及财务收支等方面的资料。

2. 可以作为证据使用的材料

（1）书证

书证是指以其文字或数字记载的内容起证明作用的书面文书和其他载体，如合同文本、财务账册、欠据，收据、往来信函以及确定有关权利的判决书、法律文件等等。

（2）物证

物证是指以其存在、存放的地点外部特征及物质特性来证明案件事实真相的证据。如购销过程中封存的样品，被损坏的机械、设备，有质量问题的产品等。

（3）证人证言

证人证言是指知道、了解事实真相的人所提供的证词，或者向司法机关所做的陈述。

（4）视听材料

视听材料是指能够证明案件真实情况的音像资料，如录音带、录像带等。

（5）被告人供述和有关当事人陈述

它包括：犯罪嫌疑人、被告人向司法机关所做的承认犯罪并交代犯罪事实的陈述或否认犯罪或具有从轻、减轻、免除处罚辩解、申诉，被害人、当事人就案件事实向司法机关所做的陈述。

（6）鉴定结论

它是指专业人员就案件有关情况向司法机关提供的专门性的书面鉴定意见，如损伤鉴定、痕迹鉴定、质量责任鉴定等。

（7）勘验、检验笔录

它是指司法人员或行政执法人员对与案件有关现场物品，人身等进行勘察、实验或检查的文字记载。这项证据也具有专门性。

二、索赔的起因

索赔可能由以下一个或几个方面的原因引起：

（1）合同对方违约，不履行或未能正常履行合同义务与责任。

（2）合同错误，如合同条文不全、错误，矛盾等，设计图纸，技术规范错误等等。

（3）合同变更。

（4）工程环境变化，包括法律、物价和自然条件的变化等。

（5）不可抗力因素，如恶劣的气候条件、地震、洪水、战争状态等。

三、索赔的分类

（一）按照索赔有关当事人分类

（1）承包人与发包人之间的索赔。

（2）承包人与分发包人之间的索赔。

（3）承包人或发包人与供货人之间的索赔。

（4）承包人或发包人与保险人之间的索赔。

（二）按照索赔目的和要求分类

（1）工期索赔，一般指承包人向业主或分包人向承包人要求延长工期。

（2）费用索赔，即要求补偿经济损失，调整合同价格。

四、风险和风险量

（一）风险

1. 风险的内涵

风险指的是损失的不确定性。国家标准《职业健康安全管理体系规范》将风险定义为："某一特定危险情况发生的可能性及后果的组合。"而一般定义风险为：风险就是与出现损失有关的不确定性，也就是在给定情况下和特定时间内，可能发生的结果之间的差异（或实际结果与预期结果之间的差异）。对于建设工程项目管理而言，风险是指影响项目目标实现的不确定因素。

2. 风险的特点

（1）风险存在的客观性

在工程项目建设中，无论是自然界的风暴、地震、滑坡灾害，还是与人们活动紧密相关的施工技术，施工方案不当造成的风险损失，都是不以人们意志为转移的客观现实。它们的存在与发生，总体而言是一种必然现象。因自然界的物体运动以及人类社会的运动规律都是客观存在的，表明施工风险的发生也是客观必然。

（2）风险发生的偶然性

虽然风险是客观存在的，但就某一具体风险而言，它的发生是偶然的，是一种随机现象。风险也可认为是经济损失的不确定性。风险事故的随机性主要表现是：风险事故是否发生不确定，何时发生不确定，发生的后果不确定。

（3）大量风险发生的必然性

个别风险事故的发生是偶然的，而对大量风险事故的观察会发现，其往往呈现出明显的规律性。运用统计学方法去处理大量相互独立的偶发风险事故，其结果可以比较准确地反映出风险的规律性。根据大量资料，利用概率论和数理统计的方法可测算出风险事故发生的概率及其损失幅度，并可构造出损失分布的模型，成为风险估测的基础。

（4）风险的多样性

即在一个工程项目施工中有许多种类的风险存在，如政治风险、经济风险、法律风险、自然风险、合同风险、合作者风险等。这些风险之间有复杂的内在联系。

（5）风险的可变性

风险在一定条件下是可以转化的。这种转化包括：①风险量的变化。随着人们对风险认识的增强和风险管理方法的完善，某些风险在一定程度上得以控制，降低其发生频率和损失程度。②某些风险在一定空间和时间范围内被消除。③新的风险产生。

3. 风险具备的要素

风险的组成要素包括风险因素、风险事故和损失。风险是由风险因素、风险事故及损失三者构成的统一体。

五、风险类型和风险分配

（一）风险类型

1. 技术、性能、质量风险

项目采用的技术与工具是项目风险重要来源之一。一般来说，项目中采用新技术或技术创新无疑是提高项目绩效的重要手段，但这样也会带来一些问题，许多新的技术未经证实或并未被充分掌握，则会影响项目的成功。还有，当人们出于竞争的需要，会提高项目的产品性能、质量方面的要求，而不切实际的要求也是项目风险的来源。

2. 项目管理风险

施工管理风险包括施工过程管理的方方面面，如施工计划的时间、资源分配（包括人员、设备、材料）、施工质量管理、施工管理技术（流程、规范、工具等）的采用以及外包商的管理等。

3. 组织风险

组织风险中的一个重要的风险就是项目决策时所确定的项目范围、时间与费用之间的矛盾。项目范围、时间与费用是项目的三个要素，它们相互制约。不合理的匹配必然导致项目执行的困难，从而产生风险。项目资源不足或资源冲突方面的风险同样不容忽视，如人员到岗时间、人员知识与技能不足等。组织中的文化氛围同样也会导致一些风险的产生，如团队合作和人员激励不当导致人员离职等。

4. 项目外部风险

项目外部风险主要是指项目的政治、经济、环境的变化，包括和项目相关的规章或标准的变化，组织中雇佣关系的变化，自然现象或物理现象所导致的风险，如公司并购；政局的变化，政权的更替，政府法令和决定的颁布实施，以及社会动荡而造成损害的风险；洪水、地震、风暴、火灾、泥石流等所导致的人身伤亡或财产损失的风险；市场预期失误、经营管理不善、消费需求变化、通货膨胀、汇率变动等所导致的经济损失的风险等。

5. 法律风险

法律风险是指由于颁布新的法律和对原有法律进行修改等而导致经济损失的风险。

（二）风险分配

风险分配是指在合同条款中写明，各种风险是由合同哪一方承担，承担什么责任。根据风险管理理论，风险分配应遵循以下几个原则：风险分配应有利于降低工程造价和顺利履行合同；合同双方中，谁能更有效地防止和控制某种风险或减少该风险引起的损失，就由谁承担该风险；风险分配应能有助于调动承担方的积极性，认真做好风险管理工作，从而降低成本，节约投资。

从上述原则出发，施工承包合同中的风险分配通常是双方各自承担自己责任范围的风险，对于双方均无法控制的自然和社会因素引起的风险则由业主承担，因为承包商很难将这些风险事先估入合同价格中，若由承包商承担这些风险，则势必增加其投标报价。当风险不发生时，反而增加工程造价，风险估计不足时，则又会造成承包商亏损，而招致工程不能顺利进行。

1. 业主的风险

（1）不可抗力的社会因素或自然因素造成的损失和损坏，前者如战争、暴乱、罢工等，后者如洪水、地震、飓风等。但工程所在国外的动乱、承包商自身工人的动乱以及承包商延误履行合同后发生的情况等均除外。

（2）不可预见的施工现场条件的变化，指施工过程中出现了招标文件中未提及的不利的现场条件，或招标文件中虽提及，但是与实际出现的情况差别很大，且这些情况在招标投标时又是很难预见到而造成的损失或损坏。在实际工程中，这类问题最多出现在地下，如开挖现场出现的岩石，其高程与招标文件所述的高程差别很大；实际遇到的地下水在水量、水质、位置等方面均与招标文件提供的数据相差很大；设计指定的料场，取土石料不能满足强度或者其他技术指标的要求；开挖现场发现了古代建筑遗迹、文物或化石；开挖中遇到有毒气体等。

（3）工程量变化，是指对单价合同而言，合同价是按工程量清单上的估计工程量计算的，而支付价是按施工实际的支付工程量计算的，两种工程量不一致而引起合同价格变化的风险。若采用总价合同，则此项风险由承包商承担。另一种情况是当某项作业的工程量变化甚大，而导致施工方案变化引起的合同价格变化。

（4）设计文件有缺陷而造成的损失或成本增加，由承包商负责的设计除外。

（5）国家或地方的法规变化导致的损失或成本增加，承包商延误履行合同之后发生的除外。

2. 承包商的风险

（1）投标文件的缺陷，指由于对招标文件的错误理解，或者勘查现场时的疏忽，或者投标中的漏项等造成投标文件有缺陷而引起的损失或成本增加。

（2）对业主提供的水文、气象、地质等原始资料分析、运用不当而造成的损失与损坏。

（3）由于施工措施失误、技术不当、管理不善、控制不严等造成施工中的一切损失和损坏。

（4）分包商工作失误造成的损失和损坏。

六、风险管理的任务

（一）风险管理的定义

风险管理是指人们对建设工程施工过程中潜在意外损失，通过风险识别、风险估测、风险评价，对风险实施有效的控制和妥善处理风险所致损失，期望达到以最小的成本获得最大安全保障的管理活动。

（二）风险管理目标

风险管理目标由两部分组成：损失发生前的风险管理目标和损失发生后的风险管理目标，前者的目标是避免和减少风险事故形成的机会，包括节约经营成本，减少忧虑心理；后者的目标是努力使损失的标的恢复到损失前的状态，包括维持企业的继续生存、生产服务的持续、稳定的收入、生产的持续增长和社会责任。二者有效结合，构成完整而系统的风险管理目标。

（三）风险管理的主要任务

1. 风险识别

风险识别是风险管理的基础，是指风险管理人员在收集资料和调查研究之后，运用各种方法对尚未发生的潜在风险以及客观存在的各种风险进行系统归类和全面识别。

识别风险主要包括感知风险和分析风险两方面的内容：一是依靠感性认识，经验判断；二是可利用财务分析法、流程分析法、实地调查法等进行分析和归类整理，从而发现各种风险的损害情况以及具有规律性的损害风险。在此基础上，鉴定风险性质，从而为风险衡量做准备。

2. 风险分析

风险分析的目的是确定每个风险对项目的影响大小，一般是对已经识别出来的项目风险进行量化估计，这里要注意三个概念。

（1）风险影响

风险影响是指一旦风险发生可能对项目造成的影响大小。如果损失的大小不容易直接估计，可以将损失分解为更小部分再评估它们。风险影响可用相对数值表示。

（2）风险概率

风险概率用风险发生可能性的百分比表示，即一种主观判断。风险值是评估风险的重要参数。

$$风险值 = 风险概率 \times 风险影响$$

3. 风险应对

完成了风险分析后，就已经确定了项目中存在的风险以及它们发生的可能性和对项目的风险冲击，并可排出风险的优先级。此后就可以根据风险性质和项目对风险的承受能力制订防范计划，即风险应对。

制定风险应对策略主要考虑以下四个方面的因素：可规避性、可转移性、可缓解性、可接受性。确定风险的应对策略后，就可编制风险应对计划，其主要包括已识别的风险及其描述、风险发生的概率、风险应对的责任人、风险对应策略及行动计划、应急计划等。

4. 风险监控

制订了风险防范计划后，风险并非不存在，在项目推进过程中还可能会增大或者衰退。因此，在项目执行过程中，需要时刻监督风险的发展与变化情况，并确定随着某些风险的消失而带来的新的风险。

风险监控包括两个层面的工作：一是跟踪已识别风险的发展变化情况，包括在整个项目周期内，风险产生的条件和导致的后果变化，衡量风险减缓计划需求。二是根据风险的变化情况及时调整风险应对计划，并且对已发生的风险及其产生的遗留风险和新增风险及时识别、分析，并采取适当的应对措施。对于已发生过和已解决的风险也应及时从风险监控列表中调整出去。

水利工程一直以来是保障人民群众生活的基础设施，在经济飞速发展的今天，水利工程的作用也愈加重要。水利工程的重要性和必需性造成了水利工程行业的欣欣向荣。与此同时，水利工程的施工企业竞争也越发激烈。建设施工企业想要在如此激烈的市场环境中谋得生存之道，加强水利工程施工项目管理成了企业之间竞争的筹码。做好水利工程施工项目管理，不仅可以保证施工质量、施工效率，还可以降低建设成本，来保障企业的经济效益。

我国的经济在飞速发展，水利工程施工建设企业也在不断改革自身的建设能力。但由于目前我国的水利工程施工建设单位大多数还是国企单位，所以建设施工企业的创新体制相比突飞猛进的社会发展还存在着老旧和落后，缺乏了创新性。传统的思想与施工技术，对于当今社会现况，已经无法满足其需求，也跟不上社会发展的脚步，因此导致水利工程的建设施工中，施工项目管理存在着许多问题及不足。

总而言之，在市场竞争日益激烈的当今社会，水利工程建设施工企业的前景也是十分严峻，增强企业自身的项目施工管理能力，不仅能提高企业的核心竞争力，在市场中占据一定份额，对于水利工程建设本身也是有利的。将水利工程建设工作搞好，使水利工程造福于民，造福于国家，是每一个水利工程建设施工企业应当秉承的核心理念。加强水利工程施工项目的管理，是每个水利工程建设企业必备的发展要素，有着毋庸置疑的重要性，科学合理地提高自身施工项目管理能力，不仅为社会谋取了福利，而且为企业本身谋取了经济利益，给水利工程建设施工从业者造福。

第六章 水利工程项目质量控制

第一节 质量管理

一、质量管理基础

（一）质量与施工质量的概念

我国质量管理体系标准关于质量定义是：一组固有特性满足要求程度。该定义可理解为质量不仅是指产品的质量，也包括某项活动或过程的工作质量，还包括质量管理活动体系运行的质量。质量的关注点是一组固有特性，而不是赋予的特性。质量是满足要求的程度，要求是指明示的、隐含的或必须履行的需要和期望。质量要求是动态的、发展的和相对的。

施工质量是指建设工程项目施工活动及其产品的质量，即通过施工使工程满足业主（顾客）需要并符合国家法律、法规，技术规范标准，设计文件以及合同规定的要求，包括在安全、使用功能、耐久性、环境保护等方面所有明示和隐含需要的能力的特性综合。其质量特性主要体现在由施工形成的建筑工程的适用性、安全性、耐久性、可靠性、经济性及与环境的协调性等等六个方面。

（二）质量管理与施工质量管理的概念

我国质量管理体系标准关于质量管理的定义是：在质量方面指挥和控制组织的协调的活动。与质量有关的活动，通常包括质量方针和质量目标的建立、质量策划、质量控制、质量保证和质量改进等。所以，质量管理就是确定和建立质量方针、质量目标及职责，并在质量管理体系中通过质量策划、质量控制、质量保证和质量改进等手段来实施和实现全部质量管理职能的所有活动。

施工质量管理是指工程项目在施工安装和施工验收阶段，指挥及控制工程施工组织关于质量的相互协调的活动，使工程项目施工围绕着使产品质量满足不断更新的质量要求，而开展的策划、组织、计划、实施、检查、监督和审核等所有管理活动的总和。它是工程项目施工各级职能部门领导的职责，而工程项目施工的最高领导即施工项目经理应负全责。施工项目经理必须调动与施工质量有关的所有人员的积极性，共同做好本职工作，才能完成施工质量管理的任务。

（三）质量控制与施工质量控制的概念

根据质量管理体系标准的质量术语定义，质量控制为质量管理的一部分，是致力于满足质量要求的一系列相关活动。施工质量控制是在明确的质量方针指导下，通过对施工方案和资源配置的计划、实施、检查和处置，进行施工质量目标的事前控制、事中控制和事后控制的系统过程。

（四）质量管理与质量控制的关系

质量控制是质量管理的一部分，是致力于满足质量要求的一系列相关活动。它是质量管理体系标准的一个质量术语。

质量控制的内容包括采取的作业技术和活动，也就是包括专业技术和管理技术两方面。作业技术是直接产生产品或服务质量的前提条件。在现代社会化大生产的条件下，还必须通过科学的管理来组织和协调作业技术活动的过程，以充分发挥其质量形成能力，实现预期的质量目标。

质量管理是指确立质量方针及实施质量方针的全部职能及工作内容，并对其工作效果进行评价和改进的一系列工作。

质量控制与质量管理的区别在于：质量控制的目的性更强，是在明确的质量目标下通过行动方案和资源配置的计划、实施、检查和监督来实现预期目标的过程。

二、质量管理的特点

质量管理的特点是由工程项目质量特点决定的，然而项目质量特点又变换为项目的工程特点和生产特点。

（一）工程项目的工程特点和施工生产的特点

1. 施工的一次性

工程项目施工是不可逆的，若施工出现质量问题，就不可能完全回到原始状态，严重的可能导致工程报废。工程项目一般都投资巨大，一旦发生施工质量事故，就会造成重大的经济损失。因此，工程项目施工都应一次成功，不可失败。

2. 工程的固定性和施工生产的流动性

每一个工程项目都固定在指定地点的土地上，工程项目施工全部完成后，由施工单位就地移交给使用单位。工程的固定性特点决定了工程项目对地基的特殊要求，施工采用的地基处理方案对工程质量产生直接影响。相对于工程的固定性特点，施工生产则表现出流动性的特点，表现为各种生产要素既在同一工程上的流动，又在不同工程项目之间的流动。由此，形成了施工生产管理方式的特殊性。

3. 产品的单件性

每一个工程项目都要和周围环境相结合。由于周围环境以及地基情况的不同，只能单独设计生产；不能像一般工业产品那样，同一类型可以批量生产。建筑产品即便采用标准图纸生产，也会由于建设地点、时间的不同及施工组织的方法不同，施工质量管理的要求也会有差异，因此工程项目的运作和施工不能标准化。

4. 工程体形庞大

工程项目是由大量的工程材料、制品和设备构成的实体，体积庞大，无论是房屋建筑或是铁路、桥梁、码头等土木工程，都会占有很大的外部空间。一般只能露天进行施工生产，施工质量受气候和环境的影响较大。

5. 生产的预约性

施工产品不像一般的工业产品那样先生产后交易，只能是在施工现场根据预定的条件进行生产，即先交易后生产。因此，选择设计、施工单位，通过投标、竞标、定约、成交，就成为建筑业物质生产的一种特有的方式。业主事先对这项工程产品的工期、造价和质量提出要求，并在生产过程中对工程质量进行必要的监督控制。

（二）质量控制的特点

1. 控制因素多

工程项目的施工质量受到多种因素的影响。这些因素包括设计、材料、机械、地质、水文、气象、施工工艺、操作方法、技术措施、管理制度、社会环境等。因此，要保证工程项目的施工质量，必须对所有这些影响因素进行有效控制。

2. 控制难度大

由于建筑产品生产的单件性和流动性，不具有一般工业产品生产常有固定生产流水线、规范化的生产工艺、完善的检测技术、成套的生产设备和稳定的生产环境，不能进行标准化施工，施工质量容易产生波动；而且施工场面大、人员多、工序多、关系复杂、作业环境差，都加大了质量控制的难度。

3.过程控制要求高

工程项目在施工过程中，由于工序衔接多、中间交接多、隐蔽工程多，施工质量具有一定的过程性和隐蔽性。在施工质量控制工作中，必须加强对施工过程的质量检查，及时发现和整改存在的质量问题，避免事后从表面进行检查。过程结束之后的检查难以发现在过程中产生的质量隐患。

4.终检局限大

工程项目建成以后不能像一般工业产品那样，依靠终检来判断产品的质量和控制产品的质量；也不可能像工业产品那样将其拆卸或解体检查内在质量，或更换不合格的零部件。所以，工程项目的终检（竣工验收）存在一定的局限性。因此，工程项目的施工质量控制应强调过程控制，边施工边检查边整改，及时做好检查，认真记录。

工程项目的质量总目标是业主建设意图通过项目策划提出来的，其中项目策划包括项目的定义及项目的建设规模、系统构成、使用功能和价值、规格档次标准等的定位策划和目标决策等。工程项目的质量控制必须围绕着致力于满足业主要求的质量总目标而展开，具体的内容应包括勘察设计、招标投标、施工安装、竣工验收等等阶段。

三、影响施工质量的因素

施工质量的影响因素主要有"人（Man）、材料（Material）、机械（Machine）、方法（Method）及环境（Environment）"等五大方面，即4M1E。

（一）人的因素

这里讲的"人"，泛指与工程有关的单位、组织及个人，包括建设单位，勘察设计单位，施工承包单位，监理及咨询服务单位，政府主管及工程质量监督、监测单位，策划者、设计者，作业者、管理者等。人的因素影响主要是指上述人员个人的质量意识及质量活动能力对施工质量形成造成的影响。我国实行的执业资格注册制度和管理及作业人员持证上岗制度等，从本质上说，就是对从事施工活动的人的素质和能力进行必要的控制。在施工质量管理中，人的因素起决定性的作用。所以，施工质量控制应以控制人的因素为基本出发点。作为控制对象，人的工作应避免失误；作为控制动力，应充分调动人的积极性，发挥人的主导作用。必须有效地控制参与施工的人员素质，不断提高人的质量活动能力，才能保证施工质量。

（二）材料的因素

材料包括工程材料和施工用料，又包括原材料、半成品、成品、构配件等。各类材料是工程施工的物质条件，材料质量是工程质量的基础，材料质量不符合要求，工程质量就不可能达到标准。所以，加强对材料的质量控制，为是保证工程质量的重要基础。

（三）机械的因素

机械设备包括工程设备、施工机械和各类施工工器具。工程设备是指组成工程实体的工艺设备和各类机具，如各类生产设备、装置和辅助配套的电梯、泵机，以及通风空调、消防环保设备等，它们是工程项目的重要组成部分，其质量的优劣直接影响到工程使用功能的发挥。施工机械设备是指施工过程中使用的各类机具设备，包括运输设备、吊装设备、操作工具、测量仪器、计量器具以及施工安全设施等。施工机械设备是所有施工方案和工法得以实施的重要物质基础，合理选择与正确使用施工机械设备是保证施工质量的重要措施。

第二节　质量管理体系

一、质量保证体系

（一）质量保证体系的概念

质量保证体系是为使人们确信某产品或某项服务能满足给定的质量要求所必需全部有计划、有系统的活动。在工程项目建设中，完善的质量保证体系可以满足用户的质量要求。质量保证体系通过对那些影响设计的或是使用规范性的要素进行连续评价，并对建筑、安装、检验等工作进行检查，以取得用户的信任，并提供证据。因此，质量保证体系是企业内部的一种管理手段，在合同环境中，质量保证体系是施工单位取得建设单位信任的手段。

（二）质量保证体系的内容

工程项目的施工质量保证体系就是以控制和保证施工产品质量为目标，从施工准备、施工生产到竣工投产的全过程，运用系统的概念和方法，在全体人员的参与之下，建立一套严密、协调、高效全方位的管理体系，从而使工程项目施工质量管理制度化、标准化。其内容主要包括以下几个方面。

1. 项目施工质量目标

项目施工质量保证体系，必须有明确的质量目标，并符合项目质量总目标的要求；要以工程承包合同为基本依据，逐级分解目标以形成在合同环境下的项目施工质量保证体系的各级质量目标。项目施工质量目标的分解主要从两个角度展开：从时间角度展开，实施全过程的控制；从空间角度展开，实现全方位和全员的质量目标管理。

2. 项目施工质量计划

项目施工质量保证体系应有可行的质量计划。质量计划应当根据企业的质量手册和项目质量目标来编制。工程项目施工质量计划可以按内容分为施工质量工作计划和施工质量成本计划。

施工质量工作计划主要包括以下几个方面：质量目标的具体描述和定量描述整个项目施工质量形成的各工作环节的责任和权限；采用的特定程序、方法和工作指导书；重要工序（工作）的试验、检验、验证和审核大纲；质量计划修订程序；为达到质量目标所采取的其他措施。

施工质量成本计划是规定最佳质量成本水平的费用计划，是开展质量成本管理的基准。质量成本可分为运行质量成本和外部质量保证成本。运行质量成本是指为运行质量体系达到和保持规定的质量水平所支付的费用，其包括预防成本、鉴定成本、内部损失成本和外部损失成本。外部质量保证成本是指依据合同要求向顾客提供所需要的客观证据所支付的费用，包括特殊的和附加的质量保证措施、程序、数据、证实试验和评定的费用。

二、施工企业质量管理体系

（一）质量管理原则

1. 以顾客为关注焦点

组织（从事一定范围生产经营活动的企业）依存于顾客。因此，组织应当理解顾客当前和未来的需求，满足顾客要求并争取超越顾客期望。

2. 领导作用

领导者建立组织统一的宗旨及方向，他们应当创造并且保持使员工能充分参与实现组织目标的内部环境，他们对于质量管理来说起着决定性的作用。

3. 全员参与的原则

各级人员是组织之本，只有他们充分参与，才能令他们为组织带来收益。组织的质量管理有利于各级人员的全员参与，组织应对员工进行质量意识等各方面的教育，激发他们的工作积极性和责任感，为其能力、知识、经验的提高提供机会，发挥创造精神，给予必要的物质和精神奖励，使全员积极参与，为了达到让顾客满意的目标而奋斗。

4. 过程方法

任何使用资源进行生产活动和将输入转化为输出的一组相关联的活动都可视为过程，将相关的资源和活动作为过程进行管理，可以更高效地得到期望的结果。一般在过程的输入端、过程的不同位置及输出端都存在着可进行测量、检查的机会和控制点，对这些控制点实行测量、检测和管理，便能控制过程的有效实施。

5. 管理的系统方法

将相互关联的过程作为系统加以识别、理解及管理，有助于组织提高实现目标的有效性和效率。不同企业应根据自己的特点，建立资源管理、过程实现、测量分析改进等方面的关系，并加以控制，即采用过程网络的方法建立质量管理体系，实施系统管理。

质量管理体系的建立一般包括确定顾客期望；建立质量目标和方针；确定实现目标的过程和职责；确定必须提供的资源；规定测量过程有效性的方法；实施测量确定过程的有效性，确定防止不合格并清除产生原因的措施，建立和应用持续改进质量管理体系的过程。

6. 持续改进

持续改进总体业绩应当是组织的一个永恒目标，其作用在于增强企业满足质量要求的能力，包括产品质量、过程及体系的有效性和效率提高。持续改进是增强满足质量要求能力的循环活动，可以使企业的质量管理走上良性循环的道路。

7. 基于事实的决策方法

有效的决策应建立在数据和信息分析的基础上，数据和信息分析是事实的高度提炼。以事实为依据做出决策，可以防止决策失误，因此企业领导应重视数据信息的收集、汇总和分析，以便为决策提供依据。

8. 与供方互利的关系

组织与供方建立相互依存的、互利的关系可以增强双方创造价值的能力。供方提供的产品是企业提供产品的一个组成部分。能否处理好与供方的关系，影响到组织能否持续稳定地向顾客提供满意的产品。因此，对供方不能只讲控制不讲合作互利，特别是对关键供方，更要建立互利互惠的合作关系，这对双方都是十分重要的。

（二）质量管理文件的组成内容

质量管理文件包括形成文件的质量方针和质量目标、质量手册、质量管理标准所要求的各种生产、工作和管理的程序性文件，以及质量管理标准所要求的质量记录。

1. 质量方针和质量目标

一般以较为简洁的文字来表述，应反映用户及社会对工程质量的要求及企业相应的质量水平和服务承诺。

2. 质量手册

质量手册是规定企业组织建立质量管理体系的文件，对于企业质量体系做了系统、完整和概要的描述，作为企业质量管理体系的纲领性文件、具有指令性，系统性、协调性、先进性、可行性和可检查性的特点。其内容一般有以下方面：企业的质量方针，质量目标，组织结构及质量职责，体系要素或基本控制程序，质量手册的评审、修改和控制的管理办法。

3. 程序文件

质量管理体系程序文件是质量手册的支持性文件，是企业各职能部门落实质量手册要求而规定的细则。企业为落实质量管理工作而建立各项管理标准、规章制度等都属于程序文件的范畴。一般企业都应制定的通用性管理程序为：文件控制程序、质量记录管理程序、内部审核程序不合格品控制程序、纠正措施控制程序、预防措施控制程序。

涉及产品质量形成过程各环节控制的程序文件不做统一规定，可视企业质量控制的需要而制定。为确保过程的有效运行和控制，在程序文件的指导下，尚可按管理需要编制相关文件，如作业指导书、操作手册、具体工程的质量计划等等。

4. 质量记录

质量记录是产品质量水平和企业质量管理体系中各项质量活动进行及结果的客观反映。对质量体系程序文件所规定的运行过程及控制测量检查的内容应如实记录，用以证明产品质量达到合同要求及质量保证的满足程度。

质量记录以规定的形式和程序进行，并有实施、验证、审核等人员的签署意见，应完整地反映质量活动实施、验证和评审的情况并记载关键活动过程参数，具有可追溯性的特点。

第三节 质量控制与竣工验收

一、质量控制

（一）施工阶段质量控制的目标

1. 施工质量控制的总目标

贯彻执行建设工程质量法规和强制性标准，实现工程项目预期的使用功能和质量标准。

2. 建设施工单位的质量控制目标

正确配置施工生产要素和采用科学管理的方法是建设工程参与各方的共同责任。通过施工全过程的全面质量监督管理，协调和决策，以保证竣工项目达到投资决策所确定的质量标准。

3. 设计单位在施工阶段的质量控制目标

通过对施工质量的验收签证、设计变更控制及纠正施工中所发现的设计问题、采纳变更设计的合理化建议等，保证竣工项目的各项施工结果与设计文件（包括变更文件）所规定的标准相一致。

4. 施工单位的质量控制目标

通过施工全过程的全面质量自控，保证交付满足施工合同以及设计文件所规定的质量标准（含工程质量创优要求）的建设工程产品。

5. 监理单位在施工阶段的质量控制的目标

通过审核施工质量文件、报告报表及现场旁站检查、平行检测、施工指令、结算支付控制等手段的应用，监控施工承包单位的质量活动行为，协调施工关系，正确履行工程质量的监督责任，以保证工程质量达到施工合同和设计文件所规定的质量标准。

（二）质量控制的基本要素

1. 质量控制的基本环节

质量控制应贯彻全面全过程质量管理的思想，运用动态控制原理，进行质量的事前质量控制、事中质量控制和事后质量控制。

（1）事前质量控制

事前质量控制即在正式施工前进行的事前主动质量控制，通过编制施工质量计划，明确质量目标，制订施工方案，设置质量管理点，落实质量责任，分析可能导致质量目标偏离的各种影响因素，针对这些影响因素制定有效的预防措施，防患于未然。

（2）事中质量控制

事中质量控制指在施工质量形成过程中，对于影响施工质量的各种因素进行全面的动态控制。事中控制首先是对质量活动的行为约束，其次是对质量活动过程和结果的监督控制。事中质量控制的关键是坚持质量标准，控制的重点是工序质量、工作质量和质量控制点。

（3）事后质量控制

事后质量控制也称事后质量把关，以使不合格的工序或最终产品（包括单位工程或整个工程项目）不流入下道工序、不进入市场。事后质量控制包括对质量活动结果的评价、认定和对质量偏差的纠正。控制的重点是发现施工质量方面的缺陷，并通过分析提出施工质量改进的措施，保持质量处于受控状态。

以上三大环节不是互相孤立和截然分开的，它们共同构成有机的系统过程，实质上也就是质量管理 PDCA 循环的具体化，在每一次滚动循环当中不断提高，达到质量管理和质量控制的持续改进。

2. 质量控制的基本内容和方法

（1）质量文件审核

审核有关技术文件、报告或报表，是项目经理对工程质量进行全面管理的重要手段。这些文件包括施工单位的技术资质证明文件和质量保证体系文件，施工组织设计和施工方案及技术措施，有关材料和半成品及构配件的质量检验报告，有关应用新技术、新工艺、新材料的现场试验报告和鉴定报告，反映工序质量动态的统计资料或者控制图表，设计变更和图纸修改文件，有关工程质量事故的处理方案，相关方面在现场签署的有关技术签证和文件等。

（2）现场质量检查

现场质量检查的内容如下：

①开工前的检查，主要检查是否具备开工条件，开工之后是否能够保持连续正常施工，能否保证工程质量。

②工序交接检查，对于重要的工序或对工程质量有重大影响的工序，应严格执行"三检"制度，即自检、互检、专检。未经监理工程师（或建设单位技术负责人）检查认可，不得进行下道工序施工。

③隐蔽工程的检查，施工中凡是隐蔽工程必须检查认证后方可进行隐蔽掩盖。

④停工后复工的检查，因客观因素停工或处理质量事故等停工复工时，经检查认可后方能复工。

⑤分项、分部工程完工后的检查，应经检查认可，并签署验收记录后，才能进行下一工程项目的施工。

⑥成品保护的检查，检查成品有无保护措施及保护措施是否有效可靠。现场质量检查的方法主要有目测法、实测法和试验法等。

二、施工准备的质量控制

（一）施工质量控制的准备工作

1. 工程项目划分

一个建设工程从施工准备开始到竣工交付使用，要经过若干工序、工种的配合施工。施工质量的优劣取决于各个施工工序、工种的管理水平和操作质量。因此，为了便于控制、检查、评定和监督每个工序和工种的工作质量，就要把整个工程逐级划分为单位工程、分部工程、分项工程和检验批，并分级进行编号，据此来进行质量控制和检查验收，这是进行施工质量控制的一项重要基础工作。

2. 技术准备的质量控制

技术准备是指在正式开展施工作业活动前进行的技术准备工作。这类工作内容繁多，主要在室内进行。例如，熟悉施工图纸，进行详细的设计交底和图纸审查；进行工程项目划分和编号；细化施工技术方案和施工人员，机具的配置方案，编制施工作业技术指导书，绘制各种施工详图（如测量放线图、大样图及配筋、配板、配线图表等），进行必要的技术交底和技术培训。技术准备的质量控制，包括对上述技术准备工作成果的复核审查，检查这些成果是否符合相关技术规范、规程的要求和对施工质量的保证程度；制订施工质量控制计划，设置质量控制点，明确关键部位的质量管理点等。

（二）现场施工准备的质量控制

1. 工程定位和标高基准的控制

工程测量放线是建设工程产品由设计转化为实物的第一步。施工测量质量好坏，直接决定工程的定位和标高是否正确，并且制约施工过程有关工序的质量。因此，施工单位必须对建设单位提供的原始坐标点、基准线和水准点等测量控制点进行复核，并将复测结果上报监理工程师审核，批准之后施工单位才能建立施工测量控制网，进行工程定位和标高基准的控制。

2.施工平面布置的控制

建设单位应按照合同约定并考虑施工单位施工需要，事先划定并提供施工用地和现场临时设施用地的范围。施工单位要合理科学地规划使用施工场地，保证施工现场的道路畅通、材料的合理堆放、良好的防洪排水能力、充分的给水和供电设施，以及正确的机械设备的安装布置。应制定施工场地质量管理制度，并做好施工现场的质量检查记录。

（三）材料的质量控制

建设工程采用的主要材料、半成品、成品、建筑构配件等（统称"材料"）均应进行现场验收。凡涉及工程安全及使用功能的有关材料，应按各专业工程质量验收规范规定进行复验，并应经监理工程师（建设单位技术负责人）检查认可。为保证工程质量，施工单位应从以下几个方面把好原材料的质量控制关。

1.采购订货关

施工单位应制订合理的材料采购供应计划，在广泛掌握市场材料信息的基础上，优选材料的生产单位或者销售总代理单位（简称"材料供货商"），建立严格的合格供应方资格审查制度，确保采购订货的质量。

（1）材料供货商对下列材料必须提供《生产许可证》：钢筋混凝土用热轧带肋钢筋、冷轧带肋钢筋、预应力混凝土用钢材（钢丝、钢棒和钢绞线）、建筑防水卷材、水泥、建筑外窗、建筑幕墙、建筑钢管脚手架扣件、人造板、铜以及铜合金管材、混凝土输水管、电力电缆等材料产品。

（2）材料供货商对下列材料必须提供《建材备案证明》：水泥、商品混凝土、商品砂浆、混凝土掺合料、混凝土外加剂、烧结砖、砌块、建筑用砂、建筑用石、排水管、给水管、电工套管、防水涂料，建筑门窗、建筑涂料、饰面石材、木制板材、沥青混凝土、三渣混合料等材料产品。

（3）材料供货商要对外墙外保温、外墙内保温材料实施建筑节能材料备案登记。

（4）材料供货商要对下列产品实施强制性产品认证（简称CCC，或3C认证）：建筑安全玻璃（包括钢化玻璃、夹层玻璃、中空玻璃）、瓷质砖、混凝土防冻剂、溶剂型木器涂料、电线电缆、断路器、漏电保护器、低压成套开关设备等产品。

（5）除上述材料或产品外，材料供货商对其他材料或产品必须提供出厂合格证或者质量证明书。

2.进场检验关

（1）水泥物理力学性能检验

同一生产厂、同一等级、同一品种、同一批号且连续进场的水泥，袋装不超过200t为一检验批，散装不超过500t为一检验批，每批抽样不少于一次。取样应在同一批水泥的不同部位等量采集，取样点不少于20个，并且应具有代表性，且总质量不少于12kg。

（2）钢筋（含焊接与机械连接）力学性能检验

同一牌号、同一炉罐号、同一规格、同一等级、同一交货状态的钢筋，每批不大于60t。从每批钢筋中抽取5%进行外观检查。力学性能试验从每批钢筋中任选两根钢筋，每根取两个试样分别进行拉伸试验（包括屈服点抗拉强度和伸长率）和冷弯试验。钢筋闪光对焊、电弧焊、电渣压力焊、钢筋气压焊，在同一台班内，由同一焊工完成的300个同级别、同直径钢筋焊接接头应作为一批；封闭环式箍筋闪光对焊接头，以600个同牌号、同规格的接头作为一批，只能做拉伸试验。

（3）砂、石常规检验

购货单位应按同产地、同规格分批验收。用火车、货船或汽车运输的，以400m³或600t为一验收批，用马车运输的，以200m³或300t为一验收批。

（4）混凝土、砂浆强度检验

每拌制100盘且不超过100 m³的同配合比的混凝土取样不得少于一次。当一次连续浇筑超过1000m³时，同配合比的混凝土每200m³取样不得少于一次。

同条件养护试件的留置组数，应根据实际需要确定。同一强度等级的同条件养护试件，其留置数量应根据混凝土工程量和重要性确定，为3～10组。

（5）混凝土外加剂检验

混凝土外加剂是由混凝土生产厂根据产量和生产设备条件，把产品分批编号，掺量大于1%（含1%）同品种的外加剂每一编号100 t，掺量小于1%的外加剂每一编号为50 t，同一编号的产品必须是混合均匀的。其检验费由生产厂自行负责。建设单位只负责施工单位自拌的混凝土外加剂的检测费用，但是现场不允许自拌大量的混凝土。

（6）沥青、沥青混合料检验

沥青卷材和沥青：同一品种、牌号、规格的卷材，抽验数量为1000卷抽取5卷；500～1000卷抽取4卷；100～499卷抽取3卷；小于100卷抽取2卷。同一批出厂、同一规格标号的沥青以20t为一个取样单位。

（7）防水涂料检验

同一规格、品种、牌号的防水涂料，每10t为一批，不足10 t者按一批进行抽检。

三、水利工程竣工验收

（一）总要求

竣工验收应在工程建设项目全部完成并满足一定运行条件后1年内进行。不能按期进行竣工验收的，经竣工验收主持单位同意，可以适当延长期限，但最长不得超过6个月。一定运行条件是指泵站工程经过一个排水或抽水期；河道疏浚工程完成后；其他工程经过6个月（经过一个汛期）至12个月。

工程具备验收条件时，项目法人应向竣工验收主持单位提出竣工验收申请报告。竣工验收申请报告应经法人验收监督管理机关审查后报竣工验收主持单位，竣工验收主持单位应自收到申请报告后20个工作日内决定是否同意进行竣工验收。工程未能按期进行竣工验收的，项目法人应提前 30 个工作日向竣工验收主持单位提出延期竣工验收专题申请报告。申请报告应包括延期竣工验收的主要原因及计划延长的时间等内容。

项目法人编制完成竣工财务决算后，应报送竣工验收主持单位财务部门进行审查和审计部门进行竣工审计。审计部门应出具竣工审计意见。项目法人应对审计意见中提出的问题进行整改并提交整改报告。

竣工验收分为竣工技术预验收和竣工验收两个阶段。

大型水利工程在竣工技术预验收前，应当按照有关规定进行竣工验收技术鉴定。中型水利工程，竣工验收主持单位可以根据需要决定是否进行竣工验收技术鉴定。

竣工验收应具备以下条件：

（1）工程已按批准设计全部完成；

（2）工程重大设计变更已经有审批权的单位批准；

（3）各单位工程能正常运行；

（4）历次验收所发现的问题已基本处理完毕；

（5）各专项验收已通过；

（6）工程投资已全部到位；

（7）竣工财务决算已通过竣工审计，审计意见中提出问题已整改并提交了整改报告；

（8）运行管理单位已明确，管理养护经费已基本落实；

（9）质量和安全监督工作报告已提交，工程质量达到合格标准；

（10）竣工验收资料已准备就绪。

工程有少量建设内容未完成，但不影响工程正常运行，且能符合财务有关规定，项目法人已对尾工做出安排的，经竣工验收主持单位同意，可以进行竣工验收。

竣工验收应按以下程序进行：

（1）项目法人组织进行竣工验收自查；

（2）项目法人提交竣工验收申请报告；

（3）竣工验收主持单位批复竣工验收申请报告；

（4）进行竣工技术预验收；

（5）召开竣工验收会议；

（6）印发竣工验收鉴定书。

（二）竣工验收自查

申请竣工验收前，项目法人应组织竣工验收自查。自查工作由项目法人主持，勘测、设计、监理、施工、主要设备制造（供应）商及运行管理等单位的代表参加。

竣工验收自查应包括以下主要内容：

（1）检查有关单位的工作报告；

（2）检查工程建设情况，评定工程项目施工质量等级；

（3）检查历次验收、专项验收的遗留问题和工程初期运行所发现问题的处理情况；

（4）确定工程尾工内容及其完成期限和责任单位；

（5）对竣工验收前应完成的工作做出安排；

（6）讨论并通过竣工验收自查工作报告。

项目法人组织工程竣工验收自查前，应提前 10 个工作日通知质量和安全监督机构，同时向法人验收监督管理机关报告。质量和安全监督机构应派员列席自查工作会议。

项目法人应在完成竣工验收自查工作之日起 10 个工作日内，把自查的工程项目质量结论和相关资料报质量监督机构核备。

参加竣工验收自查的人员应在自查工作报告上签字。项目法人应自竣工验收自查工作报告通过之日起 30 个工作日内，将自查报告报法人验收监督管理机关。

（三）竣工技术预验收

竣工技术预验收应由竣工验收主持单位组织的专家组负责。技术预验收专家组成员应具有高级技术职称或相应执业资格，2/3 以上成员应来自工程非参建单位。工程参建单位的代表应参加技术预验收，负责回答专家组提出的问题。

竣工技术预验收专家组可下设专业工作组，并且在各专业工作组检查意见的基础上形成竣工技术预验收工作报告。

竣工技术预验收应包括以下主要内容：

（1）检查工程是否按批准的设计完成；

（2）检查工程是否存在质量隐患和影响工程安全运行的问题；

（3）检查历次验收、专项验收的遗留问题和工程初期运行中所发现的问题的处理情况；

（4）对工程重大技术问题做出评价；

（5）检查工程尾工安排情况；

（6）鉴定工程施工质量；

（7）检查工程投资、财务情况；

（8）对验收中发现的问题提出处理意见。

竣工技术预验收应按以下程序进行：

（1）现场检查工程建设情况并查阅有关工程建设资料；

（2）听取项目法人、设计、监理、施工、质量和安全监督机构、运行管理等单位的工作报告；

（3）听取竣工验收技术鉴定报告和工程质量抽样检测报告；

（4）专业工作组讨论并形成各专业工作组意见；

（5）讨论并通过竣工技术预验收工作报告；

（6）讨论并形成竣工验收鉴定书初稿。

（7）竣工技术预验收工作报告应当是竣工验收鉴定书的附件。

（四）竣工验收

竣工验收委员会可设主任委员 1 名、副主任委员以及委员若干名，主任委员应由验收主持单位代表担任。竣工验收委员会由竣工验收主持单位、有关地方人民政府和部门、有关水行政主管部门和流域管理机构、质量和安全监督机构、运行管理单位的代表以及有关专家组成。工程投资方代表可参加竣工验收委员会。

项目法人、勘测、设计、监理、施工和主要设备制造（供应）商等单位应派代表参加竣工验收，负责解答验收委员会提出的问题，并作为被验收单位代表在验收鉴定书上签字。

竣工验收会议应包括以下主要内容和程序：

（1）现场检查工程建设情况及查阅有关资料。

（2）召开大会：

①宣布验收委员会组成人员名单；

②观看工程建设声像资料；

③听取工程建设管理工作报告；

④听取竣工技术预验收工作报告；

⑤听取验收委员会确定的其他报告；

⑥讨论并通过竣工验收鉴定书；

⑦验收委员会委员与被验收单位代表在竣工验收鉴定书上签字。

工程项目质量达到合格以上等级的，竣工验收的质量结论意见为合格。

四、工程移交及遗留问题处理

（一）工程交接

通过合同工程完工验收或投入使用验收后，项目法人与施工单位应在 30 个工作日内组织专人负责工程的交接工作，交接过程应有完整的文字记录并有双方交接负责人签字。

项目法人与施工单位应在施工合同或验收鉴定书约定的时间内完成工程及其档案资料的交接工作。

工程办理具体交接手续的同时，施工单位应向项目法人递交工程质量保修书。保修书的内容应符合合同约定的条件。

工程质量保修期从工程通过合同工程完工验收之后开始计算，但合同另有约定的除外。

在施工单位递交了工程质量保证书、完成施工场地清理以及提交有关竣工资料后，项目法人应在 30 个工作日内向施工单位颁发合同工程完工证书。

（二）工程移交

工程通过投入使用验收后，项目法人应当及时将工程移交运行管理单位管理，并与其签订工程提前启用协议。

在竣工验收鉴定书印发后 60 个工作日内，项目法人与运行管理单位应完成工程移交手续。

工程移交应包括工程实体、其他固定资产和工程档案资料等，应按照初步设计等有关批准文件进行逐项清点，并办理移交手续。

办理工程移交，应有完整的文字记录及双方法定代表人签字。

（三）验收遗留问题及尾工处理

有关验收成果性文件应对验收遗留问题有明确的记载；影响工程正常运行的，不得作为验收遗留问题处理。

验收遗留问题和尾工的处理由项目法人负责。项目法人应当按照竣工验收鉴定书、合同约定等要求，督促有关责任单位完成处理工作。

验收遗留问题和尾工处理完成后，有关单位应组织验收，并形成验收成果性文件。

项目法人应参加验收并负责将验收成果性文件报竣工验收主持单位。

工程竣工验收后，应由项目法人负责处理的验收遗留问题，项目法人已撤销的，由组建或批准组建项目法人的单位或其指定的单位处理完成。

（四）工程竣工证书颁发

工程质量保修期满后 30 个工作日内，项目法人应向施工单位颁发工程质量保修责任终止证书，但保修责任范围内的质量缺陷未处理完成的除外。

工程质量保修期满以及验收遗留问题和尾工处理完成之后，项目法人应向工程竣工验收主持单位申请领取竣工证书。

申请报告应包括以下内容：

（1）工程移交情况；

（2）工程运行管理情况；

（3）验收遗留问题和尾工处理情况；

（4）工程质量保修期有关情况。

竣工验收主持单位应自收到项目法人申请报告后 30 个工作日之内决定是否颁发工程竣工证书。

颁发竣工证书应符合以下条件：

（1）竣工验收鉴定书已印发；

（2）工程遗留问题和尾工处理已完成并且通过验收；

（3）工程已全面移交运行管理单位管理。

工程竣工证书是项目法人全面完成工程项目建设管理任务的证书，也是工程参建单位完成相应工程建设任务的最终证明文件。

工程竣工证书数量按正本 3 份和副本若干份颁发，正本由项目法人、运行管理单位和档案部门保存，副本由工程主要参建单位保存。

第四节 工程质量事故的处理

一、工程质量事故分类

（一）工程质量事故的概念

1. 质量不合格

我国质量管理体系标准规定，凡工程产品没有满足某个规定要求，就称之为质量不合格；而没有满足某个预期使用要求或合理的期望（包括安全性方面）要求，称为质量缺陷。

2. 质量问题

凡是工程质量不合格，必须进行返修、加固或报废处理，由此造成直接经济损失低于5000元的称为质量问题。

3. 质量事故

凡是工程质量不合格，必须进行返修、加固或者报废处理，由此造成直接经济损失在5000元（含5000元）以上的称为质量事故。

（二）工程质量事故的分类

由于工程质量事故具有复杂性、严重性、可变性和多发性的特点，所以建设工程质量事故的分类有多种方法，但一般可按以下条件进行分类。

1. 按事故造成损失严重程度划分

（1）一般质量事故指经济损失在5000元（含5000元）以上，不满5万元的；影响使用功能或工程结构安全，造成永久质量缺陷的。

（2）严重质量事故指直接经济损失在5万元（含5万元）以上，不满10万元的；严重影响使用功能或工程结构安全，存在重大质量隐患；或事故性质恶劣或造成2人以下重伤的。

（3）重大质量事故指工程倒塌或报废；因质量事故，造成人员死亡或重伤3人以上；或直接经济损失达10万元以上的。

（4）凡具备国务院发布的《特别重大事故调查程序暂行规定》所列发生一次死亡30人及其以上，或直接经济损失达500万元及其以上，或其他性质特别严重的情况之一均属特别重大事故。

2. 按事故责任分类

（1）指导责任事故指由于工程实施指导或领导失误而造成的质量事故。例如，由于工程负责人片面追求施工进度，放松或不按质量标准进行控制和检验，降低施工质量标准等。

（2）操作责任事故指在施工过程中，由于实施操作者不按规程和标准实施操作，而造成的质量事故。例如，浇筑混凝土时随意加水，或振捣疏漏造成混凝土质量事故等。

3. 按质量事故产生的原因分类

（1）技术原因引发的质量事故是指在工程项目实施中由于设计、施工在技术上的失误而造成的质量事故。例如，结构设计计算错误、地质情况估计错误、采用了不适宜的施工方法或者施工工艺等。

（2）管理原因引发的质量事故指管理上的不完善或失误引发的质量事故。例如，施工单位或监理单位的质量体系不完善，检验制度不严密，质量控制不严格，质量管理措施落实不力，检测仪器设备管理不善而失准，材料检验不严等原因引起的质量事故。

（3）社会、经济原因引发的质量事故是指由于经济因素及社会上存在的弊端和不正之风引起建设中的错误行为，而导致出现质量事故。例如，某些施工企业盲目追求利润而不顾工程质量；在投标报价中随意压低标价，中标后则依靠违法的手段或修改方案追加工程款或偷工减料等，这些因素往往会导致出现重大工程质量事故，必须予以重视。

二、施工质量事故处理方法

（一）施工质量事故处理的依据

1. 质量事故的实况资料

质量事故的实况资料包括质量事故发生的时间、地点，质量事故状况的描述，质量事故发展变化的情况，有关质量事故的观测记录，事故现场状态的照片或者录像，事故调查组调查研究所获得的第一手资料。

2. 有关合同及合同文件

有关合同及合同文件包括工程承包合同、设计委托合同、设备与器材购销合同、监理合同及分包合同等等。

3. 有关的技术文件和档案

有关的技术文件和档案主要是有关的设计文件（如施工图纸和技术说明），与施工有关的技术文件、档案和资料（如施工方案、施工计划、施工记录、施工日志、有关建筑材料的质量证明资料、现场制备材料的质量证明资料，以及质量事故发生之后对事故状况的观测记录、试验记录或试验报告等）。

（二）施工质量事故的处理程序

1. 事故调查

事故发生后，施工项目负责人应当按规定的时间和程序，及时向企业报告事故的状况，积极组织事故调查。事故调查应力求及时、客观、全面，以便为事故的分析与处理提供正确的依据。调查结果要整理撰写成事故调查报告，其主要内容如下：工程概况，事故情况，事故发生后所采取的临时防护措施，事故调查中的有关数据、资料，事故原因分析与初步判断，事故处理的建议方案与措施，事故涉及人员和主要责任者的情况等。

2. 事故的原因分析

要建立在事故情况调查的基础上，避免情况不明就主观推断事故的原因。特别是对涉及勘察、设计、施工、材料和管理等方面的质量事故，往往事故的原因错综复杂，因此必须对调查所得到的数据、资料仔细分析，去伪存真，找出造成事故的主要原因。

3. 制订事故处理的方案

事故的处理要建立在原因分析的基础上，并广泛地听取专家及有关方面的意见，经科学论证，决定事故是否进行处理和怎样处理。在制订事故处理方案时，应当做到安全可靠、技术可行、不留隐患、经济合理、具有可操作性，满足建筑功能和使用要求。

4. 事故处理

根据制订的质量事故处理的方案，对质量事故进行认真的处理。处理的内容主要包括：事故的技术处理，以解决施工质量不合格和缺陷问题；事故的责任处罚，根据事故的性质、损失大小、情节轻重对事故的责任单位和责任人做出相应的行政处分直至追究刑事责任。

5. 事故处理的鉴定验收

质量事故的处理是否达到预期的目的，是否依然存在隐患，应当通过检查鉴定和验收做出确认。事故处理的质量检查鉴定，应严格按施工验收规范及相关的质量标准的规定进行，必要时还应通过实际量测、试验和仪器检测等方法获取必要的数据，以便准确地对事故处理的结果做出鉴定。事故处理后，必须尽快提交完整的事故处理报告，其内容包括：事故调查的原始资料，测试的数据，事故原因分析、论证，事故处理的依据，事故处理的方案及技术措施，实施质量处理中有关的数据、记录、资料、检查验收记录，事故处理的结论等。

（三）施工质量事故处理的基本要求

（1）质量事故的处理应达到安全可靠、不留隐患、满足生产和使用要求、施工方便、经济合理的目的。

（2）重视消除造成事故的原因，注意综合治理。

（3）正确确定处理的范围和正确选择处理的时间和方法。

（4）加强事故处理的检查验收工作，认真复查事故处理的实际情况。

（5）确保事故处理期间的安全。

（四）施工质量事故处理的基本方法

1. 修补处理

当工程的某些部分的质量虽未达到规定的规范、标准或设计的要求，存在一定的缺陷，但经过修补后可以达到要求的质量标准，又不影响使用功能或外观的要求，可采取修补处理的方法。例如，该部位经修补处理后，某些混凝土结构表面出现蜂窝、麻面，经调查分析，不会影响其使用及外观；对混凝土结构局部出现的损伤，如结构受撞击、局部未振实、冻害、火灾、酸类腐蚀、碱骨料反应等，如果这些损伤仅仅在结构的表面或局部，不影响其使用和外观，也可采取修补处理。再比如对混凝土结构出现的裂缝，经分析研究后如果不影响结构的安全和使用，可进行修补处理。例如，当裂缝宽度不大于 0.2 mm 时，可采用表面密封法；当裂缝宽度大于 0.3 mm 时，采用嵌缝密闭法；当裂缝较深时，则应当采用灌浆修补的方法。

2. 加固处理

加固处理主要是针对危及承载力的质量缺陷的处理。通过对缺陷的加固处理，使建筑结构恢复或提高承载力，重新满足结构安全性、可靠性的要求，使结构能继续使用或改作其他用途。例如，对混凝土结构常用加固的方法主要有增大截面加固法、外包角钢加固法、粘钢加固法、增设支点加固法、增设剪力墙加固法、预应力加固法等。

3. 返工处理

当工程质量缺陷经过修补处理后仍不能满足规定的质量标准要求，或不具备补救可能性则必须采取返工处理。例如，某防洪堤坝填筑压实后，其压实土的干密度未达到规定值，经核算将影响土体的稳定且不满足抗渗能力的要求，需挖除不合格土，重新填筑，进行返工处理；某公路桥梁工程预应力按规定张拉系数为 1.3，而实际仅为 0.8，属严重的质量缺陷，也无法修补，只能返工处理。再比如某工厂设备基础的混凝土浇筑时掺入木质素磺酸钙减水剂，由于施工管理不善，掺量多于规定 7 倍，导致混凝土坍落度大于 180 mm，石子下沉，混凝土结构不均匀，浇筑后 5d 仍然不凝固硬化，28d 的混凝土实际强度不到规定强度的 32%，不得不返工重浇。

4. 限制使用

当工程质量缺陷按修补方法处理后无法保证达到规定的使用要求和安全要求，而又无法返工处理的情况下，不得已时可做出诸如结构卸荷或者减荷以及限制使用的决定。

第五节　工程质量统计分析方法

现代质量管理通常利用质量分析法控制工程质量，即利用数理统计的方法，通过收集、整理、分析、利用质量数据，并以这些数据作为判断、决策和解决质量问题的依据，从而预测和控制产品质量。工程质量分析常用的数理统计方法有分层法、因果分析图法、排列图法、直方图法等。

一、分层法

分层法又叫分类法或分组法，是将调查收集的原始数据按照统计分析的目的和要求进行分类，通过对数据的整理将质量问题系统化、条理化，以便从中找出规律、发现影响质量因素的一种方法。

由于产品质量是多方面因素共同作用的结果，因而对同一批数据，可以按不同性质分层，使我们能从不同角度来考虑、分析产品存在的质量问题与影响因素。常用的分层标志如下：

（1）按不同施工工艺和操作方法分层。

（2）按操作班组或操作者分层。

（3）按分部分项工程分层。

（4）按施工时间分层。

（5）按使用机械设备型号分层。

（6）按原材料供应单位、供应时间或等级分层。

（7）按合同结构分层。

（8）按工程类型分层。

（9）按检测方法、工作环境等分层。

二、因果分析图法

因果分析图法，也称质量特性要因分析法、鱼刺图法或者树枝图法，是一种逐步深入研究和讨论质量问题原因的图示方法。由于工程中的质量问题是多种因素造成的，这些因素有大有小、有主有次，通过因果分析图，层层分解，可以逐层寻找关键问题或问题产生的根源，有的放矢地处理和管理。

（一）因果分析图的作图步骤

（1）明确要分析的质量问题，置于主干箭头的前面。

（2）对原因进行分类，确定影响质量特性大原因。影响工程质量的因素主要有人员材料、机械、施工方法和施工环境五个方面。

（3）以大原因作为问题，层层分析大原因背后的中原因，中原因背后的小原因，直到可以落实措施为止，在图中用不同的小枝表示。

（二）因果分析图的注意事项

（1）一个质量特性或一个质量问题使用一张图分析。

（2）通常采用 QC 小组活动的方式进行讨论分析。讨论时，应该充分发扬民主、集思广益、共同分析，必要时可以邀请小组以外的有关人员参与，广泛听取意见。

（3）层层深入的分析模式。在分析原因的时候，要求根据问题和大原因以及大原因、中原因、小原因之间的因果关系层层分析，直到能采取改进措施的最终原因。不能半途而废，一定要弄清问题的症结所在。

（4）在充分分析的基础上，由各参与人员采取投票或其他方式，从中选择 1 ~ 5 项多数人达成共识的最主要原因。

（5）针对主要原因，有的放矢地制订改进方案，并落实到人。

三、排列图法

工程质量统计排列图法，又称为帕累托图法，是一种用于识别和排序质量问题原因的统计工具。它通过将收集到的数据按照问题的严重程度或发生频率进行分类，并以图表的形式展示出来，帮助工程师和项目管理者快速识别出主要问题和次要问题。

排列图法的构成通常包括以下几个部分：

两个纵坐标：一个表示频数（问题发生的次数），另一个表示累计频率（问题的累积影响程度）。

一个横坐标：表示影响质量的各种因素，这些因素根据其对质量问题的影响大小从左至右排列。

若干个直方图形：每个直方图形代表一个质量问题或者因素，直方图形的高度表示该问题的影响大小。

帕累托曲线：表示各影响因素大小的累计百分数，通常用来区分问题的主要因素（A类）、次要因素（B类）和一般因素（C类）。

排列图法的主要用途包括：

（1）显示出每个质量改进项目对整个质量问题的作用大小及重要性顺序。

（2）识别进行质量改进的机会，即识别对质量问题最有影响的因素，并加以确认。

排列图法的作图步骤通常包括：

（1）选择要进行质量分析的项目。

（2）选择用来进行质量分析的度量单位，如频数、成本等等。

（3）收集和统计基础数据，计算频率及累计频率。

（4）画出横坐标和纵坐标，然后在每个项目上画长方形，高度表示该项目度量单位的量值。

（5）累加每个项目的量值，并且画出累计频率曲线。

（6）利用排列图确定对质量改进最为重要的项目。

注意事项：

（1）关键的少数项目应是 QC 小组有能力解决的最突出问题，否则需要重新分类。

（2）纵坐标可以用不同的单位表示，如"件数"或"金额"，以便更好地识别主要问题。

（3）当不太重要的项目较多时，可以将其归类为"其他"栏，通常位于横轴的最右端。

（4）采取相应措施后，应重新绘制排列图以检查措施效果。

通过排列图法，项目团队可以更有效地集中资源和努力，优先解决对质量影响最大的问题，从而提升工程质量。

四、直方图法

工程质量统计直方图法是一种用于分析和展示数据分布特征的统计工具，广泛应用于工程质量管理中。直方图通过将数据分组并计算各组的频数，以图形的方式展示数据的集中趋势、分散程度和分布形态。

直方图法的主要特点包括：

（1）数据分组：将数据按照一定的区间分组，每个区间称为"组"或"箱"。

（2）频数统计：计算每个组内数据出现的次数，即频数。

（3）图形展示：在图表上，横轴表示数据的区间，纵轴则表示频数。每个组对应一个矩形条，条形的高度或宽度表示该组的频数。

（4）分布分析：直方图可以清晰地展示数据的分布情况，如是否对称、是否偏斜、是否存在双峰等。

（5）过程控制：在工程质量管理中，直方图常用于控制图，帮助检测生产过程是否处于受控状态。

直方图法的应用步骤通常包括：

（1）确定测量数据：选择需要分析的质量特性或测量数据。

（2）选择组距和组数：根据数据的分布和分析的目的，确定合适组距和组数。

（3）分组：将数据按照选定的组距分组。

（4）计算频数：统计每个组内数据出现的次数。

（5）绘制直方图：在坐标图上绘制直方图，横轴表示数据区间，纵轴表示频数，每个组用一个矩形条表示。

（6）分析直方图：分析直方图的形状和特征，判断数据的分布情况。

直方图法的作用：

（1）质量控制：通过直方图可以快速识别质量问题，若不合格品率、过程变异等。

（2）过程改进：分析直方图发现的过程变异可以指导过程改进措施。

（3）预测和决策：直方图提供的统计信息可用于预测和决策支持。

直方图法是一种简单、直观且有效的数据分析工具，在工程质量统计分析当中发挥着重要作用。通过直方图，项目团队可以更好地理解数据特征，为质量管理和过程改进提供依据。

第七章 水利工程进度管理

第一节 建设项目进度控制概述

一、工期与进度控制

（一）建设工期与合同工期

建设工期是指建设项目从正式开工到全部建成投产或者交付使用所经历的时间。建设工期应按日历天数计算，并在总进度计划中明确建设的起止时限。建设工期是建设单位根据工期定额和每个项目的具体情况，在系统、合理地编制进度计划的基础上，经综合平衡确定的。建设项目正式列入计划后，建设工期应当严格执行，禁止随意变动。

合同工期是按照业主与承包商签订的施工合同中确定的承包商完成所承包项目的时间。施工合同工期应按照日历天数计算。合同工期一般指从开工日期到合同规定的竣工日期所用的时间，再加上以下情况的工期延长：额外或附加的工作；合同条件中提到的任何误期原因；异常恶劣的气候条件；由发包人造成的任何延误、干扰或阻碍；除去承包人不履行合同或违约或由他负责的以外，其他可能发生特殊情况。

（二）进度控制的概念

要掌握进度控制的概念，首先需搞清楚进度计划，以及进度计划与进度控制的关系。

进度计划就是按照项目的工期目标，对项目实施中的各项工作在时间上做出周密安排，它系统地规定了项目的任务、进度和完成任务所需的资源。

在进度计划实施过程中，按照进度计划对整个建设过程实施监督、检查，对出现的实际进度与计划进度之间的偏差，分析原因并且采取相应措施，以确保进度目标的实现，这一行为过程称为进度控制。建设工程进度控制的最终目的是确保建设项目按预定的时间动用或提前交付使用，建设工程进度控制的总目标是建设工期。

为了保证建设项目顺利进行，首先需要根据预定目标编制进度计划。进度控制与进度计划是紧密联系且不可分割的。一方面，任何项目的实施都是从计划开始的。项目计划作为项目执行的法典，是项目实施中开展各项工作的基础。系统、周密、合理的进度计划，是项目建设顺利实施的重要基础。如果计划不周、组织不当，就会发生工作脱节、窝工、停工待料、浪费人力、闲置设备以致拖延工期等现象。另一方面，有效的进度控制能够保证进度计划的顺利实现，并纠正进度计划的偏差。如果进度控制不力，就会导致实际进度与计划之间出现大的偏差，甚至让计划对实际活动失去指导意义。

建设项目的进度控制是一项系统工程，它涉及勘测设计、施工、土地征用、材料设备供应、设备安装调试、资金筹措等众多内容，各方面的工作都必须围绕着一个主进度有条不紊地进行，因此必须以系统的进度计划来做指导。

由于在工程建设过程中存在着许多影响进度的因素，这些因素往往来自不同的部门和不同的时期，它们对建设工程进度产生着复杂的影响。因此，监理必须事先对影响建设工程进度的各种因素进行调查分析，预测它们对建设工程进度的影响程度，确定合理的进度控制目标，编制可行的进度计划，使工程建设工作始终按计划进行。

二、影响进度的因素

由于建设工程具有规模庞大、工程结构与工艺技术复杂、建设周期长及相关单位多等特点，决定了建设工程进度将受到许多因素的影响。要想有效地控制建设工程进度，就必须对影响进度的有利因素和不利因素进行全面细致的分析与预测。这样，一方面可以促进对有利因素的充分利用和对不利因素的妥善预防；另一方面也便于事先制定预防措施，事中采取有效对策，事后进行妥善补救，以缩小实际进度与计划进度偏差，实现对建设工程进度的主动控制和动态控制。在工程建设过程中，常见的影响因素如下：

（一）发包人因素

比如发包人使用要求改变而进行设计变更，应提供的施工场地条件不能及时提供或所提供的场地不能满足工程正常需要，不能及时向施工承包单位或材料供应商付款等。

（二）勘察设计因素

比如勘察资料不准确，特别是地质资料错误或遗漏；设计内容不完善，规范应用不恰当，设计有缺陷或错误；设计对施工可能性未考虑或考虑不周；施工图纸供应不及时、不配套，或出现重大差错等。

（三）施工技术因素

比如施工工艺错误，不合理的施工方案，施工安全措施不当，不可靠技术的应用等。

（四）自然环境因素

比如复杂的工程地质条件，不明的水文气象条件、地下埋藏文物的保护、处理，洪水、地震、台风等不可抗力等。

（五）社会环境因素

比如节假日交通、市容整顿的限制，临时停水停电、断路及法律制度变化，经济制裁，战争、骚乱、罢工、企业倒闭等。

（六）组织管理因素

比如向有关部门提出各种申请审批手续的延误；合同签订时遗漏条款、表达失当；计划安排不周密，组织协调不力，导致停工待料、相关作业脱节；领导不力，指挥失当，使参加工程建设的各个单位、各个专业、各个施工过程之间交接、配合上发生矛盾等。

（七）材料、设备因素

比如材料、构配件、机具、设备供应环节的差错，品种、规格、质量、数量、时间不能满足工程的需要；特殊材料及新材料的不合理使用；施工设备不配套，选型失当，安装失误，有故障等。

（八）资金因素

比如有关方拖欠资金，资金不到位，资金短缺；汇率浮动与通货膨胀等。

三、进度控制的目标

监理实施进度控制应本着以近期保远期、以短期保长期、以局部保全局的总体控制原则，按进度控制的横向和纵向，把进度目标分解为不同的分目标和阶段性目标，由此构成建设项目进度控制的目标系统。

（一）按施工阶段分解，突出控制性环节

根据工程项目建设的特点，可把整个施工过程分成若干个施工阶段，逐阶段加以控制，从而保证总工期按期或提前实现，如水利工程中的导截流、基础处理、施工度汛、下闸蓄水、机组发电等施工阶段。在网络计划中，将重要工作的开工或完成所对应的节点称为里程碑节点，计划管理者应清楚哪些工作影响里程碑的实现、它们各自的机动时间多大、哪些是关键工作、它们的施工进展如何。

（二）按标段分解，明确各分标进度目标

一个建设项目，一般都要分为几个标进行发包，中标的各承包人协调作业，才能保证项目总体进度目标的实现。为尽量避免或减少各标承包人之间的相互影响和作业干扰，

应确定各分标的阶段性进度目标，严格审核各承包人的进度计划，并在计划实施过程中监督各阶段目标的实现。

（三）按专业工种分解，确定交接日期

在同专业或同工种的任务之间，要进行综合平衡；在不同专业或不同工种的任务之间，要强调相互之间的衔接配合，要确定相互之间的交接日期。需要强调的是，为了下一道工序按时作业、保证工程进度，应不在本工序造成延误。工序的管理即项目各项管理的基础，监理人通过掌握各道工序的完成质量及时间，能够控制各分部工程的进度计划。

（四）按工程工期及进度目标，将施工总进度分解成逐年、逐季、逐月进度计划

从关系上说，长期进度计划对短期进度计划有控制作用，短期进度计划是长期进度计划的具体落实与保证。将施工总进度计划分解为逐年、逐季、逐月进度计划，便于监理人对进度的控制。监理人应逐月、逐季、逐年监督承包人的进度计划实施情况。若发现进度偏差，应要求承包人采取措施，尽量将进度拖延偏差在月内解决，月内进度纠偏有困难，再依次考虑季度、年度计划的调整，应尽量地保证总进度目标不受影响。

四、进度控制的主要任务

（一）制订施工总进度计划的编制要求

监理机构应在合同工程开工前依据施工合同约定的工期总目标、阶段性目标和发包人的控制性总进度计划，制订施工总进度计划的编制要求，并书面通知承包人。

（二）发布开工通知

开工通知是具有法律效力的文件。承包人接到开工通知（开工日期在开工通知中规定），是推算工程完工日期的依据。

（三）施工进度计划的审批

施工进度计划是监理机构批准工程开工的重要依据。监理机构应在工程承建合同文件规定的批准期限内，完成对施工单位报送的施工进度计划的审批。

（四）实际施工进度的检查与协调

监理机构应随时跟踪检查承包商的现场施工进度，监督承包商按合同进度计划施工，并做好监理日志。对实际进度与计划进度之间的差别应做出具体的分析，从而根据当前施工进度的动态预测后续施工进度的态势，必要时采取相应的控制措施。

（1）监理机构应编制描述实际施工进度状况和用于进度控制各类图表。

（2）监理机构应督促承包人做好施工组织管理，确保施工资源的投入，并按批准的施工进度计划实施。

（3）监理机构应做好实际工程进度记录以及承包人每日的施工设备人员、原材料的进场记录，并审核承包人的同期记录。

（4）监理机构应对施工进度计划实施的全过程（包括施工准备、施工条件和进度计划的实施情况）进行定期检查，对实际施工进度进行分析和评价，对于关键路线的进度实施重点跟踪检查。

（5）监理机构应根据施工进度计划，协调有关参建各方之间的关系，定期召开生产协调会议，及时发现、解决影响工程进度的干扰因素，保证施工项目的顺利进行。

（五）施工进度计划的调整

由于各种原因，致使施工进度计划在执行中必须进行实质性修改时，承包人应提出修改的详细说明，并按工程承包合同规定期限事先提出修改的施工进度计划报送监理机构批准。必要时，监理机构也可以按合同文件规定，直接向承包人提出修改指示，要求承包人修改、调整施工进度计划并报监理机构批准。承包人调整施工进度计划，通常需编制赶工措施报告，监理机构审批后发布赶工指示，并督促承包人执行。

当施工进度计划的调整涉及总工期目标阶段目标、资金使用等较大的变化时，监理机构应提出处理意见报发包人批准。

监理机构应按照施工合同约定处理因赶工引起的费用事宜。

（六）停工与复工

由于各种原因，工程施工暂停后，监理机构应督促承包人妥善保护、照管工程和提供安全保障。同时，采取有效措施，积极消除停工因素的影响，创造早日复工条件。当工程具备复工条件时，监理机构应立即向承包人发出复工通知，并且督促承包人在复工通知送达后及时复工。

（七）提交施工进度报告

监理机构应督促承包人按施工合同约定按时提交月、季、年施工进度报告。

五、进度控制的措施

为了实施进度控制，监理工程师必须根据建设工程的具体情况，认真制定进度控制措施，以确保建设工程进度控制目标的实现。进度控制措施应包括组织措施、技术措施、经济措施及合同措施。

（一）组织措施

进度控制的组织措施主要包括以下几个方面：

（1）建立进度控制目标体系，明确建设工程现场监理组织机构中进度控制人员以及其职责分工。

（2）建立工程进度报告制度及进度信息沟通网络。

（3）建立进度计划审核制度和进度计划实施中的检查分析制度。

（4）建立进度协调会议制度，包括协调会议举行的时间、地点，以及协调会议的参加人员等。

（5）建立图纸审查、工程变更和设计变更管理制度。

（二）技术措施

进度控制的技术措施主要包括以下几个方面：

（1）审查承包商提交的进度计划，使承包商能在合理的状态下施工。

（2）编制进度控制工作细则，指导监理人员实施进度控制。

（3）采用网络计划技术及其他科学适用的计划方法，对于建设工程进度实施动态控制。

（三）经济措施

进度控制的经济措施主要包括以下几个方面：

（1）及时办理工程预付款及工程进度款支付手续。

（2）对应急赶工给予优厚的赶工费用。

（3）对工期提前给予奖励。

（4）对工程延误收取误期损失赔偿金。

（四）合同措施

进度控制的合同措施主要包括以下几个方面：

（1）加强合同管理，协调合同工期与进度计划之间的关系，确保合同中进度目标的实现。

（2）严格控制合同变更，对各方提出的工程变更和设计变更，监理机构应严格审查后再补入合同文件之中。

（3）加强风险管理，在合同中应充分考虑风险因素及其对进度的影响，及相应的处理方法。

（4）加强索赔管理，公正地处理索赔。

六、施工阶段进度控制工作细则

施工进度控制工作细则的主要内容如下：

（1）施工进度控制目标分解图。

（2）施工进度控制的主要工作内容和深度。

（3）进度控制人员的责任分工。

（4）与进度控制有关的各项工作时间安排及工作流程。

（5）进度控制的手段和方法，包括进度检查周期、实际数据的收集、进度报告（表）格式、统计分析方法等。

（6）进度控制的具体措施（包括组织措施、技术措施、经济措施及合同措施等）。

（7）施工进度控制目标实现的风险分析。

（8）尚待解决的有关问题。

第二节　施工进度计划的审批

一、发布开工令

监理机构应严格审查工程开工应具备的各项条件，并且审批开工申请。

（一）合同工程开工

（1）监理机构应在施工合同约定的期限内，经发包人同意后向承包人发出开工通知，要求承包人按约定及时调遣人员和施工设备、材料进场进行施工准备。开工通知中应明确开工日期。

（2）监理机构应协助发包人向承包人移交施工合同约定应由发包人提供的施工用地道路、测量基准点，以及供水、供电、通信设施等开工的必要条件。

（3）承包人完成开工准备后，应向监理机构提交开工申请表。监理机构在检查发包人和承包人的施工准备满足开工条件后，批复承包人的合同项目开工申请。应由发包人提供的施工条件包括首批开工项目施工图纸和文件的供应；测量基准点的移交；施工用地的提供；施工合同中约定应由发包人提供的道路、供电、供水、通信以及其他条件和资源的提供情况。

应由承包人提供的施工条件如下：承包人派驻现场的主要管理人员、技术人员及特种作业人员是否与施工合同文件一致。如有变化应重新审查并报发包人认可；承包人进场施工设备的数量、规格和性能是否符合合同要求，进场情况和计划是否满足开工及施工进度的需要；进场原材料、中间产品和工程设备的质量、规格是否符合施工合同约定，原材料的储存量及供应计划是否满足工程开工及施工进度的需要；承包人的检测条件或者委托的检测机构是否符合施工合同约定及有关规定；承包人对发包人提供的测量基准点的复核，以及承包人在此基础上完成施工测量控制网的布设及施工区原始地形图的测绘情况；砂石料系统、混凝土拌和系统或商品混凝土供应方案以及场内道路、供水，供电、供风及其他施工辅助加工厂、设施的准备情况；承包人的质量保证体系；承包人的安全生产管理机构和安全措施文件；承包人提交的施工组织设计、专项施工方案、施工措施计划、施工总进度计划、资金流计划、安全技术措施、度汛方案和灾害应急预案等；应由承包人负责提供的施工图纸和技术文件；按照施工合同约定和施工图纸要求需进行的施工工艺试验和料场规划情况；承包人在施工准备完成之后递交的合同工程开工申请报告。

（4）由于承包人原因导致工程未能按施工合同约定时间开工，监理机构应通知承包人在约定时间内提交赶工措施报告并说明延误开工原因。由此增加的费用和工期延误造成的损失由承包人承担。

（5）由于发包人原因导致工程未能按施工合同约定时间开工，监理机构在收到承包人提出的顺延工期的要求后，应立即与发包人和承包人共同协商补救办法。由此增加的费用和工期延误造成的损失由发包人承担。

（二）分部工程开工

监理机构应审批承包人报送的每一分部工程开工申请表，审核承包人递交的施工措施计划，检查该分部工程的开工条件，确认后签发分部工程开工批复。

（三）单元工程开工

第一个单元工程在分部工程开工申请获批准后开工，后续单元工程凭借监理工程师签认的上一单元工程施工质量合格文件方可开工。

（四）混凝土浇筑开仓

监理机构应对承包人报送的混凝土浇筑开仓报审表进行审批。符合开仓条件之后，方可签发。

二、施工进度计划

监理机构应在工程项目开工前依据发包人的控制性总进度计划审批承包人提交的施工总进度计划。在施工过程中，依据施工合同约定审批各单位工程进度计划，按照阶段审批年、季、月施工进度计划。承包人编报的工程进度计划经监理机构正式批准后，就作为"合同性施工进度计划"，成为合同的补充性文件，具有合同效力，对发包人与承包人都具有约束作用，同时它也是以后处理可能出现的工程延期和索赔的依据之一。

施工总进度计划一般以横道图或网络图的形式编制，同时应说明施工方法、施工场地、道路利用的时间和范围、发包人所提供的临时工程和辅助设施的利用计划，并附机械设备需要计划、主要材料需求计划、劳动力计划、财务资金计划及附属设施计划等。

（一）施工总进度计划的内容

施工总进度计划的主要内容如下：

1. 物资供应计划

为了实现月、周施工计划，对需要的物资必须落实，主要包括机械需要计划，如机械名称、数量、工作地点、入场时间等；主要材料需要计划，如钢筋、水泥、木材、沥青、砂石料等建筑材料的规格、品种及数量；主要预制件规格、品种及数量等供应计划。

2. 劳动力平衡计划

根据施工进度及工程量，安排落实劳动力的调配计划，包括各个时段和工程部位所需劳动力的技术工种、人数、工日数等。

3. 资金流量计划

在中标签发日之后，承包商应按合同规定的格式按月提交资金流估算表，估算表应包括承包人计划可从发包人处得到的全部款额，以供发包人参考。

4. 技术组织措施计划

根据施工总进度计划及施工组织设计等要求，编制在技术组织措施方面的具体工作计划，如保证完成关键作业项目、实现安全施工等等。

5. 附属企业生产计划

大、中型土建工程一般有不少附属企业，如金属结构加工厂、预制件厂、混凝土骨料加工场钢木加工厂等。这些附属企业的生产是否按计划进行，对于保证整个工程的施工进度有重大影响。因此，附属企业的生产计划是工程施工总进度计划的重要组成部分。

（二）施工总进度计划的审查

施工总进度计划应符合发包人提供的资金、施工图纸、施工场地、物资等施工条件。项目监理机构收到施工单位报审的施工总进度计划和阶段性施工进度计划时，应对照本条文所述的内容进行审查，提出审查意见。发现问题时，应以监理通知单的方式及时向发包人提出书面修改意见，并对施工单位调整后的进度计划重新进行审查，发现重大问题时应及时向发包人报告。施工总进度计划经总监理工程师审核签认，并且报发包人批准后方可实施。

总进度计划一经总监理工程师批准，就作为"合同性进度计划"，对发包人和承包人都具有约束作用，所以监理机构应细致、严格地审核承包商呈报总进度计划。一般审查内容包括以下几个方面：

（1）是否符合监理机构提出的施工总进度计划编制要求。

（2）在施工总进度计划中有无项目内容漏项或重复的情况。

（3）施工总进度计划与合同工期和阶段性目标的响应性和符合性。

（4）施工总进度计划中各项目之间逻辑关系的正确性与施工方案的可行性。

（5）施工总进度计划中关键线路安排的合理性。

（6）人员、施工设备等资源配置计划和施工强度的合理性。

（7）原材料、中间产品、工程设备供应计划与施工总进度计划的协调性。

（8）本合同工程施工与其他合同工程施工之间的协调性。

（9）其他应审查的内容。

（三）施工总进度计划审批的程序

（1）承包人应在施工合同约定的时间之内向监理机构报送施工总进度计划。

（2）监理机构应在收到施工进度计划后及时进行审查，提出明确批复意见。必要时召集由发包人、设计单位参加的施工进度计划审查专题会议，听取承包人的汇报，并对有关问题进行分析研究。

（3）如施工进度计划存在问题，监理机构应提出审查意见，交承包人进行修改或调整。

（4）审批承包人提交的施工总进度计划或修改、调整后的施工进度计划。

（四）分阶段、分项目施工进度计划的审批及其资源审核

监理机构应要求承包人依据施工合同约定和批准的施工总进度计划，编制年度施工进度计划，报监理机构审批。另外，根据进度控制需要，监理机构可要求承包人编制季、月或日施工进度计划，以及单位工程或分部工程施工进度计划，报监理机构审批。

监理审批年、季、月施工进度计划的目的，是看其是否满足合同工期和总进度计划的要求。如果承包人计划完成的工程量或工程面貌满足不了合同工期和总进度计划的要求（包括防洪度汛、向后续承包人移交工作面、河床截流、下闸蓄水、工程竣工、机组试运行等），则应要求承包人采取措施，如增加计划完成工程量、加大了施工强度、加强管理、改变施工工艺、增加设备等。

一般来说，监理机构在审批月、季进度计划时应注意以下几点：

（1）首先应了解承包人上个计划期完成的工程量与形象面貌。

（2）分析承包人所提供的施工进度计划（包括季、月）是否能满足合同工期和施工总进度计划的要求。

（3）为完成计划所采取的措施是否得当，施工设备、人员能否满足要求，施工管理上有无问题。

（4）核实承包商的材料供应计划与库存材料数量，分析是否满足施工进度计划的要求。

（5）施工进度计划中所需的施工场地、通道是否能够保证。

（6）施工图供应计划是否与进度计划协调。

（7）工程设备供应计划是否与进度计划协调。

（8）该承包人的施工进度计划与其他承包人的施工进度计划有无相互干扰。

（9）为完成施工进度计划所采取的方案对施工质量、施工安全及环保有无影响。

（10）计划内容、计划中采用的数据有无错漏之处。

第三节 实际施工进度的检查

一、施工进度的检查

通常，监理可采取如下措施了解现场施工进度情况。

（一）定期检查承包人的进度报表资料

在合同实施过程中，监理工程师应随时监督、检查和分析承包商的施工日志，其中包括日进度报表和作业状况表。报表的形式可以由监理工程师提供或由承包人提供，经监理工程师同意后实施。施工对象不同，报表的内容有所区别。

（二）日进度报表

日进度报表一般应包括如下内容：

（1）工程名称；

（2）施工工作项目名称；

（3）发包人名称；

（4）承包人名称；

（5）监理单位名称；

（6）当日水文、气象记录；

（7）工作进展描述；

（8）人员使用情况；

（9）材料消耗情况；

（10）施工设备使用情况；

（11）当日发生的重要事件及其处理情况；

（12）报表编号及日期；

（13）签字。

（三）作业状况表

如果承包人能真实而准确地填写这些进度报表，监理机构就能从中了解到了工程进展的实际状况。

为了保证承包人施工记录的真实性，监理机构一般提出要求，施工日志应始终保留在现场，供监理工程师监督、检查。

（四）跟踪检查进度执行情况

监理人员进驻施工现场，具体检查进度的实际执行情况，并做好监理日志。为了避免承包人超报完工数量，监理人员有必要进行现场实地检查和监督。在施工现场，监理人员除检查具体的施工活动外，还应注意工程变更对进度计划实施的影响，其中包括以下几个方面：

（1）合同工期的变化。任何合同工期的改变，如竣工日期的延长，都必须反映到实施计划中，并作为强制性的约束条件。

（2）后续工作的变动。有时承包人从自己的利益考虑，未经允许改变了一些后续施工活动。一般来说，只要这些变动对整个施工进度的关键控制点无影响，监理人员可不加干涉，但是，如果变动大的话，则可能影响到施工活动间正常的逻辑关系，因而对总进度产生影响。因此，现场监理人员要严格监督承包人按计划实施，避免类似情况的发生。

（3）材料供应日期的变更。现场监理人员必须随时了解材料物资的供应情况，了解现场是否出现由于材料供应不上而造成施工进度拖延现象。

施工日志是监理机构进行施工合同管理的重要记录，应正式整理存档。其作用如下：

掌握现场情况，作为进度分析的依据；处理合同问题中重要的同期记录；监理机构内部逐级通报进度情况的基础依据，也是监理人向发包人编报进度报告、协助发包人向贷款银行编报进度报告的依据，是审查承包人进度报告的依据。

（五）定期召开生产会议

监理人员组织现场施工负责人召开现场生产会议，是获得现场施工信息的另一种重要途径。同时，通过这种面对面的交谈，监理人员还可以了解到施工活动潜在的问题，以便及时采取相应的措施。

二、实际施工进度与计划进度的比较和分析

实际进度与计划进度的比较是工程进度监测的主要环节，通过比较可以实时掌握工程施工进展情况，若出现偏差，可及时做出调整。常用的进度比较方法分为横道图、S曲线、香蕉曲线、前锋线、列表比较和形象进度比较法等。

（一）横道图法

横道图是一种简单、直观的进度控制表图。施工进度图编制完成后，可编制相应的人员、材料、设备、图纸和财务收支等各种计划表。

横道图法虽有简单、形象直观、易于掌握、使用方便等优点，但由于其以横道图计划为基础，因而带有不可克服的局限性。在横道计划中，各项工作之间的逻辑关系表达不明确，关键工作和关键线路无法确定。一旦某些工作实际进度出现偏差，难以预测其对后续工作和工程总工期的影响，也就难以确定相应的进度计划调整方法。所以，横道图法主要用于工程项目中某些工作实际进度与计划进度的局部比较。

（二）工程进度曲线法

横道式进度表在计划与实际的对比上，很难准确地表示出实际进度较计划进度超前或延迟的程度，特别对非匀速施工情况更难表达。为准确掌握工程进度状况，有效地进行进度控制，可利用工程施工进度曲线。

1.S曲线法

S曲线比较法是以横坐标表示时间、纵坐标表示累计完成工程量（也可用累计完成量的百分率表示），绘制的一条按计划时间累计完成工程量的曲线。然后将工程项目实施过程中各检查时间实际累计完成工程量也绘制在同一坐标系中，进行实际进度与计划进度比较的一种方法。

从整个工程项目实际进展全过程看，单位时间投入的资源量一般是开始和结束时较少，中间阶段较多。所以，随工程进展累计完成的任务量则应呈S形变化。因其形似英文字母"S"而得名。在S形施工进度曲线上，除去施工初期及末期的不可避免的影响所产生的凹形部分及凸形部分外，中间的施工强度应当尽量呈直线才是合理的计划。

2. 香蕉曲线法

香蕉曲线是由两条 S 曲线组合而成的闭合曲线。由 S 曲线比较法可知，工程累计完成的任务量与计划时间的关系，可以用一条 S 曲线表示。对于一个工程项目的网络计划来说，如果以其中各项工作的最早开始时间安排进度而绘制 S 曲线，称为 ES 曲线；如果以其中各项工作的最迟开始时间安排进度而绘制 S 曲线，称为 LS 曲线。两条 S 曲线具有相同的起点和终点，因此两条曲线是闭合的。在一般情况下，ES 曲线上的其余各点均落在 LS 曲线的相应点的上方。由于该闭合曲线形似香蕉，故称为香蕉曲线。

香蕉曲线比较法能直观地反映工程项目的实际进展情况，并可获得比 S 曲线更多的信息。其主要作用如下：

（1）合理安排工程项目进度计划。如果工程项目中的各项工作均按其最早开始时间安排进度，将导致项目的投资加大；而如果各项工作都按其最迟开始时间安排进度，则一旦受到进度影响因素的干扰，又将导致工期拖延，使工程进度风险加大。因此，一个科学合理的进度计划优化曲线应处于香蕉曲线所包含的区域之内。

（2）定期比较工程项目的实际进度与计划进度。在工程项目的实施过程中，根据每次检查收集到的实际完成任务量，绘制出实际进度 S 曲线，便可以与计划进度进行比较。工程项目实施进度的理想状态是任一时刻工程实际进展点应落在香蕉曲线图的范围之内。如果工程实际进展点落在 ES 曲线的上方，表明此刻实际进度比各项工作按其最早开始时间安排的计划进度超前；如果工程实际进展点落在 LS 曲线的下方，则表明此刻实际进度比各项工作按其最迟开始时间安排的计划进度拖后。

（3）预测后期工程进展趋势。利用香蕉曲线可以对后期工程的进展情况进行预测。

（三）前锋线比较法

在时标网络计划图中，在原时标网络计划之上，从检查时刻的时标点出发，用点画线依次将各项工作实际进展位置点连接而成的折线称前锋线。前锋线比较法是通过实际进度前锋线与原进度计划中各工作箭线交点的位置来判断工程实际进度与计划进度的偏差，进而判定该偏差对后续工作及总工期影响程度的一种方法。

（四）列表比较法

当工程进度计划用非时标网络图表示时，可以采用列表比较法进行实际进度与计划进度的比较。这种方法是记录检查日期应该进行的工作名称及其已经作业的时间，然后列表计算有关时间参数，并且根据工作总时差进行实际进度与计划进度比较的方法。

采用列表比较法进行实际进度与计划进度的比较，其步骤如下：

（1）对于实际进度检查日期应该进行的工作，根据已经作业的时间，确定其尚需作业时间。

（2）根据原进度计划计算检查日期应该进行的工作从检查日期到原计划最迟完成时尚余时间。

（3）计算工作尚有总时差，其值等于工作从检查日期到原计划最迟完成时间尚余时间与该工作尚需作业时间之差。

（4）比较实际进度与计划进度，可能有以下几种情况：

①如果工作尚有总时差与原有总时差相等，说明该工作实际进度与计划进度一致；

②如果工作尚有总时差大于原有总时差，说明该工作实际进度超前，超前的时间为两者之差；

③如果工作尚有总时差小于原有总时差，且仍为非负值，说明该工作实际进度拖后，拖后的时间为两者之差，但不影响总工期；

④如果工作尚有总时差小于原有总时差，且为负值，说明该工作实际进度拖后，拖后的时间为两者之差，此时工作实际进度偏差将影响总工期。

（五）形象进度图法

形象进度图是把工程计划以建筑物形象进度来表达的一种控制方法。这种方法是直接将工程项目进度目标和控制工期标注在工程形象图的相应部位，故其非常直观，进度计划一目了然，它特别适用于施工阶段的进度控制。本法修改调整进度计划亦极为简便，只需修改日期、进程，而形象图像保持不变。

三、分析进度偏差对后续工作及总工期的影响

在工程项目实施过程中，当通过实际进度与计划进度的比较，发现有进度偏差时，需要分析该偏差对后续工作及总工期的影响，从而采取相应的措施对原进度计划进行调整，以确保工期目标的顺利实现。进度偏差的大小及其所处的位置不同，对后续工作和总工期的影响程度是不同的，分析时需要利用网络计划中工作总时差与自由时差的概念进行判断。

分析步骤如下：

（一）分析出现进度偏差的工作是否为关键工作。

如果出现进度偏差的工作位于关键线路上，即该工作为关键工作，则无论其偏差有多大，都将对后续工作和总工期产生影响，必须采取相应的调整措施；如果出现偏差的工作是非关键工作，则需要根据进度偏差值与总时差和自由时差的关系做进一步的分析。

（二）分析进度偏差是否超过总时差。

如果工作的进度偏差大于该工作的总时差，则此进度偏差必将影响其后续工作和总工期，必须采取相应的调整措施；如果工作的进度偏差未超过该工作的总时差，则此进度偏差不影响总工期。至于对后续工作的影响程度，还需要根据偏差值与其自由时差的关系做进一步分析。

（三）分析进度偏差是否超过自由时差。

如果工作的进度偏差大于该工作的自由时差，则此进度偏差将对其后续工作产生影响，此时应根据后续工作的限制条件确定调整方法；如果工作的进度偏差未超过该工作

的自由时差，则此进度偏差不影响后续工作，因此原进度计划可以不做调整。

在施工进度检查、监督中，监理机构如果发现实际进度较计划进度拖延，一方面应分析这种偏差对工期的影响，另一方面分析造成进度拖延的原因。若工程拖延属于业主责任或风险范围，则在保留承包人工期索赔权利的情况下，经发包人同意，批准工程延期或发出加速施工指令，同时商定由此给承包人造成的费用补偿；若属于承包人自己的责任或风险造成的进度拖延，则监理可视拖延程度及其影响，发出相应级别的赶工指令，要求承包人加快施工进度，必要时应调整其施工进度计划，直到监理满意为止。需要强调的是，当进度拖延时，监理切记不能不区分责任，一味指责承包人施工进度太慢，要求加快进度。这样处理问题极易中伤承包人的积极性和合作精神，对工程进展是无益处的。事实上，若进度拖延是属于发包人责任或发包人风险造成的，即便监理工程师没有主动明确这一点，事后承包人一般也会通过索赔得到利益补偿。

第四节　进度计划实施中的调整和协调

一、进度计划的调整方式

当实际进度偏差影响到后续工作或总工期而需要调整进度计划时，它的调整方式主要有两种。

（一）改变某些工作间的逻辑关系

当工程项目实施中产生的进度偏差影响到总工期，且有关工作的逻辑关系允许改变时，可以改变关键线路和超过计划工期的非关键线路上的有关工作之间的逻辑关系，达到缩短工期的目的。例如，将顺序进行的工作改为平行作业、搭接作业及分段组织流水作业等，都可以有效地缩短工期。

（二）缩短某些工作的持续时间

这种方法是不改变工程项目中各项工作之间的逻辑关系，而通过采取增加资源投入、提高劳动效率等措施来缩短某些工作的持续时间，使工程进度加快，以保证按计划工期完成该工程项目。这些被压缩持续时间的工作是位于关键线路和超过计划工期的非关键线路上的工作。同时，这些工作又是其持续时间可被压缩的工作。此种调整方法通常可以在网络图上直接进行。其调整方法视限制条件及对其后续工作的影响程度的不同而有所区别，一般可分为以下情况：

（1）网络计划中某项工作进度拖延的时间已超过其自由时差但未超过其总时差。如前所述，此时该工作的实际进度不会影响总工期，而只对其后续工作产生影响。因此，在进行调整前，需要确定其后续工作允许拖延的时间限制，并且以此作为进度调整的限制条件。该限制条件的确定常常较复杂，尤其是当后续工作由多个平行的承包单位负责实施时更是如此。后续工作如不能按原计划进行，在时间上产生的任何变化都可能使合同不能正常履行，而导致蒙受损失的一方提出索赔。因此，寻求合理的调整方案，把进度拖延对后续工作的影响降到最低是监理工程师一项重要工作。

（2）网络计划中某项工作进度拖延的时间超过其总时差。如果网络计划中某项工作进度拖延的时间超过其总时差，则无论该工作是否为关键工作，其实际进度都将对后续工作和总工期产生影响。此时，进度计划的调整方法又可分为以下三种情况：

①如果工程总工期不允许拖延，工程项目必须按照原计划工期完成，则只能采取缩短关键线路上后续工作持续时间的方法来达到调整计划的目的。

②如果工程总工期允许拖延，则此时只需以实际数据取代了原计划数据，并重新绘制实际进度检查日期之后的简化网络计划即可。

③如果工程总工期允许拖延，但允许拖延的时间有限，则当实际进度拖延的时间超过此限制时，也需要对网络计划进行调整，以便满足要求。具体的调整方法是以总工期的限制时间作为规定工期，对检查日期之后尚未实施的网络计划进行工期优化，即通过缩短关键线路上后续工作持续时间的方法来使总工期满足规定工期的要求。

（三）网络计划中某项工作进度超前

监理机构对建设工程实施进度控制的任务就是在工程进度计划的执行过程中，采取必要的组织协调和控制措施，以保证建设工程按期完成。在建设工程计划阶段所确定的工期目标，往往是综合考虑了各方面因素而确定的合理工期。因此，时间上的任何变化，无论是进度拖延还是超前，都可能造成其他目标的失控。例如，在一个建设工程施工总进度计划中，由于某项工作的进度超前，致使资源的需求发生变化，而打乱了原计划对人、材、物等资源的合理安排，亦将影响资金计划的使用和安排，特别是当多个平行的承包单位进行施工时，由此引起后续工作时间安排的变化，势必给监理的协调工作带来许多麻烦。因此，如果建设工程实施过程中出现进度超前的情况，进度控制人员必须综合分析进度超前对后续工作产生的影响，并且同承包单位协商，制订合理的进度调整方案，以确保工期总目标的顺利实现。

二、施工进度的控制

经过施工实际进度与计划进度的对比和分析，若进度的拖延对后续工作或工程工期影响较大，监理人不容忽视，应及时采取相应措施。如进度拖延不是由于承包人的原因或风险造成的，应在剩余网络计划分析的基础上，着手研究相应措施（如发布加速施工指令、批准工程工期延期或加速施工与部分工程工期延期的组合方案等），并征得发包人同意后实施，同时应主动与发包人、承包人协调，决定由此应给予承包人相应的费用补偿；如果工程施工进度拖延是由于承包人的原因或风险造成的，监理机构可发出赶工指令，要求承包人采取措施，修正进度计划，以使监理人满意。监理机构在审批承包人的修正进度计划时，可根据剩余网络的分析结果做以下考虑：

（一）在原计划范围内采取赶工措施

1. 在年度计划内调整

此种调整是最常见的。当月计划未完成，一般要求在下个月的施工计划中补上。如果由于某种原因（例如发生大的自然灾害，或材料、设备、资金未能按计划要求供应等），计划拖欠较多时，则要求在季度或年度的其他月份内调整。根据以往的经验，承包人报送的月（或季）施工进度计划，往往会出现两种情况，在审查时应注意：

（1）不管过去月份完成情况如何，在每月的施工进度计划当中照抄年度计划安排的相应月的数量。这种事例不少，是一种图省事的偷懒做法，不符合进度控制要求。监理人在审批时应指出其存在的问题，并结合实际可能（采取各种有效措施后能够达到的进度），下达下月（或下一季度）的施工进度计划。

（2）不按年度施工进度计划的要求，而按照当月（或季）达到的或预计比较易于达到的进度来安排下一月（或季）的施工进度计划。例如有的承包人认为，按年度计划调整月（季）计划时需要有较多的投入，施工难度较大，完成无把握，不如把目标定低一点比较容易实现。

2. 在合同工期内的跨年度调整

工程的年度施工进度计划是报上级主管部门审查批准的，大工程还需要经国家批准，因此是属于国家计划的一部分，应有其严肃性，当年计划应力争在当年内完成。只有在出现意外情况（例如发生超标准洪水，造成很大损失，出现严重的不良地质情况，材料、设备、资金供应等无法保证时），承包人通过各种努力仍难完成年度计划时，允许将部分工程施工进度后延。在这种情况下，调整当年剩余月份的施工进度计划时应注意：

（1）合同书上规定的工程控制日期不能变，因为它是关键线路上的工期，如河床截流、向下一工序的承包人移交工作面、某项工程完工等，若拖后很可能引起发电工期顺延，还可能引起下一工序承包人的索赔。

（2）影响上述工程控制工期的关键线路上的施工进度应保证，尽可能只调整非关键线路上的施工进度。

当年的月（季）施工进度计划调整需跨年度时，应结合总进度计划调整考虑。

（二）超过合同工期的进度调整

当进度拖延造成的影响在合同规定的控制工期内调整计划已无法补救时，只有调整控制工期。这种情况只有在万不得已时才允许。调整时应注意以下两个方面：

（1）先调整投产日期外的其他控制日期。例如，截流日期拖延可考虑以加快基坑施工进度来弥补，厂房土建工期拖延可考虑以加快机电安装进度来弥补，开挖时间拖延可考虑以加快浇筑进度来弥补，以不影响第一台机组发电时间为原则。

（2）经过各方认真研究讨论，采取各种有效措施仍无法保证合同规定的总工期时，可考虑将工期后延，但是应在充分论证的基础上报上级主管部门审批。进度调整应使竣工日期推迟最短。

（三）工期提前的调整

当控制投产日期的项目完成计划较好，根据施工总进度安排，其后续施工项目和施工进度有可能缩短时，应考虑工程提前投产的可能性。例如某电站工程，厂房枢纽标计划完成较好，机组安装力量较强，工期有可能提前；首部枢纽标修改了基础防渗方案后，进度明显加快，有条件提前下闸蓄水；引水隧洞由于主客观原因，进度拖后较多，成了控制工程发电工期的拦路虎，这时就应想办法把引水隧洞进度赶上去。

一般情况下，只要能达到预期目标，调整应当越少越好。在进行项目进度调整时，应充分考虑如下各方面因素的制约：

（1）后续施工项目合同工期的限制。

（2）进度调整后，给后续施工项目会不会造成赶工或窝工而导致其工期和经济上遭受损失。

（3）材料物资供应需求上的制约。

（4）劳动力供应需求的制约。

（5）工程投资分配计划的制约。

（6）外界自然条件的制约。

（7）施工项目之间逻辑关系的制约。

（8）进度调整引起的支付费率调整。

三、监理的协调

（一）承包人之间的进度协调

当一个建设工程分为几个标进行招标施工时，各标同在一个工地上施工，难免会相互干扰，出现这样或那样的分歧和矛盾，需要有人从中进行协调。为了便于协调工作的进行，通常合同文件都有规定：承包人应为发包人及其聘用的第三方实施工程项目的施工、安装或其他工作提供必要的工作条件和生活条件。比如施工工序的衔接，施工场地的使用，风、水、电的提供。由于承包人与承包人之间无合同关系，他们之间的协调工作应由监理机构进行。因此，合同文件中一般也规定，承包人应按照监理工程师的指示改变作业顺序和作业时间。协调工作是非常复杂的，往往涉及经济问题。因此，在工程分标时就应尽量避免分标过小，导致标与标之间的干扰加大。如何组织各标之间的衔接，使工程施工能顺利交接并协调有序地进行，是监理机构的一项重要任务。协调工作可大致分为以下几个方面。

1.工程总进度协调

工程总进度协调的主要任务是把每个承包人的施工组织设计、单项工程施工措施和年、季、月施工进度计划纳入总进度计划协调中，以保证总目标实现。

2.施工干扰的协调

承包人之间发生施工干扰，往往表现在下列几个方面：

（1）几家承包人共用一条交通道路的协调。

（2）几家承包人交叉使用一个场地的协调。

（3）承包人之间交叉使用对方的施工设备和临时设施的协调。

（4）某一承包人损坏了另一承包人的临时设施的协调。

（5）两标紧邻部位的施工干扰的协调。

（6）两标施工场地和工作面移交的协调。

（二）承包人与发包人之间的协调

合同文件在规定承包人应完成的任务的同时，也规定发包人应该提供的施工条件，如承包人进场时的水、电、路、通信、场地、施工过程中涉及的进一步应给出的场地、工程设备、图纸（由发包人委托设计单位完成）、资金等。有时发包人与承包人之间在上述方面由于某种原因发生冲突，监理机构应做好协调工作。

（三）图纸供应的协调

大多数情况下，合同规定工程的施工图纸由发包人提供（发包人通过设计承包合同委托设计单位提供），由监理机构签发，提交承包人实施。为了避免施工进度与图纸供应的不协调，合同一般规定，在承包人提交施工进度计划的同时，提交图纸供应计划，以得到监理的同意。在施工计划实施过程中，监理应协调好施工进度和设计单位的设计进度。当实际供图时间与承包商的施工进度计划发生矛盾时，原则上应当尽量满足施工进度计划的要求；若设计工作确有困难，应对施工进度计划做适当调整。

第五节　施工暂停管理与进度报告

一、施工暂停管理

（一）暂停施工的原因

1. 需发包人同意的暂停施工

在发生下列情况之一时，监理机构应向发包人提出暂停施工的建议，经过发包人同意后签发暂停施工指示。同时应根据停工的影响范围和程度明确停工范围。

（1）工程继续施工将会对第三者或社会公共利益造成损害。

（2）为了保证工程质量、安全所必要。

（3）承包人发生合同约定的违约行为，且在合同约定时间内未按监理机构指示纠正其违约行为或拒不执行监理机构的指示，从而把对工程质量、安全、进度和资金控制产生严重影响，需要停工整改。

2. 不需发包人同意的暂停施工

发生了需暂时停止施工的紧急事件，如恶性现场施工条件、事故等（隧洞塌方、地基沉陷等），监理机构应立即签发暂停施工指示，并及时向发包人报告。同时，监理机构应要求承包人采取积极措施并对现场施工组织做出合理安排，以尽量减少损失和停工影响。

在发生下列情况之一时，监理机构可签发暂停施工指示，并抄送发包人。

（1）发包人要求暂停施工。这时监理机构应提前通知承包人，要求承包人对现场施工组织做出合理安排，以尽量减少停工影响与损失。

（2）承包人未经许可即进行主体工程施工时，改正这一行为引起的局部停工。

（3）承包人未按照批准的施工图纸进行施工时，改正这一行为所需要的局部停工。

（4）承包人拒绝执行监理机构的指示，可能会出现工程质量问题或者造成安全事故隐患，改正这一行为所需要的局部停工。

（5）承包人未按照批准的施工组织设计或施工措施计划施工，或承包人不能胜任作业要求，可能会出现工程质量问题或存在安全事故隐患，改正这些行为所需要局部停工。

（6）发现了承包人所使用的施工设备、原材料或中间产品不合格，或发现工程设备不合格，或发现影响后续施工的不合格的单元工程（工序），处理这些问题所需要的局部停工。

3. 发包人原因导致的暂停施工

若由于发包人的责任需要暂停施工，监理机构未及时下达暂停施工指示时，在承包人提出暂停施工的申请后，监理机构应当及时报告发包人并在施工合同约定的时间内回复承包人。

（二）暂停施工的责任

1. 承包人的责任

发生下列暂停施工事件，属于承包人的责任：

（1）由于承包人违约引起的暂停施工。

（2）由于现场非异常恶劣气候条件引起的正常停工。

（3）为工程的合理施工和保证安全所必需的暂停施工。

（4）未得到监理人许可的承包人擅自停工。

（5）其他由于承包人原因引起的暂停施工。

上述事件引起的暂停施工，承包人不能提出增加费用和延长工期的要求。

2. 发包人的责任

发生下列暂停施工事件，属于发包人的责任：

（1）由于发包人违约引起的暂停施工。

（2）由于不可抗力的自然或社会因素引起暂停施工。

（3）其他由于发包人原因引起的暂停施工。

上述事件引起的暂停施工造成的工期延误，承包人有权提出工期索赔要求。

（三）暂停施工的处理

下达暂停施工指示后，监理机构应指示承包人妥善照管工程，做好停工期间的记录；督促有关方及时采取有效措施，排除影响因素，为尽早复工创造条件；具备复工条件后，监理机构应及时签发复工通知，并明确复工范围，指示承包人执行；在工程复工后，监理机构应及时按施工合同约定处理因工程暂停施工引起有关事宜。

1. 暂停施工指示

（1）监理机构认为有必要并征得发包人同意后（紧急事件可在签发指示后及时通知发包人），可向承包人发布暂停工程或部分工程施工的指示，承包人应按指示的要求立即暂停施工。不论由于何种原因引起的暂停施工，承包人应在暂停施工期间负责妥善保护工程和提供安全保障。

（2）若发生由承包人责任引起的暂停施工时，承包人在收到监理机构暂停施工指示后56d内不积极采取措施复工造成工期延误，则应视为承包人违约，可以按施工合同有关承包人违约的规定办理。

（3）由于发包人的责任发生暂停施工的情况时，若监理机构未及时下达暂停施工指示，承包人可向其提出暂停施工的书面请求，监理机构应在接到请求后的48h内予以答复，若不按期答复，可视为承包人请求已获同意。

2. 复工通知

工程暂停施工后，监理人应与发包人和承包人协商采取有效措施积极消除停工因素的影响。当工程具备复工条件时，监理机构应立即向承包人发出复工通知，承包人收到复工通知后，应在监理机构指定的期限内复工。如承包人无故拖延和拒绝复工，由此增加的费用和工期延误责任由承包人承担。

二、施工进度报告

（一）承包人向监理机构提交的月进度报告

合同文件一般规定，承包人在次月（结算月通常为上月 26 日至当月 25 日）将当月施工进度报告递交监理机构。施工进度报告一般包括以下内容：

（1）工程施工进度概述。

（2）本月现场施工人员报表。

（3）现场施工机械清单和机械使用情况清单。

（4）现场工程设备清单。

（5）本月完成的工程量和累计完成工程量。

（6）本月材料入库清单、消耗量、库存量、累计消耗量。

（7）工程形象进度描述。

（8）水文、气象记录资料。

（9）施工中的不利影响。

（10）要求解释或解决的问题。

监理机构对承包人进度报告的审查，一方面可掌握现场情况，了解承包人要求解释的疑问和解决的问题，做好进度控制；另一方面，监理机构对报告中工程量统计表和材料统计表的审核，也是向承包人开具支付凭证的依据。

（二）监理机构编写的进度报告

1. 给发包人编报的进度报告

在施工监理中，现场记录、资料整理、文档管理为监理工程师的重要任务之一。监理机构应组织有关人员做好现场监理日志并每周做出小结，在每月开具支付款凭证报发包人签字的同时，应向业主编报月进度报告，使发包人系统地了解、掌握工程的进展情况及监理机构的合同管理情况。按工程施工的更长时段（如年、季），也要向发包人编报进度报告。进度报告一般包括如下内容：

（1）工程施工进度概述。

（2）工程的形象进度与进度描述。

（3）月内完成工程量及累计完成工程量统计。

（4）月内支付额及累计支付额。

（5）发生的设计变更、索赔事件及其处理。

（6）发生的质量事故及其处理。

（7）要求业主下一阶段解决的问题。

2. 协助发包人编写给贷款银行的进度报告

根据贷款银行的要求，发包人应定期给贷款银行编报进度报告，其主要内容如下：

（1）信函。

（2）概述。

（3）按分标编报：合同实施介绍；施工进度；进度支付。

3. 工程施工形象进度和进度描述

进度报告的内容非常冗长，这里不便全部介绍，下面主要说明施工形象进度描述的方式。形象进度可以采用文字说明附以现场照片、形象图、计划图表等各种形式表示。

第八章 施工项目安全与环境管理

第一节 安全与环境管理体系建立

一、安全管理机构的建立

不论工程大小，必须建立安全管理的组织机构。

第一，成立以项目经理为首的安全生产施工领导小组，具体负责了施工期间的安全工作。

第二，项目经理、技术负责人、各科负责人和生产工段的负责人等作为安全小组成员，共同负责安全工作。

第三，必须设立专门的安全管理机构，并且配备安全管理负责人和专职安全管理人员。安全管理人员须经安全培训持证（A、B、C证）上岗，专门负责施工过程中的工作安全。只要施工现场有施工作业人员，安全员就要上岗值班。在每个工序开工前，安全员要检查工程环境和设施情况，认定安全后方可进行工序施工。

第四，各技术及其他管理科室和施工段要设兼职安全员，负责本部门的安全生产预防和检查工作。各作业班组组长要兼本班组的安全检查员，具体负责本班组安全检查。

第五，建立安全事故应急处置机构，可以由专职安全管理人员和项目经理等组成，实行施工总承包的，由总承包单位统一组织编制水利工程建设生产安全事故应急救援预案。工程总承包单位和分包单位按照应急救援预案，各自建立应急救援组织或者配备应急救援人员，配备救援器材、设备，并定期组织演练。

二、安全生产制度的落实

（一）安全教育培训制度

要树立全员安全意识，安全教育的要求如下：

第一，广泛开展安全生产的宣传教育，让全体员工真正认识到安全生产的重要性和必要性，掌握安全生产的基础知识，牢固树立"安全第一"的思想，自觉遵守安全生产的各项法规和规章制度。

第二，安全教育的主要内容有安全知识、安全技能、设备性能、操作规程、安全法规等。

第三，要建立经常性的安全教育考核制度。考核结果要记入员工人事档案。

第四，特殊工种，如电工、电焊工、架子工、司炉工、爆破工、机操工、起重工、机械司机、机动车辆司机等，除一般安全教育之外，还要进行专业技能培训，经考试合格，取得资格后才能上岗工作。

第五，工程施工中采用新技术、新工艺、新设备，或人员调到新工作岗位时，也要进行安全教育和培训，否则不能上岗。

工程项目部应定期召开安全生产工作会议，总结前期工作，找出问题，布置落实后面工作，利用施工空闲时间进行安全生产工作培训。在培训工作中和其他安全工作会议上，安全小组领导成员要讲解安全工作的重要意义，学习安全知识，增强员工安全警觉意识，把安全工作落实在预防阶段。根据工程的具体特点把不安全的因素和相应措施方案装订成册，供全体员工学习和掌握。

（二）制订安全措施计划

对高空作业、地下暗挖作业等专业性强的作业，电器、起重等特殊工种的作业，应制定专项安全技术规程，并且对管理人员和操作人员的安全作业资格和身体状况进行合格检查。

对结构复杂、施工难度大、专业性较强的工程项目，除制订总体安全保证计划外，还须制定单位工程和分部（分项）工程安全技术措施。

施工安全技术措施包括安全防护设施和安全预防措施，主要有防火、防毒、防爆、防洪、防尘、防雷击、防触电、防坍塌、防物体打击、防机械伤害、防起重机械滑落、防高空坠落、防交通事故、防寒、防暑、防疫、防环境污染等方面的措施。

（三）安全技术交底制度

对构件和设备吊装、爆破、高空作业、拆除、上下交叉作业、夜间作业、疲劳作业、带电作业、汛期施工、地下施工、脚手架搭设拆除等重要安全环节，必须在开工之前进行技术交底、安全交底、联合检查后，确认安全，方可开工。基本要求如下：

第一，实行逐级安全技术交底制度，从上到下，直到全体作业人员；

第二，安全技术交底工作必须具体、明确、有针对性；

第三，交底的内容要针对分部（分项）工程施工中给作业人员带来潜在危害；

第四，应优先采用新的安全技术措施；

第五，应将施工方法、施工程序、安全技术措施等优先向工段长、班级组长进行详细交底。定期向多个工种交叉施工或多个作业队同时施工的作业队进行书面交底，并保持书面安全技术交底的签字记录。

交底的主要内容有工程施工项目作业特点和危险点、针对各危险点的具体措施、应注意的安全事项、对应的安全操作规程和标准，以及发生事故应及时采取的应急措施。

（四）安全警示标志设置

施工单位在施工现场大门口应设置"五牌一图"，即工程概况牌、管理人员名单及监督电话牌、消防保卫牌、安全生产牌、文明施工牌和施工现场平面图。还应设置安全警示标志，在不安全因素的部位设立警示牌，严格检查进场人员佩戴安全帽、高空作业佩戴安全带情况，严格持证上岗工作，风雨天禁止高空作业，遵守施工设备专人使用制度，严禁在场内乱拉用电线路，严禁非电工人员从事了电工工作。

根据《安全色》标准，安全色是表达安全信息、含义的颜色，分为红、黄、蓝、绿四种颜色，分别表示禁止、警告、指令和指示。

根据《安全标志》标准，安全标志是表示特定信息的标志。由图形符号、安全色、几何图形（边框）或文字组成。安全标志分禁止标志、警告标志、指令标志和提示标志。

根据工程特点及施工的不同阶段，在危险部位有针对性地设置、悬挂明显的安全警示标志。危险部位主要是指施工现场入口处、施工起重机械、临时用电设施、脚手架、出入通道口、楼梯口、阳台口、电梯井口、桥梁口、隧道口、基坑边沿、爆破物及有害危险气体和液体存放处等。安全警示标志的类型、数量应当根据危险部位的性质不同设置。

安全警示标志设置和现场管理结合起来，同时进行，防止因管理不善产生安全隐患。工地防风、防雨、防火、防盗、防疾病等预防措施要健全，都应要有专人负责，以确保各项措施及时落实到位。

（五）施工安全检查制度

施工安全检查的目的是消除安全隐患，违章操作、违反劳动纪律、违章指挥的"三违"制止，防止安全事故发生、改善劳动条件及提高员工的安全生产意识，是施工安全控制工作的一项重要内容。通过安全检查，可以发现工程中的危险因素，以便有计划地采取相应的措施，保证安全生产的顺利进行。项目的施工生产安全检查应当由项目经理组织，定期进行。

1. 安全检查的类型

（1）日常性检查

日常性检查是经常的、普遍的检查，一般每年进行 1～4 次。项目部、科室每月至少进行 1 次，施工班组每周、每班次都应进行检查，专职安全技术人员的日常性检查应有计划、有部位、有记录、有总结地周期性进行。

（2）专业性检查

专业性检查是指针对特种作业、特种设备、特殊场地进行的检查，如电焊、气焊、起重设备、运输车辆、锅炉压力容器、易燃易爆场所等，应由专业检查人员进行检查。

（3）季节性检查

季节性检查是根据季节性的特点，为保障安全生产的特殊要求所进行的检查，如春季空气干燥、风大，重点检查防火、防爆；夏季多雨、雷电、高温，重点检查防暑、降温、防汛、防雷击、防触电；冬季检查防寒、防冻等。

（4）节假日前后检查

节假日前后检查是针对节假期间容易产生麻痹思想的特点进行的安全检查，包括假前的综合检查和假后的遵章守纪检查等。

（5）不定期检查

不定期检查是指在工程开工前、停工前、施工中、竣工时、试运转时进行的安全检查。

2. 安全生产检查主要内容

（1）查思想

主要检查企业干部和员工对安全生产工作的认识。

（2）查管理

主要检查安全管理是否有效，其包括安全生产责任制、安全技术措施计划、安全组织机构、安全保证措施、安全技术交底、安全教育、持证上岗、安全设施、安全标志、操作规程、违规行为及安全记录等。

（3）查隐患

主要检查作业现场是否符合安全生产的要求，是否存在不安全因素。

（4）查事故

查明安全事故的原因、明确责任、对责任人做出处理，明确落实整改措施等要求。另外，检查对伤亡事故是否及时报告、认真调查、严肃处理等等。

（5）查整改

主要检查对过去提出的问题的整改情况。

（六）安全生产考核制度

实行安全问题一票否决制、安全生产互相监督制，增强自检、自查意识，开展科室、班组经验交流和安全教育活动。

三、水利工程施工安全生产管理

《水利工程建设安全生产管理规定》按施工单位、施工单位的相关人员以及施工作业人员等三个方面，从保证安全生产应当具有的基本条件出发，对施工单位的资质等级、机构设置、投标报价、安全责任，施工单位有关负责人的安全责任以及施工作业人员的安全责任等做出了具体规定，主要有：

第一，施工单位从事水利工程的新建、扩建、改建、加固和拆除等活动，应当具备国家规定的注册资本、专业技术人员、技术装备和安全生产等条件，依法取得相应等级的资质证书，并在其资质等级许可的范围内承揽工程。

第二，施工单位依法取得安全生产许可证后，方可以从事水利工程施工活动。

第三，施工单位主要负责人依法对本单位的安全生产工作全面负责。施工单位应当建立健全安全生产责任制度和安全生产教育培训制度，制定安全生产规章制度和操作规程，做好安全检查记录制度，对所承担的水利工程进行定期和专项安全检查，制定事故报告处理制度，保证本单位建立和完善安全生产条件所需资金的投入。

第四，施工单位的项目负责人应当由取得相应执业资格的人员担任，对水利工程建设项目的安全施工负责，落实安全生产责任制度、安全生产规章制度和操作规程，确保安全生产费用的有效使用，并根据工程的特点组织制定安全施工措施消除安全事故隐患，及时、如实报告生产安全事故。

第五，施工单位在工程报价中应当包含工程施工的安全作业环境及安全施工措施所需费用。对列入建设工程概算的上述费用，应用于施工安全防护用具及设施的采购和更新、安全施工措施的落实、安全生产条件的改善，不得挪作他用。

第六，施工单位应当设立安全生产管理机构，按照国家有关规定配备专职安全生产管理人员。施工现场必须有专职安全生产管理人员。

专职安全生产管理人员负责对安全生产进行现场监督检查，发现生产安全事故隐患，应当及时向项目负责人和安全生产管理机构报告；对违章指挥、违章操作的，应当立即制止。

第七，施工单位在建设有度汛要求的水利工程时，应当根据项目法人编制的工程度汛方案、措施制订相应的度汛方案，报项目法人批准；涉及防汛调度或者影响其他工程、设施度汛安全的，由项目法人报有管辖权的防汛指挥机构批准。

第八，垂直运输机械作业人员、安装拆卸工、爆破作业人员、起重信号工、登高架设作业人员等特种作业人员，必须按照国家有关规定经过专门的安全作业培训，并取得特种作业操作资格证书后，才可上岗作业。

第九，施工单位应当在施工组织设计中编制安全技术措施和施工现场临时用电方案，对基坑支护与降水工程，土方和石方开挖工程，模板工程，起重吊装工程，脚手架工程，拆除、爆破工程，围堰工程，达到一定规模的危险性较大的工程应当编制专项施工方案，并附具安全验算结果，经施工单位技术负责人签字及总监理工程师核签后实施，由专职安全生产管理人员进行现场监督。对所列工程中涉及高边坡、深基坑、地下暗挖工程、高大模板工程的专项施工方案，施工单位还应当组织专家进行论证、审查（其中1/2专家应经项目法人认定）。

第十，施工单位在使用施工起重机械和整体提升脚手架、模板等自升式架设设施前，应当组织有关单位进行验收，也可以委托具有相应资质的检验检测机构进行验收；使用承租的机械设备和施工机具及配件的，由施工总承包单位、分包单位、出租单位和安装单位共同进行验收。验收合格的方可使用。

第十一，施工单位的主要负责人、项目负责人、专职安全生产管理人员应经水行政主管部门安全生产考核合格后方可任职。

施工单位应当对管理人员和作业人员每年至少进行一次安全生产教育培训，其教育培训情况记入个人工作档案。安全生产教育培训考核不合格的人员，不得上岗。

施工单位在采用新技术、新工艺、新设备、新材料时，应当对作业人员进行相应的安全生产教育培训。

第二节　水利工程生产安全事故的应急救援和调查处理

一、安全生产应急救援的要求

《水利工程建设安全生产管理规定》有关水利工程建设安全生产应急救援的要求主要分为：

第一，各级地方人民政府水行政主管部门应当根据本级人民政府的要求，制订本行政区域内水利工程建设特大生产安全事故应急救援预案，并报上一级人民政府水行政主管部门备案。流域管理机构应当编制所管辖的水利工程建设特大生产安全事故应急救援预案，并报水利部备案。

第二，项目法人应当组织制订本建设项目生产安全事故应急救援预案，并定期组织演练。应急救援预案应当包括紧急救援的组织机构、人员配备、物资准备、人员财产救援措施、事故分析与报告等方面的方案。

第三，施工单位应当根据水利工程施工的特点与范围，对施工现场易发生重大事故的部位、环节进行监控，制订施工现场生产安全事故应急救援预案。

二、水利工程安全事故报告制度

（一）施工报告的程序

施工单位发生生产安全事故，应当按照国家有关伤亡事故报告和调查处理的规定，及时、如实地向负责安全生产监督管理的部门以及水行政主管部门或者流域管理机构报告；特种设备发生事故的，还应当同时向特种设备安全监督管理部门报告。接到报告的部门应当按照国家有关规定，如实上报实行施工总承包的建设工程，由总承包单位负责上报事故。发生生产安全事故，项目法人及其他有关单位应当及时、如实地向负责安全生产监督管理的部门以及水行政主管部门或流域管理机构报告。

发生生产安全事故后，有关单位应当采取措施防止事故扩大，保护事故现场，需要移动现场物品时，应当做出标记和书面记录，妥善保管有关证物。

水利工程建设重大质量与安全事故发生后，事故现场有关人员应当立即报告本单位负责人。项目法人、施工等单位应当立即将事故情况按项目管理权限如实向流域机构或水行政主管部门和事故所在地人民政府报告，最迟不得超过 4 小时。流域机构或水行政主管部门接到事故报告后，应当立即报告上级水行政主管部门和水利部工程建设事故应急指挥部。水利工程建设过程中发生生产安全事故的，应当同时向事故所在地安全生产监督局报告；特种设备发生事故，应当同时向特种设备安全监督管理部门报告。接到报告的部门应当按照国家有关规定，如实上报。

报告的方式可先采用电话口头报告，随后递交正式书面报告。在法定工作日向水利部工程建设事故应急指挥部办公室报告，夜间和节假日向水利部总值班室报告，总值班室归口应负责向国务院报告。

各级水行政主管部门接到水利工程建设重大质量与安全事故报告后，应当遵循"迅速、准确"的原则，立即逐级报告同级人民政府和上级水行政主管部门。

对于水利部直管的水利工程建设项目及跨省（自治区、直辖市）的水利工程项目，在报告水利部的同时应当报告有关流域机构。

特别紧急的情况下，项目法人和施工单位以及各级水行政主管部门可直接向水利部报告。

（二）事故报告内容

1. 事故发生后及时报告的内容

第一，发生事故的工程名称、地点、建设规模和工期，事故发生的时间、地点、简要经过、事故类别和等级、人员伤亡及直接经济损失初步估算。

第二，有关项目法人、施工单位、主管部门名称及负责人联系电话，施工等单位的名称、资质等级。

第三，事故报告的单位、报告签发人及报告时间和联系电话等等。

2. 根据事故处置情况及时续报的内容

第一，有关项目法人、勘察、设计、施工、监理等工程参建单位名称、资质等级情况，单位以及项目负责人的姓名以及相关执业资格。

第二，事故原因分析。

第三，事故发生后采取的应急处置措施及事故控制情况。

第四，抢险交通道路可使用情况。

第五，其他需要报告的有关事项等。

各级应急指挥部应当明确专人对组织、协调应急行动情况进行详细记录。

（三）安全事故处理

安全事故处理坚持以下四原则：

第一，事故原因不清楚不放过。

第二，事故责任者和员工没受教育不放过。

第三，事故责任者没受处理不放过。

第四，没有制定防范措施不放过。

水利工程建设生产安全事故的调查、对于事故责任单位和责任人的处罚与处理，按照有关法律、法规的规定执行。

三、突发安全事故应急预案

（一）应急预案分类

根据国务院通过的《国家突发公共事件总体应急预案》，按照不同的责任主体，国家突发公共事件应急预案体系设计分为国家总体应急预案、专项应急预案、部门应急预案、地方应急预案、企事业单位应急预案五个层次。

《水利工程建设重大质量与安全事故应急预案》属于部门预案，是关于事故灾难的应急预案。《水利工程建设重大质量与安全事故应急预案》适用于水利工程建设过程中突然发生且已经造成或者可能造成重大人员伤亡、重大财产损失，有重大社会影响或涉及公共安全的重大质量与安全事故的应急处置工作。按照水利工程建设质量与安全事故发生的过程、性质和机理，水利工程建设重大质量与安全事故主要包括：

第一，施工中土石方塌方和结构坍塌安全事故；第二，特种设备或者施工机械安全事故；第三，施工围堰坍塌安全事故；第四，施工爆破安全事故；第五，施工场地内道路交通安全事故；第六，施工中发生的各种重大质量事故；第七，其他原因造成的水利工程建设重大质量与安全事故

水利工程建设中发生的自然灾害（如洪水、地震等）、公共卫生事件、社会安全等事件，依照国家和地方相应应急预案执行。

应急工作应当遵循"以人为本，安全第一；分级管理、分级负责；属地为主，条块结合；集中领导、统一指挥；信息准确、运转高效；预防为主，平战结合"的原则。

（二）应急组织指挥体系

水利工程建设重大质量与安全事故应急组织指挥体系由水利部及流域机构、各级水行政主管部门的水利工程建设重大质量与安全事故应急指挥部、地方各级人民政府、水利工程建设项目法人以及施工等工程参建单位的质量与安全事故应急指挥部组成水利工程建设重大质量与安全事故应急组织指挥体系中：

第一，水利部设立水利工程建设重大质量与安全事故应急指挥部，水利部工程建设事故应急指挥部在水利部安全生产领导小组的领导之下开展工作。

第二，水利部工程建设事故应急指挥部下设办公室，作为其日常办事机构。水利部工程建设事故应急指挥部办公室设在水利部建设与管理司。

第三，水利部工程建设事故应急指挥部下设专家技术组、事故调查组等若干个工作组，各工作组在水利部工程建设事故应急指挥部的组织协调下，为事故应急救援和处置提供专业支援与技术支撑，开展具体应急处置工作。

（三）安全事故应急处置指挥部与主要职责

1. 应急处置指挥部

在本级水行政主管部门的指导下，水利工程建设项目法人应当组织制订本工程项目建设质量与安全事故应急预案（水利工程项目建设质量与安全事故应急预案应当报工程所在地县级以上水行政主管部门以及项目法人的主管部门备案）。建立工程项目建设质量与安全事故应急处置指挥部。工程项目建设质量与安全事故应急处置指挥部的组成如下：

指挥：项目法人主要，负责人。

副指挥：工程各参建单位主要负责人。

成员：工程各参建单位有关人员。

2. 工程项目建设质量与安全事故应急处置指挥部的主要职责

第一，制订工程项目质量与安全事故应急预案（包括专项应急预案），明确工程各参建单位的责任，落实应急救援的具体措施。

第二，事故发生后，执行现场应急处置指挥机构的指令，及时报告并组织事故应急救援和处置，防止事故的扩大和后果的蔓延，尽力减少损失。

第三，及时向地方人民政府、地方安全生产监督管理部门和有关水行政主管部门应急指挥机构报告事故情况。

第四，配合工程所在地人民政府有关部门划定并且控制事故现场的范围、实施必要的交通管制及其他强制性措施、组织人员和设备撤离危险区等。

第五，按照应急预案，做好和工程项目所在地有关应急救援机构和人员的联系沟通。

第六，配合有关水行政主管部门应急处置指挥机构及其他有关主管部门发布和通报有关信息。

第七，组织事故善后工作，配合事故调查、分析和处理。

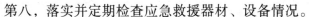

第八，落实并定期检查应急救援器材、设备情况。

第九，组织应急预案的宣传、培训和演练。

第十，完成事故救援和处理的其他相关工作。

（四）施工质量与安全事故应急预案制订

承担水利工程施工的施工单位应当制订本单位施工质量与安全事故应急预案，建立应急救援组织或者配备应急救援人员，配备必要的应急救援器材、设备，并定期组织演练。水利工程施工企业应明确专人维护救援器材、设备等。在工程项目开工前，施工单位应当根据所承担的工程项目施工特点和范围，制订施工现场施工质量与安全事故应急预案，建立应急救援组织或配备应急救援人员并明确职责。在承包单位的统一组织下，工程施工分包单位（包括工程分包和劳务作业分包）应当按照施工现场施工质量与安全事故应急预案，建立应急救援组织或配备应急救援人员并明确职责。施工单位的施工质量与安全事故应急预案、应急救援组织或配备的应急救援人员和职责应当与项目法人制订的水利工程项目建设质量与安全事故应急预案协调一致，并且将应急预案报项目法人备案。

（五）预警预防行动

施工单位应当根据建设工程的施工特点和范围，加强对施工现场易发生重大事故的部位、环节进行监控，配备救援器材、设备，并定期组织演练。对可能导致重大质量与安全事故后果的险情，项目法人和施工等知情单位应当按项目管理权限立即报告流域机构或水行政主管部门和工程所在地人民政府，必要时可越级上报至水利部工程建设事故应急指挥部办公室；对可能造成重大洪水灾害的险情，项目法人和施工单位等知情单位应当立即报告所在地防汛指挥部，必要时可越级上报到国家防汛抗旱总指挥部办公室。项目法人、各级水行政主管部门接到能导致水利工程建设重大质量与安全事故的信息后，及时确定应对方案，通知有关部门、单位采取相应行动预防事故发生，并按照预案做好应急准备。

（六）事故现场指挥协调和紧急处置

第一，水利工程建设发生质量与安全事故后，在工程所在地人民政府的统一领导下，迅速成立事故现场应急处置指挥机构负责统一领导、统一指挥、统一协调事故应急救援工作。事故现场应急处置指挥机构由到达现场的各级应急指挥部和项目法人、施工等工程参建单位组成。

第二，水利工程建设发生重大质量与安全事故后，项目法人与施工等工程参建单位必须迅速、有效地实施先期处置，防止事故进一步扩大，并全力协助开展事故应急处置工作。

各级水行政主管部门要按照有关规定，及时组织有关部门和单位进行事故调查，认真吸取教训，总结经验，及时进行整改。重大质量与安全事故调查应严格按照国家有关规定进行。其中，重大质量事故调查应当执行《水利工程质量事故处理暂行规定》的有关规定。

（七）应急保障措施

应急保障措施包括通信与信息保障、应急支援与装备保障、经费与物资保障。

1. 通信与信息保障

第一，各级应急指挥机构部门及人员通信方式应当报上一级应急指挥部备案，其中省级水行政主管部门以及国家重点建设项目的项目法人应急指挥部的通信方式报水利部和流域机构备案。通信方式发生变化的，应及时通知水利部工程建设事故应急指挥部办公室以便及时更新。

第二，正常情况下，各级应急指挥机构和主要人员应当保持通信设备24小时正常畅通。

2. 应急支援与装备保障

（1）工程现场抢险及物资装备保障

第一，根据可能突发的重大质量与安全事故性质、特征、后果及其应急预案要求，项目法人应当组织工程有关施工单位配备适量应急机械、设备、器材等物资装备，以保障应急救援调用。

第二，重大质量与安全事故发生时，应当首先充分利用工程现场既有的应急机械、设备、器材。同时，在地方应急指挥部的调度之下，动用工程所在地公安、消防、卫生等专业应急队伍和其他社会资源。

（2）应急队伍保障

各级应急指挥部应当组织好三支应急救援基本队伍：

第一，工程设施抢险队伍，由工程施工等参建单位的人员组成，负责事故现场工程设施抢险和安全保障工作。

第二，专家咨询队伍，由从事科研、勘察、设计、施工、监理、质量监督、安全监督、质量检测等工作的技术人员组成，负责事故现场的工程设施安全性能评价与鉴定，研究应急方案，提出相应应急对策和意见，并负责从工程技术角度对已发事故还可能引起或产生的危险因素进行及时分析预测。

第三，应急管理队伍，由各级水行政主管部门的有关人员组成，负责接收同级人民政府和上级水行政主管部门的应急指令、组织各有关单位对水利工程建设重大质量与安全事故进行应急处置，并且与有关部门进行协调和信息交换。

（3）经费与物资保障

经费与物资保障应当做到地方各级应急指挥部确保应急处置过程中的资金和物资供给。

（八）宣传、培训和演练

公众信息宣传交流应当做到：水利部应急预案及相关信息公布范围至流域机构、省级水行政主管部门。项目法人制订的应急预案应当公布至工程各参建单位及相关责任人，并向工程所在地人民政府及有关部门备案。

培训应当做到：

第一，水利部负责对各级水行政主管部门以及国家重点建设项目的项目法人应急指挥机构有关工作人员进行培训。

第二，项目法人应当组织水利工程建设各参建单位人员进行各类质量与安全事故及应急预案教育，对应急救援人员进行上岗前培训和常规性培训。培训工作应结合实际，采取多种形式，定期和不定期相结合，原则上每年至少组织一次。

（九）监督检查

水利部工程建设事故应急指挥部对流域机构、省级水行政主管部门应急指挥部实施应急预案进行指导和协调。按照水利工程建设管理事权划分，由水行政主管部门应急指挥部对项目法人以及工程项目施工单位应急预案进行监督检查，对于工程各参建单位实施应急预案进行督促检查。

第三节　施工安全技术

一、汛期安全技术

水利水电工程度汛是指从工程开工到竣工期间由围堰及未完成的大坝坝体拦洪或围堰过水及未完成的坝体过水，使永久建筑不受洪水威胁。施工度汛即保护跨年度施工的水利水电工程在施工期间安全度过汛期，而不遭受洪水损害的措施。此项工作由建设单位负责计划、组织、安排和统一领导。

建设单位应组织成立有施工、设计、监理等单位参加的工程防汛机构，负责工程安全度汛工作。应组织制订度汛方案及超标准洪水的度汛预案。建设单位应做好汛期水情预报工作，准确提供水文气象信息，预测洪峰流量及到来时间和过程，及时通告各单位。设计单位应于汛前提出工程度汛标准、工程形象面貌及度汛要求。

施工单位应按设计要求和现场施工情况制定度汛措施，报建设（监理）单位审批后成立防汛抢险队伍，配置足够的防汛抢险物资，随时做好防汛抢险的准备工作。

二、施工道路及交通

第一，施工生产区内机动车辆临时道路应符合道路纵坡不宜大于8%，进入基坑等特殊部位的个别短距离地段最大纵坡不得超过15%；道路最小转变半径不得小于15m，路面宽度不得小于施工车辆宽度的1.5倍，且双车道路面宽度不宜窄于7.0m，单车道不宜窄于4.0m。单车道应当在可视范围内设有会车位置等要求。

第二，施工现场临时性桥梁应根据桥梁的用途、承重载荷和相应技术规范进行设计修建，并符合宽度应不小于施工车辆最大宽度的 1.5 倍；人行道宽度应不小于 1.0m，并应设置防护栏杆等要求。

第三，施工现场架设临时性跨越沟槽的便桥和边坡栈桥应符合以下要求：①基础稳固、平坦、畅通；②人行便桥、栈桥宽度不得小于 1.2 m；③手推车便桥、栈桥宽度不得小于 1.5m；④机动翻斗车便桥、栈桥，应根据荷载进行设计施工，其最小宽度不得小于 2.5m；⑤设有防护栏杆。

第四，施工现场工作面、固定生产设备及设施处所等应当设置人行通道，并符合宽度不小于 0.6m 等要求。

三、工地消防

第一，根据施工生产防火安全的需要，合理布置消防通道和各种防火标志，消防通道应保持通畅，宽度不得小于 3.5m。

第二，闪点在 45℃以下的桶装、罐装易燃液体不可露天存放，存放处应有防护栅栏，通风良好。

第三，施工生产作业区与建筑物之间的防火安全距离应遵守下列规定：①用火作业区距所建的建筑物和其他区域不得小于 25m；②仓库区、易燃可燃材料堆集场距所建的建筑物和其他区域不小于 20m；③易燃品集中站距所建的建筑物和其他区域不小于 30m。

第四，加油站、油库，应当遵守下列规定：①独立建筑，与其他设施、建筑之间的防火安全距离应不小于 50m；②周围应设有高度不低于 2.0 m 的围墙、栅栏；③库区内道路应为环形车道，路宽应不小于 3.5m，并设有专门消防通道，保持畅通；④罐体应装有呼吸阀、阻火器等防火安全装置；⑤应安装覆盖库（站）区的避雷装置，且应定期检测，其接地电阻不大于 10Ω ⑥罐体、管道应设防静电接地装置，接地网、线用 40mm×4mm 扁钢或如 φ10 圆钢埋设，且应定期检测，其接地电阻不大于 30Ω；⑦主要位置应设置醒目的禁火警示标志及安全防火规定标志；⑧应配备相应数量的泡沫、干粉灭火器和砂土等灭火器材；⑨应使用防爆型动力和照明电气设备；⑩库区内严禁一切火源、吸烟及使用手机；⑪工作人员应熟练使用灭火器材和掌握消防常识；⑫运输使用的油罐车应密封，并有防静电设施。

第五，木材加工厂（场、车间）应遵守下列规定：①独立建筑，与周围其他设施、建筑之间的安全防火距离不小于 20 m；②安全消防通道保持畅通；③原材料、半成品、成品堆放整齐有序，并留有足够的通道，保持畅通；④木屑、刨花、边角料等废弃物及时清除，严禁置留在场内，保持场内整洁；⑤设有 10m³ 以上的消防水池、消火栓及相应数量的灭火器材；⑥作业场所之内禁止使用明火和吸烟；⑦明显位置设置醒目的禁火警示标志及安全防火规定标志。

四、季节施工

昼夜平均气温低于5℃或最低气温低于-3℃时，应编制冬期施工作业计划，并应制定防寒、防毒、防滑、防冻、防火、防爆等安全措施。

五、施工用电要求

施工单位应编制施工用电方案及安全技术措施从事电气作业人员，应持证上岗；非电工及无证人员禁止从事电气作业从事电气安装、维修作业的人员应掌握安全用电基本知识和所用设备的性能，按规定穿戴和配备好相应的劳动防护用品，定期进行体检。

（一）安全用电距离

旋转臂架式起重机的任何部位或被吊物边缘与10 kV以下的架空线路边线最小水平距离不得小于2m。

施工现场开挖非热管道沟槽的边缘与埋地外电缆沟槽边缘之间的距离不得小于0.5m。

对达不到规定的最小距离的部位，应采取停电作业或者增设屏障、遮栏、围栏、保护网等安全防护措施，并悬挂醒目的警示标志牌。

用电场所电气灭火应选择适用于电气的灭火器材，不得使用泡沫灭火器。

（二）现场临时变压器安装

施工用的10 kV及以下变压器装于地面时，应有0.5m的高台，高台的周围应装设栅栏，其高度不低于1.7m，栅栏与变压器外廓的距离不可小于1m，杆上变压器安装的高度应不低于2.5m，并挂"止步、高压危险"的警示标志。变压器的引线应采用绝缘导线。

（三）施工照明

现场照明宜采用高光效、长寿命的照明光源，对需要大面积照明的场所，宜采用高压汞灯、高压钠灯或混光用的卤钨灯。照明器具的选择应遵守下列规定：

第一，正常湿度时，选用开启式照明器。

第二，潮湿或特别潮湿的场所，应选用密闭型防水防尘照明器或配有防水灯头的开启式照明器。

第三，含有大量尘埃但无爆炸和火灾危险的场所，应采用防尘型照明器。

第四，对有爆炸和火灾危险的场所，应按危险场所等级选择相应的防爆型照明器。

第五，在振动较大的场所，应选用防振型照明器。

第六，对有酸碱等强腐蚀的场所，应当采用耐酸碱型照明器。

第七，照明器具和器材的质量均应符合有关标准、规范的规定，不得使用绝缘老化或破损的器具和器材。

第八，照明变压器应使用双绕组型，严禁使用自耦变压器。

一般场所宜选用额定电压为220 V的照明器，对特殊场所地下工程，有高温、导电灰尘，且灯具离地面高度低于 2.5m 等场所的照明，电源电压应不大于 36V；地下工程作业、夜间施工或自然采光差等场所，应设一般照明、局部照明或混合照明，并应装设自备电源的应急照明在潮湿和易触及带电体场所的照明电源电压不得大于 24V；在特别潮湿的场所、导电良好的地面、锅炉或金属容器内工作的照明电源电压不得大于 12V。

行灯电源电压不超过 36 V；灯体与手柄连接坚固、绝缘良好并且耐热耐潮湿；灯头与灯体结合牢固，灯头无开关；灯泡外部有金属保护网；金属网、反光罩、悬吊挂钩固定在灯具的绝缘部位上。

六、高处作业

（一）高处作业分类

凡在坠落高度基准面 2m 和 2m 以上有可能坠落的高处进行作业，均称为高处作业。高处作业的种类分为一般高处作业与特殊高处作业两种。

一般高处作业是指特殊高处作业以外的高处作业。高处作业的级别：高度在 2 ~ 5m 时，称为一级高处作业；高度在 5 ~ 15m 时，称为二级高处作业；高度在 15 ~ 30m 时，称为三级高处作业；高度在 30m 以上时，称为特级高处作业。

特殊高处作业分为以下几个类别：强风高处作业、异温高处作业、雪天高处作业、雨天高处作业、夜间高处作业、带电高处作业、悬空高处作业、抢救高处作业。

（二）安全防护措施

进行三级、特级、悬空高处作业时，应事先制定专项安全技术措施。施工之前，应向所有施工人员进行技术交底。

高处作业下方或附近有煤气、烟尘及其他有害气体，应采取排除或隔离等措施，否则不得施工。在坝顶、陡坡、屋顶、悬崖、杆塔、吊桥、脚手架以及其他危险边沿进行悬空高处作业时，临空面应搭设安全网或防护栏杆。

高处作业前，应检查排架、脚手板、通道、马道、梯子和防护设施，符合安全要求方可作业。高处作业使用的脚手架平台，应铺设固定脚手板，临空边缘应设高度不低于 1.2m 的防护栏杆。安全网应随着建筑物的升高而提高，安全网距离工作面的最大高度不超过 3m。安全网搭设外侧比内侧高 0.5 m，长面拉直拴牢在固定的架子或固定环上。

在 2m 以下高度进行工作时，可使用牢固的梯子、高凳或设置临时小平台，禁止站在不牢固的物件（如箱子、铁桶、砖堆等物）上进行工作。

从事高处作业时，作业人员应系安全带。高处作业的下方，应设置警戒线或隔离防护棚等安全措施。特殊高处作业，应有专人监护，并且有与地面联系信号或可靠的通信装置。遇有六级及以上的大风，禁止从事高处作业。

上下脚手架、攀登高层构筑物，应走斜马道或梯子，不得沿绳、立杆或栏杆攀爬。

高处作业时，不得坐在平台、孔洞、井口边缘，不得骑坐在脚手架栏杆、躺在脚手板上或安全网内休息，不得站在栏杆外的探头板上工作和凭借栏杆起吊物件。

在石棉瓦、木板条等轻型或简易结构上施工及进行修补、拆装作业时，应采取可靠的防止滑倒、踩空或因材料折断而坠落的防护措施。

高处作业周围的沟道、孔洞井口等，应用固定盖板盖牢或设围栏。

（三）常用安全工具

安全帽、安全带、安全网等施工生产使用的安全防护用具，应当符合国家规定的质量标准，具有厂家安全生产许可证、产品合格证和安全鉴定合格证书，否则不得采购、发放和使用。

高处临空作业应按规定架设安全网，作业人员使用的安全带，应挂在牢固的物体或可靠的安全绳上，安全带严禁低挂高用。拴安全带用的安全绳不宜超过 3m。

在有毒有害气体可能泄漏的作业场所，应当配置必要的防毒护具，以备急用，并及时检查维修更换，保证其处在良好的待用状态。

电气操作人员应根据工作条件选用适当的安全电工用具和防护用品，电工用具应符合安全技术标准并定期检查，凡不符合技术标准要求的绝缘安全用具、登高作业安全工具、携带式电压和电流指示器，以及检修中的临时接地线等，均不得使用。

七、堤防工程施工安全技术

（一）堤防基础施工

第一，堤防地基开挖较深时，应制定防止边坡坍塌和滑坡的安全技术措施。对深基坑支护应进行专项设计，作业前应检查安全支撑及挡护设施是否良好，确认符合要求后，方可施工。

第二，当地下水位较高或在黏性土、湿陷性黄土上进行强夯作业时，应在表面铺设一层厚 50 ～ 200 cm 的砂、砂砾或者碎石垫层，以保证强夯作业安全。

第三，强夯夯击时，应做好安全防范措施，现场施工人员应戴好安全防护用品。夯击时，所有人员应退到安全线以外，应对强夯周围建筑物进行监测，以指导强夯参数的调整。

第四，地基处理采用砂井排水固结法施工时，为加快堤基的排水固结，应在堤基上分级进行加载，加载时应加强现场监测，防止出现滑动破坏等失稳事故。

第五，软弱地基处理采用抛石挤淤法施工时，应经常对机械作业部位进行检查。

（二）防护工程施工

第一，人工抛石作业时，应按照计划制订的程序进行，严禁随意抛掷，以防止意外事故发生。

第二，抛石所使用的设备应安全可靠、性能良好，严禁使用没有安全保险装置的机具进行作业。

第三，抛石护脚时，应注意石块体重心位置，严禁起吊有破裂、脱落、危险的石块体。起重设备回转时，严禁起重设备工作范围和抛石工作范围内进行其他作业和有人员停留。

第四，抛石护脚施工时除操作人员外，严禁有人停留。

（三）堤防加固施工

第一，砌石护坡加固，应在汛期前完成；当加固规模、范围较大时，可拆一段砌一段，但分段宜大于 50m；垫层的接头处应确保施工质量，新、老砌体应结合牢固，连接平顺。

确需汛期施工时，分段长度可根据水情预报情况以及施工能力而定，防止意外事故发生。

第二，护坡石沿坡面运输时，使用的绳索、刹车等设施应满足负荷要求，牢固可靠，在吊运时不应超载，发现问题及时检修：垂直运送料具时，应有联系信号，专人指挥。

第三，堤防灌浆机械设备作业前应检查是否良好，安全设施防护用品是否齐全，警示标志设置是否标准，经检查确认符合要求后，方可施工。

（四）防汛抢险施工

堤防防汛抢险施工的抢护原则为前堵后导、强身固脚、减载平压、缓流消浪。施工中应遵守各项安全技术要求，不应违反程序作业。

第一，堤身漏洞险情的抢护应遵守下列规定：①堤身漏洞险情的抢护以"前截后导，临重于背"为原则。在抢护时，应在临水侧截断漏水来源，在背水侧漏洞出水口处采用反滤围井的方法，防止险情扩大。②堤身漏洞险情在临水侧抢护以人力施工为主时，应配备足够的安全设施，且由专人指挥和专人监护，确认安全可靠之后，方可施工。③堤身漏洞险情在临水侧抢护以机械设备为主时，机械设备应靠站或行驶在安全或经加固可以确认为较安全的堤身上，防止因漏洞险情导致设备下陷、倾斜或失稳等其他安全事故。

第二，管涌险情的抢护宜在背水面，采取反滤导渗，控制涌水，给渗水以出路。以人力施工为主进行抢护时，应注意检查附近堤段水浸后变形情况，如有坍塌危险，应及时加固或采取其他安全有效的方法。

第三，当遭遇超标准洪水或有可能超过堤坝顶时，应迅速进行加高抢护，同时做好人员撤离安排，及时将人员、设备转移到安全地带。

第四，为削减波浪的冲击力，应在靠近堤坡的水面设置芦柴、柳枝、湖草和木料等材料的捆扎体，并且设法锚定，防止被风浪水流冲走。

第五，当发生崩岸险情时，应抛投物料，如石块、石笼、混凝土多面体、土袋和柳石枕等，以稳定基础，防止崩岸进一步发展；应密切关注险情发展的动向，时刻检查附近堤身的变形情况，及时采取正确的处理措施，并向附近居民示警。

第六，堤防决口抢险应遵守下列规定：①当堤防决口时，除有关部门快速通知附近居民安全转移外，抢险施工人员应配备足够的安全救生设备；②堤防决口施工应在水面以上进行，并逐步创造静水闭气条件，确保人身安全；③当在决口抢筑裹头时，应在水浅流缓、土质较好的地带采取打桩、抛填大体积物料等安全裹护措施，防止裹头处突然坍塌将人员与设备冲走；④决口较大采用沉船截流时，应采取有效的安全防护措施，防止沉船底部不平整发生移动而给作业人员造成安全隐患。

八、水闸施工安全技术

（一）土方开挖

第一，建筑物的基坑土方开挖应本着先降水、后开挖的施工原则，并结合基坑的中部开挖明沟加以明排。

第二，降水措施应视地质条件而定，在条件许可时，提前进行降水试验，以验证降水方案的合理性。

第三，降水期间必须对基坑边坡及周围建筑物进行安全监测，发现异常情况及时研究处理措施，保证基坑边坡和周围建筑物的安全，做到信息化施工。

第四，若原有建筑物距基坑较近，视工程的重要性和影响程度，可以拆迁或进行适当的支护处理。基坑边坡视地质条件，可以采用适当防护措施。

第五，在雨季，尤其是汛期必须做好基坑的排水工程，安装足够的排水设备。

第六，基坑土方开挖完成或基础处理完成，应及时组织基础隐蔽工程验收，及时浇筑垫层混凝土以对基础进行封闭。

第七，基坑降水时应符合下列规定：①基坑底、排水沟底、集水坑底应保持一定深差。②集水坑和排水沟应设置在建筑物底部轮廓线以外一定距离。③基坑开挖深度较大时，应分级设置马道和排水设施。④流砂、管涌处应采取反滤导渗措施。第八，基坑开挖时，在负温下，挖除保护层之后应采取可靠的防冻措施。

（二）土方填筑

第一，填筑前，必须排除基坑底部的积水、清除杂物等，宜采用降水措施将基底水位降至 0.5m 以下。

第二，填筑土料，应符合设计要求。

第三，岸墙、翼墙后的填土应分层回填、均衡上升。靠近岸墙、翼墙、岸坡的回填土宜用人工或小型机具夯压密实，铺土厚度宜适当减薄。

第四，高岸、翼墙后的回填土应当按通水前后分期进行回填，以减小通水前墙体后的填土压力。

第五，高岸、翼墙后应布置排水系统，以减小填土中水压力。

（三）地基处理

第一，原状土地基开挖到基底前预留 30 ~ 50 cm 保护层，在基础施工前，宜采用人工挖出，并将基底平整，对局部超挖或低洼区域宜采用碎石回填。基底开挖之前，宜做好降排水，保证开挖在干燥状态下施工。

第二，对加固地基，基坑降水应降至基底面以下 50 cm，保证基底干燥平整，以利于地基处理设备施工安全。施工作业和移机过程中，应将设备支架的倾斜度控制在其规定值之内，严防设备倾覆事故的发生。

第三，对桩基施工设备操作人员，应进行操作培训，取得合格证书后方可上岗。

第四，在正式施工前，应先进行基础加固的工艺试验，工艺及参数批准后开始施工。成桩后，应按照相关规范的规定抽样，进行单桩承载力和复合地基承载力试验，以验证加固地基的可靠性。

（四）预制构件制作与吊装

第一，每天应对锅炉系统进行检查，每批蒸养混凝土构件之前，应对通汽管路、阀门进行检查，一旦损坏及时更换。

第二，应定期对蒸养池的顶盖的提升桥机或吊车进行检查和维护。

第三，在蒸养过程中，锅炉或管路发现异常情况，应当及时停止蒸汽的供应。同时，无关人员不应站在蒸养池附近。

第四，浇筑后，构件应停放 2 ~ 6 h，停放温度一般为 10 ~ 20℃。

第五，升温速率：当构件表面系数大于等于 6 时，不宜超过 15℃ /h；表面系数小于 6 时，不宜超过 10℃ /h。

第六，恒温时的混凝土温度，不宜超过 80℃，对湿度应为 90% ~ 100%。

第七，降温速率：表面系数大于等于 6 时，不应超过 10℃ /h；表面系数小于 6 时，不应超过 5℃ /h；出池后构件表面与外界温差不应大于 20℃。

第八，大件起吊运输应有单项技术措施。起吊设备操作人员必须具有特种操作许可。

第九，起吊前，应认真检查所用一切工具设备，均应良好

第十，起吊设备起吊能力应有一定的安全储备。必须对起吊构件的吊点和内力进行详细的内力复核验算，非定型的吊具和索具均应验算，符合有关规定后才可使用。

第十一，各种物件正式起吊前，应先试吊，确认可靠后方可正式起吊。

第十二，起吊前，应先清理起吊地点及运行通道的障碍物，通知无关人员避让，并应选择恰当的位置及随物护送的路线。

第十三，应指定专人负责指挥操作人员进行协同的吊装作业各种设备的操作信号必须事先统一规定。

第十四，在闸室上、下游混凝土防渗铺盖上行驶重型机械或者堆放重物时，必须经过验算。

（五）永久缝施工

第一，一切预埋件应安装牢固，严禁脱落伤人。

第二，采用紫铜止水片时，接缝必须焊接牢固，焊接后应采用柴油渗透法检验是否渗漏，并须遵守焊接的有关安全技术操作规程。采用塑料和橡胶止水片时，应避免油污和长期暴晒，并应有保护措施。

第三，结构缝使用柔性材料嵌缝处理时，应当搭设稳定牢固的安全脚手架，系好安全带，逐层作业。

水利工程施工安全的相关技术还有许多，篇幅所限，这里不再一一介绍。

第四节　文明施工与环境管理

一、文明施工

（一）文明工地建设标准

1. 质量管理

质量保证体系健全，工程质量得到有效控制，工程内外观质量优良，质量事故和缺陷处理及时，质量管理档案规范、真实、归档及时等等。

2. 综合管理

文明工地创建计划周密、组织到位、制度完善、措施落实，参建各方信守合同，严格按照基本建设程序，遵纪守法、爱岗敬业，职工文体活动丰富、学习气氛浓厚，信息管理规范，关系融洽，能正确处理周边群众关系、营造良好施工环境。

3. 安全管理

安全管理制度和责任制度完善，应急预案有针对性和可操作性，实行定期安全检查制度，无生产安全事故。

4. 施工区环境

现场材料堆放、机械停放有序整齐，施工道路布置合理、畅通，做到完工清场，安全设施和警示标志规范，办公生活区等场所整洁、卫生，生态保护及职业健康条件符合国家有关规定标准，防止或减少粉尘、噪声、废弃物、照明、废气、废水对人与环境的危害，防止污染措施得当。

（二）文明工地申报

1. 有下列情况之一的，不得申报文明工地：

第一，干部职工发生刑事和经济案件被处主刑的，违法乱纪受到党纪政纪处分的。

第二，出现过重大质量事故和一般安全事故、环保事件。

第三，被水行政主管部门或有关部门通报批评或者处罚。

第四，拖欠工程款、民工工资或与当地群众发生重大冲突等事件，造成严重社会影响。

第五，未严格实行项目法人责任制、招标投标制、建设监理制"三项制度"。

第六，建设单位未按基本建设程序办理有关事宜。

第七，发生重大合同纠纷，造成不良影响。

2. 申报条件

第一，已完工程量一般应达全部建安工程量的 20% 及以上或主体工程完工一年以内。

第二，创建文明建设工地半年之上。

第三，工程进度满足总进度要求。

（三）申报程序

工程在项目法人党组织统一领导下，主要领导为第一责任人，各部门齐抓共管，全员参与的文明工地创建活动，实行届期制，每两年命名一次。上一届命名"文明工地"的，如果符合条件，可继续申报下一届。

1. 自愿申报

以建设管理单位所管辖一个项目，或者其中的一个项目、一个标段、几个标段为一个文明工地由项目法人申报。

2. 逐级推荐

县级水行政主管部门负责对申报单位的现场考核，并逐级向省、市水行政文明办会同建管单位考核，优中选优向本单位文明委推荐申报名单。

流域机构所属项目由流域机构文明委会同建设与管理单位考核推荐。中央和水利部项目直接向水利部文明办申报。

3. 考核评审

水利部文明办会同建设与管理司组织审核、评定，报水利部文明委。

4. 公示评议

水利部文明委审议通过后，在水利部有关媒体上公示一周。

5. 审定命名

对符合标准的文明工地项目，由水利部文明办授予"文明工地"称号。

二、施工环境管理

（一）施工现场空气污染的防治

施工大气污染防治主要包括：土石方开挖、爆破、砂石料加工、混凝土拌和、物料运输和储存及废渣运输、倾倒产生的粉尘、扬尘防治；燃油、施工机械、车辆及生活燃煤排放废气的防治。

地下厂房、引水隧洞等土石方开挖、爆破施工应采取喷水、设置通风设施、改善地下洞室空气扩散条件等措施，减少粉尘和废气污染；砂石料加工宜采用湿法破碎的低尘工艺，降低转运落差，密闭尘源。

水泥、石灰、粉煤灰等细颗粒材料运输应采用密封罐车；采用敞篷车运输的，应用篷布遮盖。装卸、堆放中应防止物料流散,水泥临时备料场宜建在有排浆引流的混凝土搅拌场或预制场内,就近使用。

施工现场公路应定期养护,配备洒水车或采用人工洒水防尘;施工运输车辆宜选用安装排气净化器的机动车,使用符合标准的油料或清洁能源,减少尾气排放。

第一,施工现场垃圾、渣土要及时清理出现场。

第二,上部结构清理施工垃圾时,要使用封闭式的容器或者采取其他措施处理高空废弃物,严禁临空随意抛撒。

第三,施工现场道路应指定专人定期洒水清扫,形成制度,防止道路扬尘。

第四,对于细颗粒散体材料(如水泥、粉煤灰、白灰等)运输、储存要注意遮盖、密封,防止和减少飞扬。

第五,车辆开出工地要做到不带泥沙,基本做到不洒土、不扬尘,减少对周围环境的污染。

第六,除设有符合规定的装置外,禁止在施工现场焚烧油毡、橡胶、塑料、皮革、树叶、枯草、各种包装物等废弃物品以及其他会产生有毒、有害烟尘和恶臭气体的物质。

第七,机动车都要安装减少尾气排放的装置,确保符合国家标准。

第八,工地锅炉应尽量采用电热水器。若只能使用烧煤锅炉,应选用消烟除尘型锅炉,大灶应选用消烟节能回风炉灶,使烟尘降至允许排放范围内。

第九,在离村庄较近的工地应当将搅拌站封闭严密,并且在进料仓上方安装除尘装置,采用可靠措施控制工地粉尘污染。

第十,拆除旧建筑物时,应适当洒水,防止扬尘。

(二)施工现场水污染的防治

水利水电工程施工废污水的处理应包括施工生产废水和施工人员生活污水处理,其中施工生产废水主要包括砂石料加工系统废水、混凝土拌和系统废水等。

砂石料加工系统废水的处理应根据废水量、排放量、排放方式、排放水域功能要求和地形等条件确定。采用自然沉淀法进行处理时,应根据地形条件布置沉淀池,并保证有足够的沉淀时间,沉淀池应及时进行清理;采用絮凝沉淀法处理时,应当符合下列技术要求:废水经沉淀,加入絮凝剂,上清液收集回用,泥浆自然干化,滤池应及时清理。

混凝土拌和系统废水处理应结合工程布置,就近设置冲洗废水沉淀池,上清液可循环使用。废水宜进行中和处理。

生活污水不应随意排放,采用化粪池处理污水时,应及时清运。

在饮用水水源一级保护区和二级保护区内,不应设置施工废水排污口。生活饮用水水源取水点上游 1000m 和下游 100m 以内的水域,不可排入施工废污水。

施工过程水污染的防治措施如下:

第一,施工现场搅拌站废水、现制水磨石的污水、电石(碳化钙)的污水必须经沉淀池沉淀合格后再排放,最好将沉淀水用于工地洒水降尘或采取措施回收利用。

第二,现场存放油料的,必须对库房地面进行防渗处理,如采取防渗混凝土地面、铺油毡等措施。使用时，要采取防止油料跑、冒、滴、漏的措施，以免污染水体。

第三，施工现场100人以上的临时食堂的污水排放可设置简易有效的隔油池，定期清理，防止污染。

第四，工地临时厕所、化粪池应采取防渗漏措施。中心城市施工现场的临时厕所可采用水冲式厕所，并有防蝇、灭蛆措施，防止污染水体与环境。

（三）施工现场噪声的控制

施工噪声控制应包括施工机械设备固定噪声、运输车辆流动噪声、爆破瞬时噪声控制。固定噪声的控制：应选用符合标准的设备和工艺，加强设备的维护和保养，减少运行时的噪声。主要机械设备的布置应远离敏感点，并根据控制目标要求和保护对象，设置减噪、减振设施。

流动噪声的控制：应加强交通道路的维护和管理禁止使用高噪声车辆；在集中居民区、学校、医院等路段设禁止高声鸣笛标志，减缓车速，禁止夜间鸣放高音喇叭。

施工现场噪声的控制措施可从声源、传播途径、接收者的防护等方面来考虑。

从噪声产生的声源上控制，尽量采用低噪声设备和工艺代替高噪声设备和工艺，如低噪声振捣器、风机、电机空压机、电锯等。在声源处安装消声器消声，即在通风机、压缩机、燃气机、内燃机及各类排气放空装置等进出风管的适当位置设置消声器从噪声传播的途径上控制：

第一，吸声。利用吸声材料（大多由多孔材料制成）或由吸声结构形成的共振结构（金属或木质薄板钻制成的空腔体）吸收声能，降低噪声。

第二，隔声。应用隔声结构，阻碍噪声向空间传播，将接收者与噪声声源分隔。隔声结构包括隔声室、隔声罩、隔声屏障、隔声墙等等。

第三，消声。利用消声器阻止传播，通过消声器降低噪声，如控制空气压缩机、内燃机产生的噪声等。

第四，减振。对来自振动引起的噪声，可通过降低机械振动减小噪声，如将阻尼材料涂在振动源上，或改变振动源与其他刚性结构的连接方式等。

对接收者的防护可采用让处于噪声环境下的人员使用耳塞、耳罩等防护用品，减少相关人员在噪声环境中的暴露时间，以减轻噪声对人体的危害。

严格控制人为噪声，进入施工现场不得高声呐喊、无故摔打模板、乱吹口哨，限制高音喇叭的使用，最大限度地减少噪声扰民。

凡在居民稠密区进行强噪声作业的，严格控制作业时间，设置高度不低于1.8 m噪声围挡。控制强噪声作业的时间，施工车间和现场8h作业，噪声不得超过85dB（A）。

交通敏感点设置禁鸣标示，工程爆破应采用低噪声爆破工艺，并且避免夜间爆破。

（四）固体废弃物的处理

1. 回收利用

是对固体废弃物进行资源化、减量化处理的重要手段之一。建筑渣土可视其情况加

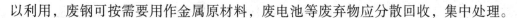

以利用，废钢可按需要用作金属原材料，废电池等废弃物应分散回收，集中处理。

2. 减量化处理

是对已经产生的固体废弃物进行分选、破碎、压实浓缩、脱水等，减少其最终处置量，从而降低处理成本，减少环境污染，在减量化处理的过程中，也包括和其他处理技术相关的工艺方法，如焚烧、热解、堆肥等。

3. 焚烧

用于不适合再利用且不宜直接予以填埋处理的废弃物，尤其是对于已受到病菌、病毒污染的物品，可以用焚烧的方法进行无害化处理。焚烧处理应当使用符合环境要求的处理装置，注意避免对大气的二次污染。

4. 固化

利用水泥、沥青等胶结材料，将松散的废弃物包裹起来，减少废弃物的毒性和可迁移性，减小二次污染。

5. 填埋

填埋是固体废弃物处理的最终技术，经过无害化、减量化处理的废弃物残渣集中在填埋场进行处置。填埋场利用天然或人工屏障，尽量使需要处理的废弃物与周围的生态环境隔离，并注意废弃物的稳定性与长期安全性。

（五）生态保护

1. 施工区水土流失防治的主要内容

施工场地应合理利用施工区内的土地，宜减少对原地貌的扰动和损毁植被。

料场取料应按水土流失防治要求减少植被破坏，剥离的表层熟土宜临时堆存作回填覆土。取料结束，应根据料场的性状、土壤条件和土地利用方式，及时进行土地平整，因地制宜恢复植被。

弃渣应及时清运至指定渣场，不得随意倾倒，采用先挡后弃的施工顺序，及时平整渣面、覆土。渣场应根据后期土地利用方式，及时进行植被恢复或作其他用地。

施工道路应及时排水、护坡，永久道路宜及时栽种行道树。

大坝区、引水系统及电站厂区应根据工程进度要求及时绿化，并且结合景观美化，合理布置乔、灌、花、草坪等。

2. 动植物保护的主要内容

工程施工不得随意损毁施工区外的植被，捕杀野生动物和破坏野生动物生存环境。工程施工区的珍稀濒危植物，采取迁地保护措施时，应根据生态适宜性要求，迁至施工区外移栽；采取就地保护措施时，应当挂牌登记，建立保护警示标志。

施工人员不得伤害、捕杀珍稀、濒危陆生动物和其他受保护的野生动物。施工人员在工程区附近发现受威胁或伤害的珍稀、濒危动物等受保护的野生动物时，应及时报告管理部门，采取抢救保护措施。

工程在重要经济鱼类、珍稀濒危水生生物分布水域附近施工时，不得捕杀受保护的水生生物。

工程施工涉及自然保护区，应执行国家和地方关于自然保护区管理规定。

（六）人群健康保护

1. 施工人员体检

施工人员应定期进行体检，预防异地病原体传入，避免发生相互交叉感染。体检应以常规项目为主，并根据施工人员健康状况和当地疫情，增加有针对性的体检项目。体检工作应委托有资质的医疗卫生机构承担，对体检结果提出处理意见并且妥善保存。施工区及附近地区发生疫情时，应对原住人群进行抽样体检。

工程建设各单位应建立职业卫生管理规章制度和施工人员职业健康档案，对从事尘、毒、噪声等职业危害的人员应每年进行一次职业体检，对确诊职业病的职工应及时给予治疗，并且调离原工作岗位。

2. 施工饮用水卫生

生活饮用水水源水质应满足水利工程施工强制性条文引用的《地表水环境质量标准》中的要求。施工现场应定期对生活饮用水取水区、净水池（塔）、供水管道末端进行水质监测。

3. 施工区环境卫生防疫

施工进场前，应对一般疫源地和传染性疫源地进行卫生清理。施工区环境卫生防疫范围应包括生活区、办公区及邻近居民区。施工生活区、办公区环境卫生防疫应包括定期防疫、消毒，建立疫情报告和环境卫生监督制度，防止自然疫源性疾病、介水传染病、虫媒传染病等疾病暴发流行。当发生疫情时，应当对邻近居民区进行卫生防疫。

第九章 我国水利工程管理发展战略

第一节 我国水利工程管理发展目标及任务

一、我国水利工程管理的基本原则

（1）坚持民生优先。着力解决群众最关心最直接最现实水利问题，推动民生水利新发展。

（2）坚持统筹兼顾。注重兴利除害结合、防灾减灾并重、治标治本兼顾，促进流域与区域、城市与农村、东中西部地区水利协调发展。

（3）坚持人水和谐。顺应自然规律与社会发展规律，合理开发优化配置、全面节约、有效保护水资源。

（4）坚持政府主导。发挥公共财政对水利发展的保障作用，形成了政府社会协同治水兴水合力。

（5）坚持改革创新。加快水利重点领域和关键环节改革攻坚，破解制约水利发展的体制机制障碍。

根据水利部关于深化水利改革的指导意见，指出改革基本原则如下：

（1）深化水利改革，要处理好政府与市场的关系，坚持政府主导办水利，合理划分中央与地方事权，更大程度更广范围地发挥市场机制作用。

（2）处理好顶层设计与实践探索的关系，科学制订水利改革方案，突出水利重要领域和关键环节的改革，充分发挥基层和群众的创造性。

（3）处理好整体推进与分类指导的关系，统筹推进各项水利改革，强化改革的综合配套和保障措施，区别不同地区不同情况，增强改革措施的针对性与有效性。

（4）处理好改革发展稳定的关系，把握好水利改革任务的轻重缓急和社会承受程度，广泛凝聚改革共识，提高改革决策的科学性。

由前后表述的细微变化看出，水利工程管理的指导原则更注重发挥市场机制的作用，更注重顶层设计理论指导与基层实践探索相互结，更强调处理整体推进与分类指导的关系，更注重发挥群众的创造性，这既是前面指导精神的进一步延伸，也是结合不同的发展形势下的进一步深入细化。基于此，我们认为，新时期我国水利工程管理的基本原则应遵循：

（1）坚持把人民群众利益放在首位。将保障和改善民生作为工作的根本出发点和落脚点，使水利发展成果惠及广大人民群众。

（2）坚持科学统筹和高效利用。通过科学决策的制定规划和系统推行的工作进程，把高效节约的用水理念和行动贯穿于经济社会发展和群众生活生产全过程，系统提升用水效率和综合效益。

（3）坚持目标约束和绩效管控。按照"以水四定"的社会经济发展理念，把水资源承载能力作为刚性约束目标，全面落实最严格水资源管理制度，并运用绩效管理办法将目标具体化到工作进程的各个环节，实现社会发展与水资源的协调均衡。

（4）坚持政府主导和市场协同。坚持政府在水利工程管理中主导地位，充分发挥市场在资源配置中的决定性作用，合理规划和有序引导民间资本与政府合作的经营管理模式，充分调动市场的积极性和创造力。

（5）坚持深化改革和创新发展。全面深化水利改革，创新发展体制机制，加快完善水法规体系，注重科技创新的关键作用，着力加强水利信息化建设，力争在重大科学问题和关键技术方面取得新突破。

二、我国水利工程管理发展的目标任务

（一）我国水利工程管理发展的目标

根据我国水利工程管理发展目标的现状，以及为实现我国形成较完善的工程管理目标体系，并且能够有效地完成我国水利工程发展战略的近期及中长期的目标，使得我国水利工程管理发展战略目标与经济社会发展基本相适应，水利工程管理得到比较科学、合理、高效的发展，使得我国工程管理实现良性循环。现把我国水利工程管理发展目标归纳如下：

1. 推行水利工程管理现代化目标管理的出发点

（1）目标管理，力求发挥水利工程的最大效益

从水利工程管理在国家和社会进步、行业发展过程中的作用角度来说，水利工程管理现代化发展目标是国家和社会对于水利工程管理者的基本要求，而现代化只是达到这个目标的技术手段，发展目标是不变的，而实现目标的现代化手段，是随着时代的发展可能不断变化。因此，有必要建立发展目标，根据管理效果来进行目标管理。

（2）以人为本，合理分配人力资源，充分尊重人的全面发展

为适应时代发展，建立以人为本的水利工程现代化管理目标，合理分配人力资源，充分尊重人的全面发展，需要采取顺畅的"管养分离"的管理体制和有效的激励机制，采用最少的、适应水利工程管理技术素质要求的、具有良好职业道德的管理人员，进行检测观测、运行管理、安全管理等工作，达到管理的目标。

（3）经济节约，力求社会资源得到科学合理的利用

建设现代化的水利工程设施，需要高额投资、高额维护。各地建设情况及需求不同，需要因地制宜，根据不同的情况设立不同的管理目标要求，不可一刀切。如果以统一标准来要求，则可能带来盲目的达标升级，造成国家资源的浪费。当然，对于频繁运用的、安全责任重大的大中型流域性水利工程，建立自动控制、视频监视、信息管理系统，甚至采取在线诊断技术，是非常必要的。对于很少运用的、安全责任相对较小的中小型区域性水利工程，则可以采取相对简单的控制技术，甚至无人值守。这可从国外发达国家的一些水利工程得到例证，他们采取的是相对简单的实用可靠的电子控制技术，甚至是原始的机械控制技术，同样达到管理的目标。因此不能说，简单实用的技术不属于水利工程管理现代化的内容。

2. 水利工程管理现代化发展目标的内涵

（1）水利工程达到设计标准，安全、可靠、耐久、经济，有文化品位。这主要是由工程建设决定的，不管流域性、区域性，还是部管省管、市县管工程，都要达到设计标准，具备一定的经济寿命，并保持良好的环境面貌，有一定的文化品位，是最基本的要求。至于采用何种最先进的控制技术和设备进行建设，与环境、投资等多种因素有关，与管理目标没有必然的因果关系。有的新工程、新设备的安全耐久性能未必比十九世纪五六十年代的好。这和转型时期人们一切为了经济效益的"浮躁"思想有关：一方面追求"现代化"，技术确实先进了；一方面追求经济效益，但制造质量降低了。这需要慎重对待尤其对于新技术、新设备、新材料、新工艺的应用，切不可贪图技术先进，而给后期水利工程管理带来持续的"麻烦"。外表再漂亮，内部不安全、不耐久，这肯定不是管理现代化的发展目标。

（2）各类工程设备具备良好的安全性能，运用时安全高效，发挥应有的设计效益。各类工程设备必须具备良好的安全性能，以便运用时安全高效，同时发挥出了应有的设计效益，这与管理水平密切相关，进行规范的检查观测、维修养护，可以掌握并保持设备良好的安全性能，能够灵活自如地运用，再加上规范的运行管理、安全管理，可以保

证工程发挥防洪、灌溉、供水、发电等各项功能。这是水利工程管理现代化最重要的目标。

（3）坚持公平和效率原则，管理队伍思想稳定，人尽其职，个人能力得到充分发挥。管理人员是水利工程管理现代化实现的基本保证，强调人的全面发展是人类社会可持续发展的必然要求。传统的水利管理单位管理模式往往存在机构臃肿、人员冗余等问题，干事的、混事的相互影响，再加上缺乏必要的公平的分配、激励机制往往导致管理效率不高。管养分离后的水利管理单位多为事业单位，内部人员相对精干，管理效能相对较高，是符合历史进步先进管理体制。

3. 推行水利工程管理现代化目标管理的途径

（1）各级水行政主管部门围绕发展目标落实管理任务

明确水利工程管理现代化发展目标后，各级水行政主管部门可以将其落实到所管的水利工程管理单位的发展任务中。通过统筹规划、组织领导、考核奖惩等措施，可整体推进地区水利工程管理现代化建设，提高地方水利工程管理现代化水平。从经济、实用角度，可对新建的水利工程的现代化控制手段提出指导性意见，尽量使用性价比高的可靠实用的标准化技术。使水利工程管理所需的维修、管理经费足额到位，为水利工程管理现代化建设创造基础条件。

（2）水利工程管理单位围绕发展目标推进现代化建设

水利工程管理单位应采取科学的管理手段，建立务实高效的内部运行机制，调动管理人员的积极性，努力发挥其创造性。将水利工程管理现代化建设各项具体任务的目标要求落实到人，并进行目标管理考核与奖惩。要建立以应急预案为核心的安全组织管理体系，确保水利工程安全运用，充分发挥效益，提高管理水平，保持单位的和谐稳定。

4. 推行水利工程管理现代化目标管理的重要意义

（1）符合现代水利治水思路的要求

现代水利的内涵包括四个方面：安全水利、资源水利、生态水利、民生水利。这同样是从国家和社会对于水利行业的要求角度提出的，也就是水利现代化的发展目标。对于水利工程管理单位来讲，达到管理现代化发展目标，就能满足保障防洪安全、保护水资源、改善生态、服务民生的目的。所以，推行水利工程管理现代化目标管理，是贯彻落实新时期治水思路的基本要求。

（2）符合水利工程管理考核的要求

水利行业正在推行的水利工程管理考核工作，是对水利工程管理单位管理水平的重要评价方法。该考核涉及水闸、水库、河道、泵站等水利工程，采用千分制，包括组织管理、安全管理、运行管理、组织管理四个方面，进行定量的评价其中管理现代化部分占 5%。应该说，得分 920 分以上、各类别得分率不低于 85% 的通过水利部考核的国家级水利工程管理单位，代表全国水利工程管理最高水平，可以将其定性为实现了水利工程管理现代化，或至少可以认定其水利工程管理现代化水平较高。而建立水利工程管理现代化发展目标，与水利工程管理考核的目标管理思路保持一致，也是来源于对水利工程管理考核标准的深入理解和实践检验。由此，水利工程管理考核标准可认为是水利工

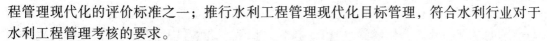

程管理现代化的评价标准之一；推行水利工程管理现代化目标管理，符合水利行业对于水利工程管理考核的要求。

（3）符合水利行业实际发展的要求

我国水利工程管理单位众多，如果以较为超前的自动监控、信息管理等技术要求，作为水利工程管理现代化评价指标，则可能形成大家过分追求水利工程设施、监控手段、人员素质的现代化的现象。国家不可能投入"达标"所需要的巨额资金，全国水利工程管理单位必然会拖国家及地方现代化的后腿，这不利于行业的发展与进步。而建立水利工程管理现代化发展目标，回避技术手段现代化问题，并实行实事求是的目标管理，则水利工程管理单位将会把工作重点放在内部规范化、制度化、科学化管理上，既有利于保障水利工程效益的最大限度发挥，也有利于上级主管部门对其实行的水利工程管理现代化考核。

（二）我国水利工程管理发展的主要任务

1. 全力保障加快重大水利工程建设

深入理解及把握我国水安全形势，基于"节水优先、空间均衡系统治理、两手发力"的战略思想，按照"确有需要、生态安全、可以持续"的原则，当前水利工程管理应重点围绕影响国民经济的重大水利工程建设项目，集中力量进行科学论证和系统优化，着力保障我国水安全，促进国民经济协调稳步的发展。

2. 切实保障水利工程和项目运行的质量安全

要进一步明确参建各方的质量责任，建立责任追究制度，落实质量终身责任制，强化政府质量监督，组织开展好水利建设质量工作考核，全力保障水利工程建设质量。要加强监督检查，组织开展安全隐患大排查，落实各项安全度汛措施，保障水利工程建设安全。要继续推进大中型水管单位改革，积极推进小型水利工程管理体制改革，落实水库大坝安全管理责任制，加强应急管理和日常监管，严格控制运用，保障水利工程运行安全。

3. 推进水利工程建设管理体制改革

进一步完善相关的法律法规，做到各项工作有法可依。明确中央和地方的职权机制，形成统筹规划、系统实施和责权明确的现代化管理机制。严格执行建设项目法人责任制、招标投标制、建设监理制、合同管理制，推行水利工程建设项目代建制。因地制宜推行水利工程项目法人招标、代建制、设计施工总承包等模式，实行专业化社会化建设管理，探索建立决策、执行和监督相制衡的建设管理体制。要继续加快行政管理职能转变，推进简政放权，强化放管结合，提升服务水平。要规范改进市场监管，积极构建统一开放、竞争有序、诚信守法、监管有力的水利建设市场体系。要加强河湖管理和保护，建立健全"源头严防、过程严管、后果严惩"的体制机制，推进了生态文明建设。

4. 深化水利工程管理机制的创新模式

创新水利工程管理方式，鼓励水管单位承担新建项目管理职责，探索水利工程集中管理模式，探索水利工程物业化管理，探索水利债务的证券化途径，探索水利工程管理和运营的私营与政府合作经营（PPP）模式。积极推进水利工程管养分离，通过政府购买服务方式，由专业化队伍承担工程维修养护和河湖管护。健全水利工程运行维护和河湖管护经费保障机制，消除传统"重建轻管"和运营资金不可持续的无效管理模式。全面推进小型水利工程管理体制改革，明确工程所有权与使用权，落实管护主体、责任和经费，促进水利工程良性运行。

5. 着力加强建设与管理廉政风险防控

相关各级部门要在作风建设上下功夫、在完善制度上下功夫、在强化监管上下功夫，始终保持对水利建设管理领域腐败问题的高压态势。改进水行政审批和监管方式，简化审批程序，优化审批流程，加强行业指导和事中事后监管。推进投资项目涉水行政审批事项分类合并实施。建立健全水利行政审批在线监管平台，实现水利审批事项在线申报办理和信息发布共享，建立健全守信激励及失信惩戒机制，推进协同联动监管。

第二节　我国水利工程管理发展战略设计

一、我国水利工程管理总体思路和战略框架

作为水利现代化的重要构成，水利工程管理的总体发展思路可归纳为以下几个核心基点：

（1）针对我国水利事业发展需要，建设高标准、高质量的水利工程设施。

（2）根据我国水利工程设施，研究制定科学的、先进的，适应市场经济体制的水利工程管理体系。

（3）针对工程设施及各级工程管理单位，建立一套高精尖的监控调度手段。

（4）打造出一支高素质、高水平、具有现代思想意识管理团队。

依据上述发展思路的核心基点，各级水利部门应紧紧把握水利改革发展战略机遇，推动中央决策部署落到实处，为经济社会长期平稳较快发展奠定更加坚实的水利基础。基于此，依据水利部现有战略框架和工作思路，水利工程管理应继续紧密围绕以下十个重点领域下足功夫着力开展工作，这就形成了水利工程管理战略框架：

（1）立足推进科学发展，在搞好水利顶层设计上下功夫。

（2）不断完善治水思路，在转变水利发展方式上下功夫。

（3）践行以人为本理念，在保障和改善民生上下功夫。

（4）落实治水兴水政策，在健全水利投入机制上下功夫。

（5）围绕保障粮食安全，在强化农田水利建设上下功夫。

（6）着眼提升保障能力，在加快薄弱环节建设上下功夫。

（7）优化水资源配置，在推进河湖水系连通上下功夫。

（8）严格水资源管理，在全面建设节水型社会上下功夫。

（9）加强工程建设和运行管理，在构建良性机制上下功夫。

（10）强化行业能力建设，在夯实水利发展基础上下功夫。

二、我国水利工程管理发展战略

（一）顶层规划，建立协调一致的现代化统筹战略

为了适应新常态下我国社会经济发展的全新特征和未来趋势，水利工程管理必须首先建立统一的战略部署机制和平台系统，明确整个产业系统的置顶规划体系与行为准则，确保全行业具有明确化和一致性的战略发展目标，协调稳步地推进可持续发展路径。

在战略构架上要突出强调思想上统一认识，突出置顶性规划的重要性，高度重视系统性的规划工作，着眼于当前社会经济发展的新常态，放眼于未来长远的发展阶段，立足于保障国民经济可持续发展和基础性民生需求，依托于整体与区位、资源与环境、平台与实体的多元化优势，建立具有长效性、前瞻性和可操作性的发展战略规划，通过科学制定的发展目标、规划路径和实施准则，推进水利工程管理的各项社会事业快速、健康、全面地发展。

在战略构架上要突出强调目标的明确性和一致性，建立统筹有序、协调一致的行业发展规划，配合国家宏观发展的战略决策，以及水利系统发展的战略部署，明确水利工程管理的近期目标、中期目标、长期目标，突出不同阶段、不同区域的工作重点，确保未来的工作实施能够有的放矢、协同一致，高效管控和保障建设资金募集和使用的协调性和可持续性，最大限度发挥政策效应的合力，避免因目标不明确和行为不一致导致实际工作进程的曲折反复和输出效果的大起大落。

在战略布局上要突出强调多元化发展路径，为了应对全球经济危机后续影响的持续发酵以及我国未来发展路径中可能的突发性问题，水利工程管理战略也应注重多元化发展目标和多业化发展模式，着力解决行业发展进程与国家宏观经济政策以及市场机制的双重协调性问题，顺应国家发展趋势，把握市场机遇，通过强化主营业务模式与拓展产业领域延伸的并举战略，提高行业防范和化解风险的能力。

在战略实施上要突出强调对重点问题的实施和管控方案，强调创新管理机制和人才发展战略，通过全行业的技术进步和效率提升，缓解和消除行业发展的"瓶颈"，彻底改变传统"重建轻管"的水利建设发展模式，同时，发展、引进和运用科学的管理模式和管理技术，协调企业内部管控机构，灵活应对市场变化。通过管理创新和规范化的管理，使企业的市场开拓和经营活动由被动变为更加主动。

（二）系统治理，侧重供给侧发力的现代化结构性战略

积极响应关于"推进国家治理体系和治理能力现代化"的要求，加大水利工程管理重点领域和关键环节的改革攻坚力度，着力构建系统完备、科学规范、运行有效的管理

体制和机制。坚持推广"以水定城、以水定地、以水定人、以水定产"的原则，树立"量水发展""安全发展"理念，科学合理规划水资源总量性约束指标，充分保障生态用水。把进一步深化改革放在首要位置，积极推进相关制度建设，全面落实各项改革举措，明晰管理权责，完善许可制度，推动平台建设，加强运行监管，创新投融资机制，完善建设基金管理制度，通过市场机制多渠道筹集资金，鼓励和引导社会资本参与水利工程建设运营。

按照"确有需要、生态安全、可以持续"的原则，在科学论证的前提之下，加快推进重大水利工程的高质量管理进程，将先进的管理理念渗入水利基础设施、饮水安全工作、农田水利建设、河塘整治等各个工程建设环节，进一步强化薄弱环节管控，构建适应时代发展和人民群众需求的水安全保障体系，努力保障基本公共服务产品的持续性供给，保障国家粮食安全、经济安全和居民饮水安全、社会安全，突出抓好民生水利工程管理。充分发挥市场在资源配置中的决定性作用，合理规划和有序引导民间资本与政府合作的经营管理模式，充分调动市场的积极性和创造力。同时注重创新的引领与辐射作用，推进相关政策的创新、试点和推广，稳步保障水利工程管理能力不断强化，积极促进水利工程管理体系再上新台阶。

（三）安全为基，支撑国民经济的现代化保障性战略

水是生命之源、生产之要、生态之基。水利是现代化建设不可或缺的首要条件，是经济社会发展不可替代的基础支撑，是生态环境保护不可分割的保障系统。水利工程管理战略应高度重视我国水安全形势，将"水安全"问题作为工程管理战略规划的基石，下大力气保障水资源需求的可持续供给，坚定不移地为国民经济的现代化提供切实保障。

水利工程应以资源利用为核心实行最严格水管理制度，全面推进节水型建设模式，着力促进经济社会发展与水资源承载能力相协调，以水资源开发利用控制、用水效率控制、水功能区限制纳污"三条红线"作为基准，建立定量化管理标准。将水安全的考量范围扩展到防洪安全、供水安全、粮食安全、经济安全、生态安全、国家安全等系统性安全层次，确保在我国全面建成小康社会和全面深化改革的攻坚时期，全面落实中央水利工作方针、有效破解水资源紧缺问题、提升国家水安全保障能力、加快推进水利现代化，保障国家经济可持续发展。

（四）生态先行，倡导节能环保的现代化可持续战略

认真审视并高度重视水利工程对生态环境的重要甚至决定性的影响，确保未来水利工程管理理念必须以生态环境作为优先考量的视角，加强水生态文明建设，坚持保护优先、停止破坏与治理修复相结合，积极推进水生态文明建设步伐。尽快建立、健全和完善相关的法律体系和行业管理制度，理顺监管体系、厘清职责权限，将水生态建设的一切事务纳入法治化轨道，组成"可持续发展"综合决策领导机构，行使讨论、研究和制订相应范围内的发展规划、战略决策，组织研制和实施中国水利生态现代化发展路径图。规划务必在深入调查的基础上，切实结合地域资源综合情况，量力而行，杜绝贪大求快，力求正确决策、系统规划、稳步和谐地健康发展。

努力协调完善机构机能，保证工程高质量运行。完善发展战略及重大建设项目立项、听证和审批程序。注重做好各方面、各领域环境动态调查监测、分析、预测，善于将科学、建设性的实施方案变为正确的和高效的管理决策，在实际工作中不仅仅以单纯的自然生态保护作为考量标准，而是努力建立和完善社会生态体系的和谐共进，不失时机地提高综合社会生态体系决策体系的机构与功能。

从源头入手解决发展与环境的冲突，努力完成现代化模式的生态转型，实现水环境管理从"应急反应型"向"预防创新型"的战略转变。控制和降低新增的环境污染。继续实施污染治理和传统工业改造工程，清除历史遗留的环境污染。积极促进生态城市、生态城区、生态园区和生态农村建设。努力打造水利生态产业、水利环保产业和水利循环经济产业。着力实现水利生态发展与城市生态体系、工业生态体系以及农业生态体系的融合。

（五）绩效约束，实现效益最大化的现代化管理战略

根据《中华人民共和国预算法》及财政部《中央级行政经费项目支出绩效考评管理办法》《中央部门预算支出绩效考评管理办法》以及国家有关财务规章制度，积极推进建立绩效约束机制，通过科学化、定量化的绩效目标和考核机制完善企业的现代化管理模式，以绩效目标为约束，以绩效指标为计量，确保行业和企业持续健康地沿效益最大化路径发展。

基于调查研究和科学论证，建立水利工程管理的绩效目标和相关指标，绩效目标突出对预算资金的预期产出和效果的综合反映，绩效指标强调对绩效目标的具体化和定量化，绩效目标和指标均能够符合客观实际，指向明确，具有合理性和可行性，且与实际任务和经费额度相匹配。绩效目标和绩效指标要综合考量财务、计划信息、人力资源部等多元绩效表现，并注重经济性、效率性和效益型的有机结合，组织编制预算，进行会计核算，按照预算目标进行支付；组织制定战略目标，对战略目标进行分解和过程控制，对经营结果进行分析和评判；设计绩效考核方案，组织绩效辅导，按考核指标进行考核。

（六）智慧模式，促进跨越式发展的现代化创新战略

顺应世界发展大趋势，加速推进水利工程管理的智能化程度，打造水利工程的智慧发展模式，推动经济社会的重要变革。以"统筹规划、资源共享、面向应用、依托市场、深入创新，保障安全"为总目标，以深化改革为核心动力，在水利工程领域努力实现信息、网络、应用、技术和产业的良性互动，通过高效能的信息采集处理、大数据挖掘、互联网模式以及物网融合技术，实现资源的优化配置和产业的智慧发展模式，最终实现水利工程高效地服务于国民经济，高效地惠及全体民众。

首先，加快建成水利工程管理的"信息高速公路"，以移动互联为主体，实现水利工程管理的全产业信息化途径，加快信息基础设施演进升级，实现宽带连接大幅提速，探索下一代互联网技术革新和实际应用，建立水利工程管理的物联网体系，着力提升信息安全保障能力，促进"信息高速公路"搭载水利工程产业安全、高效的发展。其次，创建水利工程的大数据经济新业态，加快开发、建设和实现大数据相关软件、数据库和

规则体系，结合云计算技术与服务，加快水利工程管理数据采集、汇总与分析，基于现实应用提供具有水利行业特色的系统集成解决方案和数据分析服务，面向市场经济，利用产业发展引导社会资金和技术流向，加速推进了大数据示范应用。再次，打造水利工程管理的全新"互联网＋"发展模式。促进网络经济模式与实体产业发展的协调融合，基于互联网新型思维模式，推进业务模式创新和管理模式创新，积极新型管理运营业态和模式。促进产业技术升级，增加产业的供给效率和供给能力，利用互联网的精准营销技术，开创惠民服务机制，构建优质高效的公共服务信息平台。最终，实现智能水利工程发展模式。基于信息技术革命、产业技术升级和管理理念创新，大力发展数据监测、处理、共享与分析，努力实现产业决策及行业解决方案的科学化和智能化。加快构建水利工程管理的智慧化体系，完善智能水利工程的发展环境，面向水利工程管理对象以及社会经济服务对象，实现全产业链的智能检测、规划、建设、管理与服务。

第三节　我国水利工程管理发展战略的保障

一、我国水利工程管理发展战略的支撑条件和保障措施

水利工程是国民经济和社会发展的重要基础设施，国家对水利工程管理发展的重视促进了水利工程事业的发展。因而为了我国水利工程管理战略发展，国家应该开放政策，对于具备一定条件的重大水利工程，通过深化改革向社会投资敞开大门，建立权利平等、机会平等、规则平等的投资环境和合理的投资收益机制，放开增量，盘活存量，加强试点示范，鼓励和引导社会资本参与工程建设和运营，有利于优化投资结构，建立健全水利投入资金多渠道筹措机制；有利于引入市场竞争机制，提高水利管理效率和服务水平；有利于转变政府职能，促进政府与市场有机结合、两手发力；有利于加快完善水安全保障体系，支撑经济社会可持续发展，从而为促进我国建立一套完备的水利工程管理发展战略措施提供支撑条件和保障措施。

国家应从以下几个方面为我国水利工程管理的发展提供支撑条件和保障措施：

一是改进组织发动方式。进一步落实行政首长负责制，强化部门协作联动，完善绩效考核和问责问效机制，充分发挥政府主导与推动作用。

二是拓展资金投入渠道。在进一步增加公共财政投资和强化规划统筹整合的同时，落实和完善土地出让收益计提、民办公助、以奖代补、财政贴息、开发性金融支持等政策措施，鼓励和吸引社会资本投入水利建设。

三是创新建设管护模式。因地制宜推行水利工程代建制、设计施工总承包等专业化、社会化建设管理，扶持和引导农户、农民用水合作组织、新型农业经营主体等参与农田水利建设、运营与管理。

四是强化监督检查考核。加强对各地的督导、稽查、审计，及时发现问题并督促整改落实，确保工程安全、资金安全、生产安全及干部安全。

五是加大宣传引导力度。充分利用广播、电视、报纸、网络等传统媒体和新媒体，大力宣传党中央、国务院兴水惠民政策举措，总结、推广基层经验，营造良好舆论氛围。

二、我国水利工程管理政策发展战略

（一）明确参与范围和方式

1. 拓宽社会资本进入领域

除法律、法规、规章特殊规定的情形外，重大水利工程建设运营一律向社会资本开放。只要是社会资本，包括符合条件的各类国有企业、民营企业、外商投资企业、混合所有制企业，以及其他投资、经营主体愿意投入重大水利工程，原则上应优先考虑由社会资本参与建设和运营。鼓励统筹城乡供水，实行水源工程、供水排水、污水处理、中水回用等一体化建设运营。

2. 合理确定项目参与方式

盘活现有重大水利工程国有资产，选择一批工程通过股权出让、委托运营、整合改制等方式，吸引社会资本参与，筹得的资金用于新工程建设。对新建项目，要建立健全政府和社会资本合作（PPP）机制，鼓励社会资本以特许经营、参股控股等多种形式参与重大水利工程建设运营。其中，综合水利枢纽、大城市供排水管网的建设经营需按规定由中方控股。对公益性较强、没有直接收益的河湖堤防整治等水利工程建设项目，可通过与经营性较强项目组合开发、按流域统一规划实施等方式，吸引社会资本参与。

3. 规范项目建设程序

重大水利工程按照国家基本建设程序组织建设。应及时向社会发布鼓励社会资本参与的项目公告和项目信息，按照公开、公平、公正的原则通过招标等方式择优选择投资方，确定投资经营主体，由其组织编制前期工作文件，报有关部门审查审批后实施。实行核准制的项目，按程序编制核准项目申请报告；实行审批制的项目，按程序编制审批项目建议书、可行性研究报告、初步设计根据需要可以适当合并简化审批环节。

4. 签订投资运营协议

社会资本参与重大水利工程建设运营县级以上人民政府或其授权的有关部门应与投资经营主体通过签订同等形式，对工程建设运营中的资产产权关系、责权利关系、建设运营标准和监管要求、收入和回报、合同解除、违约处理、争议解决等内容予以明确。政府和投资者应对项目可能产生的政策风险、商业风险、环境风险、法律风险等进行充分论证，完善合同设计，健全纠纷解决和风险防范机制。

（二）完善优惠和扶持政策

1. 保障社会资本合法权益

社会资本投资建设或运营管理重大水利工程，与政府投资项目享有同等政策待遇，不另设附加条件。社会资本投资建设或运营管理的重大水利工程，可按协议约定依法转让转租、抵押其相关权益；征收、征用或占用的，要按照国家有关规定或约定给予补偿或者赔偿。

2. 充分发挥政府投资的引导带动作用

重大水利工程建设投入，原则上按功能、效益进行合理分摊与筹措，并按规定安排政府投资。对同类项目，中央水利投资优先支持引入社会资本的项目。政府投资安排使用方式和额度，应根据不同项目情况、社会资本投资合理回报率等因素综合确定。公益性部分政府投入形成的资产归政府所有，同时可按规定不参与生产经营收益分配。鼓励发展支持重大水利工程的投资基金，政府可以通过认购基金份额、直接注资等方式予以支持。

3. 完善项目财政补贴管理

对承担一定公益性任务、项目收入不能覆盖成本和收益，但社会效益较好的政府和社会资本合作（PPP）重大水利项目，政府可对工程维修养护和管护经费等给予适当补贴。财政补贴的规模和方式要以项目运营绩效评价结果为依据，综合考虑产品或服务价格、建设成本、运营费用、实际收益率、财政中长期承受能力等因素合理确定、动态调整，并且以适当方式向社会公示公开。

4. 完善价格形成机制

完善主要由市场决定价格的机制，对社会资本参与的重大水利工程供水、发电等产品价格，探索实行由项目投资经营主体与用户协商定价。鼓励通过招标、电力直接交易等市场竞争方式确定发电价格。需要由政府制定价格的，既要考虑社会资本的合理回报，又要考虑用户承受能力、社会公众利益等因素；价格调整不到位时，地方政府可根据实际情况安排财政性资金，对运营单位进行合理的补偿。

5. 发挥政策性金融作用

加大重大水利工程信贷支持力度，完善贴息政策。允许水利建设贷款以项目自身收益、借款人其他经营性收入等作为还款来源，允许以水利、水电等资产作为合法抵押担保物，探索以水利项目收益相关的权利作为担保财产的可行性。积极拓展保险服务功能，探索形成"信贷＋保险"合作模式，完善水利信贷风险分担机制以及融资担保体系。进一步研究制定支持从事水利工程建设项目的企业直接融资、债券融资的政策措施，鼓励符合条件的上述企业通过IPO（首次公开发行股票并上市）、增发、企业债券、项目收益债券、公司债券、中期票据等多种方式筹措资金。

6. 推进水权制度改革

开展水权确权登记试点，培育和规范水权交易市场，积极探索多种形式的水权交易流转方式，鼓励开展地区间、用水户间的水权交易，允许各地通过水权交易满足新增合理用水需求，通过水权制度改革吸引社会资本参与水资源开发利用和节约保护。依法取得取水权的单位或个人通过调整产品和产业结构、改革工艺、节水等措施节约水资源的，可在取水许可有效期和取水限额内，经原审批机关批准之后，依法有偿转让其节约的水资源。在保障灌溉面积、灌溉保证率和农民利益的前提下，建立健全工农业用水水权转让机制。

7. 实行税收优惠

社会资本参与重大水利工程，符合《公共基础设施项目企业所得税优惠目录》《环境保护、节能节水项目企业所得税优惠目录》规定条件的，自项目取得第一笔生产经营收入所属纳税年度起，第一年至第三年免征企业所得税，第四年至第六年减半征收企业所得税。

8. 落实建设用地指标

国家和各省（自治区、直辖市）土地利用年度计划要适度向重大水利工程建设倾斜，予以优先保障和安排。项目库区（淹没区）等不改变用地性质的用地，可不占用地计划指标，但要落实耕地占补平衡。重大水利工程建设的征地补偿、耕地占补平衡实行与铁路等国家重大基础设施建设项目同等政策。

（三）落实投资经营主体责任

1. 完善法人治理结构

项目投资经营主体应依法完善企业法人治理结构，健全和规范企业运行管理、产品和服务质量控制、财务、用工等管理制度，不断提高企业经营管理和服务水平。改革完善项目国有资产管理和授权经营体制，以管资本为主加强国有资产监管，保障国有资产公益性、战略性功能的实现。

2. 认真履行投资经营权利义务

项目投资经营主体应严格执行基本建设程序，落实项目法人责任制、招标投标制、建设监理制和合同管理制，对项目的质量、安全、进度和投资管理负总责。已通过招标方式选定的特许经营项目投资人依法能够自行建设、生产或者提供的，可以不进行招标。要建立健全质量安全管理体系和工程维修养护机制，按照协议约定的期限、数量、质量和标准提供产品或服务，依法承担防洪、抗旱、水资源节约保护等责任和义务，服从国家防汛抗旱、水资源统一调度。要严格执行工程建设运行管理的有关规章制度技术标准，加强日常检查检修和维修养护，保障工程功能发挥及安全运行。

（四）加强政府服务和监管

1. 加强信息公开

发展改革、财政、水利等部门要及时向社会公开发布水利规划、行业政策、技术标准、建设项目等信息，保障社会资本投资主体及时享有相关信息。加强项目前期论证、征地移民、建设管理等方面的协调和指导，给工程建设和运营创造良好条件。积极培育和发展为社会投资提供咨询、技术、管理和市场信息等服务的市场中介组织。

2. 加快项目审核审批

深化行政审批制度改革，建立健全重大水利项目审批部际协调机制，优化审核审批流程，创新审核审批方式，开辟绿色通道，加快审核审批进度。地方也要建立相应的协调机制和绿色通道。对于法律、法规没有明确规定作为项目审批前置条件的行政审批事项，一律放在审批后、开工前完成。

3. 强化实施监管

水行政主管部门应依法加强对工程建设运营及相关活动的监督管理，维护公平竞争秩序，建立健全水利建设市场信用体系，强化质量、安全监督，依法开展检查、验收和责任追究，确保工程质量、安全和公益性效益的发挥。发展改革、财政、城乡规划、土地、环境等主管部门也要按职责依法加强投资、规划、用地、环保等监管。落实大中型水利水电工程移民安置工作责任，由移民区和移民安置区县级以上地方人民政府负责移民安置规划的组织实施。

4. 落实应急预案

政府有关部门应加强对项目投资经营主体应对自然灾害等突发事件的指导，监督投资经营主体完善和落实各类应急预案。在发生危及或可能危及公共利益、公共安全等紧急情况时，政府可采取应急管制措施。

5. 完善退出机制

政府有关部门应当建立健全社会资本退出机制，在严格清产核资、落实项目资产处理和建设与运行后续方案的情况下，允许社会资本退出，妥善做好项目移交接管，确保水利工程的顺利实施和持续安全运行，维护社会资本的合法权益，保证公共利益不受侵害。

6. 加强后评价和绩效评价

开展社会资本参与重大水利工程项目后评价和绩效评价，建立健全评价体系和方式方法，根据评价结果，依据合同约定对价格或补贴等进行调整，提高政府投资决策水平和投资效益，激励社会资本通过管理、技术创新提高公共服务质量和水平。

7. 加强风险管理

各级财政部门要做好财政承受能力论证，根据本地区的财力状况、债务负担水平等合理确定财政补贴、政府付费等财政支出规模，项目全生命周期内的财政支出总额应控制在本级政府财政支出的一定比例内，减少政府不必要的财政负担。各省级发展改革委要将符合条件的水利项目纳入 PPP 项目库，及时跟踪调度、梳理汇总项目实施进展，并按月报送情况。各省级财政部门要建立 PPP 项目名录管理制度和财政补贴支出统计监测制度，对不符合条件的项目，各级财政部门不可纳入名录，不得安排各类形式的财政补贴等财政支出。

（五）做好组织实施

1. 加强组织领导

各地要结合本地区实际情况，抓紧制订鼓励和引导社会资本参与重大水利工程建设运营的具体实施办法和配套政策措施。发展改革、财政、水利等部门要按照各自职责分工，认真做好落实工作。

2. 开展试点示范

国家发展改革委、财政部、水利部选择一批项目作为国家层面联系的试点，加强跟踪指导，及时总结经验，推动完善相关政策，发挥示范带动作用，争取尽快探索形成可复制、可推广的经验。各省（区、市）和新疆生产建设兵团也要因地制宜选择一批项目开展试点。

3. 搞好宣传引导

各地要大力宣传吸引社会资本参与重大水利工程建设的政策、方案和措施，宣传社会资本在促进水利发展，特别是在重大水利工程建设运营方面的积极作用，让社会资本了解参与方式、运营方式、盈利模式、投资回报等相关政策，稳定市场预期，为社会资本参与工程建设运营营造良好社会环境与舆论氛围。

第四节　我国水利工程管理体系的发展与完善

一、从流程分的水利工程管理体系

（一）水利工程决策、设计规划管理

规划是水利建设的基础。中央一号文件和其他相关政策都将加强水利建设放在非常重要的位置，要求"抓紧编制和完善县级水利建设规划，整体推进水利工程建设和管理"。各地结合自身实际，充分了解并尊重群众意愿，认真分析问题，仔细查找差距，找准目标定位，依托地区水利建设发展整体规划，从农民群众最关心、要求最迫切、最容易见效的事情抓起，以效益定工程，突出重点，从技术、管理等多个层面确保规划质量。水利规划思路清晰，任务明确，建设标准严格，有计划、有步骤，分阶段、分层次地推进水利建设工作，编制完成切实可行的水利规划并得到组织实施。在规划编制中应充分考

虑水资源的承载能力，考虑水资源的节约、配置和保护之间的平衡；应把农村和农民的需要放在优先位置解决；应加强规划的权威性，规划的编制应尊重行业领导和专业意见，广泛征求各方面意见，按程序进行审批后加强规划执行的监管，提高规划权威性。

在水利建设前期，根据国家总体规划及流域的综合规划，提出项目建议书、可行性研究报告和初步设计，并进行科学决策。当建设项目的初步设计文件得到批准后，同时项目资金来源也基本落实，进行主体工程招标设计、组织招标工作及现场施工准备。项目法人向主管部门提出主体工程开工申请报告，经过审批后才能正式开工。提出申请报告前，须具备以下条件：前期工程各阶段文件已按规定批准，施工详图设计可以满足初期主体工程施工需要；建设项目已列入年度计划，年度建设资金来源已经落实；主体工程招标已经决标，工程承包合同已经签订，并得到主管部门同意；现场施工准备和征地移民等建设外部条件能够满足主体工程开工需要。

根据水利工程建设项目性质和类别的不同，确定不同的项目法人组建模式和项目法人职责。经营性和具备自收自支条件的准公益性水利工程建设项目，按照现代企业制度的要求，组建企业性质的项目法人，对项目的策划、筹资、建设、运营、债务偿还及资产的保值增值全过程负责，自主经营，自负盈亏。公益性和不具备自收自支条件的准公益性水利工程建设项目，按"建管合一"的要求，组建事业性质的项目法人，由项目法人负责工程建设和运行管理，或委托专业化建设管理单位，行使建设期项目法人职责，对项目建设的质量、安全、进度和资金管理负责，建成后移交运行管理单位。项目法人的组建应按规定履行审批和备案程序。水行政主管部门对项目法人进行考核，建立激励约束机制，加强对项目法人的监督管理。结合水利建设实际，积极创新建设管理模式，有条件的项目可实行代建制、设计施工总承包、BOT（建设—经营—移交）等模式。

（二）水利工程建设（施工）管理

在水利项目管理上，积极推行规划许可制、竞争立项制、专家评审制、绩效考核制，确保决策的科学性。在建设过程中，项目法人应充分发挥主导作用，协调设计、监理、施工单位及地方等多方的关系，实现目标管理。严格履行合同，具体包括：①项目建设单位建立了现场协调或调度制度。及时研究解决设计、施工的关键技术问题。从整体效益出发，认真履行合同，积极处理好工程建设各方的关系，为施工创造良好的外部条件。②监理单位受项目建设单位委托，按合同规定在现场从事组织、管理、协调、监督工作。同时，监理单位站在独立公正的立场上，协调建设单位与设计、施工等单位之间的关系。③设计单位应按合同及时提供施工详图，并确保设计质量。按工程规模，派出设计代表组进驻施工现场解决施工中出现的设计问题。施工详图经监理单位审核后交施工单位施工。设计单位对不涉及重大设计原则问题的合理意见应当采纳并修改设计。若有分歧意见，由建设单位决定。如涉及初步设计重大变更问题，应由原初步设计批准部门审定。④施工企业加强管理，认真履行承包合同。在施工过程当中，要将所编制的施工计划、技术措施及组织管理情况汇报项目建设单位。湖北省除定期对建设项目进行抽检、巡检外，还采取"飞检"方式随时监控工程建设质量，发现问题及时通报整改。此外，湖北还充分发挥纪检监察、审计、媒体等部门的重要作用，形成了自上而下的资金督察工程稽查、审计检查、纪检监察四位一体的省、市、县三级监督体系。在资金管理上，严格实行国库集中支付和县级财政报账制，确保工程建设质量和资金使用安全。⑤项目建设单位组织验收，质量监督机构对工程质量提出评价意见。验收工作根据工程级别，由不同级别的主管部门负责验收，具体操作原则为：国家重点水利建设项目由国家计委会同水利部主持验收；部属重点水利建设项目由水利部主持验收。部属其他水利建设项目由流域机构主持验收，水利部进行指导；中央参与投资的地方重点水利建设项目由省（自治区、直辖市）政府会同水利部或流域机构主持验收；地方水利建设项目由地方水利主管部门主持验收，其中，大型建设项目验收，水利部或流域机构派员参加重要中型建设项目验收，流域机构派员参加。工程竣工验收交付使用后，方可以进行竣工决算。竣工验收后，工程将交给相关部门、单位进行使用，并负责日后的运营管理。四川省剑阁县坚持"两验一审"，即工程完工后，由乡镇组织用水户协会进行初验，县水务局、财政局组织复验，县审计局审计后兑现工程补助。坚持"三大制度"，即县级报账制、村民监督制、部门审核制。

为了配合纪检监察、审计等有关部门做好水利稽查审计，水利系统内部建立了省、市、县三级水利工程建设监督检查与考核联动机制，落实水利项目建设中主管部门、项目法人、设计单位、施工企业、监理等各方面的责任，形成一级抓一级、层层落实的工作格局。切实加强前期工作、投资计划、建设施工、质量安全等全过程监管，及时发现和纠正问题。加大对各地水利建设尤其是重点项目的监督检查，应及时通报，督促各地进一步规范项目建设管理行为，确保资金安全、人员安全、质量安全。通过日常自查、接受检查、配合督察、验收核查等不同环节不断发现建设管理中的问题，对所有问题及时进行认真清理，建立整改工作台账；针对问题程度不同，采取现场督办整改、书面通知整改、通报政府整改等方式加强督办；为了防止整改走过场，将每一个问题的责任主体、责任人、整改措施、整改到位时间全部落实。

为保证水利建设工作的顺利进行，在制度保障方面应积极出台相关建设管理办法，制定相应建设管理标准，使水利工程建设从立项审批、工程建设、资金管理、年度项目竣工验收等都有规可依、依规办事。组织保障方面，加强与各级部门沟通协调。与相关单位互相配合支持、各负其责、形成合力，确保各项水利建设工作健康发展。对水利建设组织领导、资金筹措、工程管理、矛盾协调、任务完成等情况进行严格的督察考核和评比，以此稳步推进农村水利建设工作的开展，确保取得实效。

（三）水利工程运行（运营）管理

水利工程管理体制改革的实质是理顺管理体制，建立良性管理运行机制，实现对水利工程的有效管理，让水利工程更好地担负起维护众利益、为社会提供基本公共服务的责任。

第一，建立职能清晰、权责明确的水利工程分级管理体制。准确界定水管单位性质，合理划分其公益性职能及经营性职能。承担公益性工程管理的水管单位，其管理职责要清晰、切实到位；同时要纳入公共财政支付，保证经费渠道畅通。

第二，建立管理科学、经营规范的水管单位运行机制。加大水管单位内部改革力度，建立精干高效的管理模式。核定管养经费，实行管养分离，定岗定编，竞聘上岗，逐步建立管理科学，运行规范，与市场经济相适应，符合水利行业特点和发展规律的新型管理体制和运行机制。更好地保障公益性水利工程长期安全可靠地运行。

第三，建立严格的工程检查、观测工作制度。各水管单位应制定详细工程检查与观测制度，并随时根据上级要求结合单位实际修订完善。工程检查工作，可分为经常检查、定期检查、特别检查和安全鉴定。

第四，推进水利工程运行管理规范化、科学化。要实现水利工程管理现代化，水利工程管理就必须实现规范化和科学化。如，水库工程须制订调度方案、调度规程和调度制度，调度原则及调度权限应清晰；每年制订水利调度运用计划并经主管部门批准；建立对执行计划进行年度总结的工作制度。水闸、泵站制订控制运用计划或者调度方案；应按水闸（泵站）控制运用计划或上级主管部门的指令组织实施；按照泵站操作规程运行。河道（网、闸、站）工程管理机构制订供水计划；防洪、排涝实现联网调度。通过科学调度实现工程应有效益，是水利工程管理的一项重要内容。要把汛期调度与全年调度相结合，区域调度与流域调度相结合，洪水调度与资源调度相结合，水量调度与水质调度相结合，使调度在更长的时间、更大的空间、更多的要素、更高的目标上拓展，实现洪水资源化，实现对洪水、水资源和生态的有效调控，充分发挥工程应有作用和效益，确保防洪安全、供水安全及生态安全。

第五，立足国家互联网＋战略，推进水利工程管理信息化。依托国家"互联网＋"战略，加强水利工程管理信息化基础设施建设，包括信息采集与工程监控、通信与网络、数据库存储与服务等基础设施建设全面提高水利工程管理工作的科技含量和管理水平。建立大型水利枢纽信息自动采集体系。采集要素覆盖实时雨水情、工情、旱情等，其信息的要素类型、时效性应满足防汛抗旱管理、水资源管理、水利工程运行管理、水土保持监测管理的实际需要。建立水利工程监控系统，以提升水利工程运行管理的现代化水平，充分发挥水利工程的作用。建立信息通信与网络设施体系。在信息化重点工程的推动下，建立和完善信息通信与网络设施体系。建立信息存储和服务体系。提供信息服务的数据库，信息内容应覆盖实时雨水情、历史水文数据、水利工程基本信息、社会经济数据、水利空间数据、水资源数据、水利工程管理有关法规、规章和技术标准数据、水政监察执法管理基本信息等方面。水利工程管理信息化建设中，应注意：建立比较完善的信息化标准体系；提高信息资源采集、存储和整合的能力；提高应用信息化手段向公众提供服务的水平；大力推进信息资源的利用与共享；加强信息系统运行维护管理，定期检查，实时维护；建立、健全水利工程管理信息化的运行维护保障机制。在病险水库除险加固和堤防工程整治时，要将工程管理信息化纳入建设内容，列入工程概算。对于新的基建项目，要根据工程的性质和规模，确定信息化建设的任务和方案，做到同时设计，同期实施，同步运行。

第六，树立现代的水利工程管理理念。一是树立以人为本的意识。优质的工程建设和良好运行管理的根本目的是广大人民群众的切身利益，为人民提供可靠的防洪保障和供水保障。要尽最大努力保护生产者的人身安全，保护工程服务范围内人民群众的切身利益，保证江河资源开发利用不会损害流域内的社会公共利益。二是树立公共安全的意识。水利工程公益性功能突出，和社会公共安全密切相关。要把切实保障人民群众生命安全作为首要目标，重点解决关系人民群众切身利益的工程建设质量和工程运行安全问题。三是树立公平公正的意识。公平公正是和谐社会的基本要求，也是水利工程建设管理的基本要求。在市场监管、招标投标、稽查检查、行政执法等方面，要坚持公平公正的原则，保证水利建筑市场规范有序。四是树立环境保护的意识。人与自然和谐相处是构建和谐社会的重要内容，要高度重视水利建设与运行中的生态和环境问题，水利工程管理工作要高度关注经济效益、社会效益、生态效益的协调发挥。

（四）水利工程维修养护管理

第一，建立市场化、专业化和社会化水利工程维修养护体系。水管体制改革，实施管养分离后，建立健全相关的规章制度，制定适合维修养护实际的管理办法，用制度和办法约束、规范维修养护行为，严格资金的使用与管理，实现维修养护工作的规范化管理。要规范建设各方的职责、规范维修养护项目合同管理、规范维修养护项目实施、规范维修养护项目验收和结算手续、建立质量管理体系和完善质量管理措施。

第二，在水管单位的具体改革中，稳步推进水利工程管养分离，具体可分三步走：第一步，在水管单位内部实行管理与维修养护人员以及经费分离，工程维修养护业务从所属单位剥离出来，维修养护人员的工资逐步过渡到按维修养护工作量和定额标准计算；第二步，将维修养护部门与水管单位分离，但仍以承担原单位的养护任务为主；第三步，将工程维修养护业务从水管单位剥离出来，通过招标方式择优确定维修养护企业，水利工程维修养护走上社会化、规范化、标准化和专业化的道路。对管理运行人员全部落实岗位责任制，实行目标管理。

第三，建立、健全并且不断完善各项管理规章制度。基层水管单位应建立、健全并不断完善各项管理规章制度，包括人事劳动制度、学习培训制度、岗位责任制度、请示报告制度、检查报告制度、事故处理报告制度、工作总结制度、工作大事记制度、安全管理制度、档案管理制度等，使工程管理有章可循、有规可依。管理处应按照档案主管部门的要求建有综合档案室，设施配套齐全，管理制度完备，档案分文书、工程技术、财务等三部分，由经档案部门专业培训合格的专职档案员负责档案的收集、整编、使用服务等综合管理工作。档案资料收集齐全，翔实可靠，分类清楚，排列有序，有严格的存档、查阅保密等相关管理制度，通过档案规范化管理验收。同时，抓好各项管理制度落实工作，真正做到有章可循，规范有序。

二、从用途分的水利工程管理体系

（一）防洪安全工程

首先，河道管理工作是防洪安全工程管理的重要内容，也是水利社会管理的重要内容，事关防洪安全和经济可持续发展大局。当前河道管理相对薄弱，涉河资源无序开发，河道范围内违规建设，侵占河道行洪空间、水域、滩涂、岸线，这些都严重影响了行洪安全，危及人民生命财产安全。要按照《水利工程管理条例》《湖泊保护条例》《河道管理实施办法》等法规，在加强水利枢纽工程管理的同时，着重加强河道治理、整治工作，依法加强对河道湖泊、水域、岸线及管理范围内资源管理。

其次，建立遥测与视频图像监视系统。对河道工程，建立遥测与视频图像监视系统。可实时"遥视"河道、水库的水位、雨势、风势及水利工程的运行情况，网络化采集、传输、处理水情数据及现场视频图像，为防汛决策及时提供信息支撑。有条件时，建立移动水利通信系统。对大中型水库工程，建立大坝安全监测系统。用于大坝安全因子的自动观测、采集和分析计算，并对大坝异常状态进行报警。

最后，建立洪水预报模型和防洪调度自动化系统。该系统对各测站的水位、流量、雨量等洪水要素实行自动采集、处理并进行分析计算，按照给定的模型做出洪水预报和防洪调度方案。

（二）农田水利工程

首先，充分发挥各类管理主体的积极作用。在现行制度安排下，农户本应该成为农田水利设施供给的主体，但是单户农民难以承担高额的农田水利工程建设投入，这就需要有效的组织。但家庭联产承包责任制降低了农民的组织化程度，农田水利建设的公共品性质与土地承包经营的个体存在矛盾，农户对农田水利建设缺乏凝聚力和主动性。因此，就造成了农田水利建设主体事实上的缺位。需要各级政府、各方力量通力合作，采取综合措施，遵循经济规律，分类型明确管理主体，切实负起建设管理责任。地方政府是经济社会的领导者和管理者，掌握着巨大的政治资源和财政资金，有农村基础设施建设的领导权、决策权、审批权和各种权力，在农田水利工程建设中应当担当四种角色：①制度供给者。建立和完善农村公共产品市场化和社会化的规则，建立起公共财政体制框架，解决其中的财政"越位"和"缺位"问题。②主要投资者角色。应该发挥政府公共产品供给上的优势和主导作用。③多元供给主体的服务者与多元化供给方式的引入角色。鼓励和推动企业和社会组织积极参与农村公共产品的供给，营建政府与企业、社会组织的合作伙伴关系。④监督者角色。建立标准并进行检查和监督以及构建投诉或对话参与渠道等，建立公共产品市场准入制度，实现公共产品供给的社会化监督。农田水利建设属于公共品，地方政府在农田水利建设中应承担主导作用。因此在农田水利建设管理中，各级政府要转变角色，由从前的直接用行政手段组织农民搞农田水利的传统方式，转变到重点抓权属管理、规划管理、宣传发动、资金扶持等从单纯的行政命令转变到行政、法律、科技、民主、教育相结合，由过去的组织推动转变成政策引导、典型示范、优质服务。

面对农村经济社会结构正在发生的深刻变化，要充分发挥农民专业合作社、家庭农场、用水协会等新型主体在小型农田水利建设中的作用，推动农民用水合作组织进行小型农田水利工程自主建设管理。按照"依法建制，以制治村，民主管理，民主监督"的原则，组建农民用水合作组织法人实体，推进土地连片整合，成片开发，规模化建设农田水利工程，突破一家一户小块土地对农田水利建设的制约，通过农田水利建设将县、乡、村、农户的利益捆绑起来，可以用好用活"一事一议"，充分尊重群众意愿，充分发挥农民的主体作用和发挥农民对小型农田水利建设的积极性。

其次，提高农田水利工程规划立项的科学性。以科学的态度和先进的理念指导工作，要做到科学规划、科学决策，把农田水利建设规划作为国民经济发展总体规划的组成部分，结合农业产业化、农村城镇化和农业结构调整，统筹考虑农田水利建设，使之具有较强的宏观指导性和现实操作性。农田水利建设项目的规划设计应具有前瞻性着眼新农村建设，以促进城乡一体化及现代农业建设为突破口，体现社会、自然、人文发展新貌，既要尊重客观规律，又要从实际出发。从整体、长远角度对农田水利工程进行统一规划，大中小水利工程统筹考虑，水库塘坝、水窖等相互补充，建设旱能灌、涝能排，有水存得住、没雨用得上的农田水利工程体系，重点加强对农民直接受益的中小型农田水利的建设，支持灌溉、储水、排水等农田水利设施的改扩、新建项目，做到主支衔接，引水、蓄水、灌溉并重，大小水利并进。

要因地制宜，建立村申请、乡申报、县审批的立项程序，进行科学论证和理性预测，综合分析农田水利工程项目建设的可行性和必要性，择优选择能拉动农村经济发展、放大财政政策效应的可持续发展项目，建立县级财政农田水利建设项目库，实行项目立项公告制和意见征询制，把农民最关心、受益最大、迫切需要建设的惠民工程纳入建设范畴，形成完备的项目立项体系，解决项目申报重复无序的问题积极推广"竞争立项，招标建设，以奖代补"的建设模式，将竞争机制引入小型农田水利工程建设，让群众全过程参与，群众积极性高项目合理优先支持，推行定工程质量标准、定工程补助标准，将政府补助资金直接补助到工程"两定一补"制度。

（三）取供用水工程

首先，建立水利枢纽及闸站自动化监控系统。建立水利枢纽及闸站自动化监控系统，对全枢纽的机电设备、泵站机组、水闸船闸启闭机、水文数据及水工建筑物进行实时监测、数据采集、控制和管理。运行操作人员通过计算机网络实时监视水利工程的运行状况，包括闸站上下游水位、闸门开度、泵站开启状况、闸站电机工作状态、监控设备的工作状态等信息。并且可依靠遥控命令信号控制闸站闸门的启闭。为了确保遥控系统安全可靠，采用光纤信道，光纤网络将所有监测数据传输到控制中心的服务器上，通过相应系统对各种运行数据进行统计和分析，为工程调度提供及时准确的实时信息支撑。

其次，建立供水调度自动化系统。该系统对供水工程设施（水库蓄泄建筑物、引水枢纽、抽水泵站等）和水源进行自动测量、计算和调节、控制，一般设有监控中心站和端站。监控中心站可以观测远方和各个端站的闸门开启状况、上下游水位，并可按照计划自动调节控制闸门启闭和开度。

三、完善我国水利工程管理体系的措施

我国在水利专业工程体系改革中做出有效努力，加大改革和创新力度，并且取得巨大的成就，初步实现了工程管理的制度化、规范化、科学化、法治化，初步建立了现代的治水理念、先进的科学技术、完善的基础设施、科学的管理制度，确保了水利工程设施完好，保证水利工程实现各项功能，长期安全运行，持续并充分发挥效益。由于开展水利工程建设属于一个循序渐进的过程，并且和现实的生活状态也息息相关，所以，我们要把涉及建立水利工程机制的一系列工作都做好，以解决水利工程所面临的问题。

（一）强化水利工程管理意识

水利工程管理水平的提升，需要有效的转变工程管理人员的观念强化现代的水利工程管理意识。从传统的水利管理淡薄，转变为重视水利工程管理工作。要从思想入手从根本上解决问题，切实提高认识，改变"重建设轻管理"的观念，把工程工作的重心转移到工程管理上来，从而促进工程管理的发展。要树立可持续发展的水利工程管理保证水资源的可持续发展，从而实现经济和社会的可持续发展的新思路。很大一部分水利工程管理人员在思想上还将水利工程认为是单纯性的公益事业和福利事业，对水利工程是国民经济的基础设施和基础产业的事实缺乏认识度，所以需要加快观念上的改变；而且在观念上还存在着无偿供水的想法，这就需要树立水是商品的观念，通过计收水费，实现以水养水，自我维持；对水利事业的认识存在片面性，觉得只是为农业服务，对水利工程服务于国民经济和社会全面发展，可以依靠水利工程来进行多种经营的开展的认识不足；在水利工程管理工作中，存在着等、靠、要的观念，安于现状，不求改变，缺乏盈利观念，所以需要加快思想观念的转变，在水利工程管理工作中，管理者应有效益管理的观念，在保证经济效益的同时又要实现环境、社会和生态效益。在加强对水利资源保护的基础上，注意对水利资源进行合理开发和优化配置。要树立以人为本，服务人们的意识。水利工程建设及管理是为了人民群众的切实利益，保证人民群众的财产安全，提供安全可靠的防洪以及供水保障,并且水利管理者应该具备全面服务人民群众的思想，重视生态环境问题，实现人与自然和谐相处，最终实现水利工程经济、环境和社会效益的协调发展。

（二）强化水利工程管理体系的创新策略

在科技和产业革命的推动下，水利工程也由传统向现代全方位多层次发生变化。水利工程建设行业自身是资本和技术密集型行业，科技和产业的创新始终贯穿于行业发展的全过程。强化水利工程管理体系创新策略不仅要求在水利工程建设过程中的科技和行业创新，而且还要求在管理方式中，要树立创新意识，始终将先进的、创新的管理理念贯穿在管理的全过程中。既要求科技和行业的创新推动管理的创新，又要管理主动创新

推动行业创新。

（三）强化水利工程的标准化、精细化目标管理

认真贯彻落实水利部《水利工程管理考核办法》，通过对水管单位全面系统地考核，促进管理法规与技术标准的贯彻落实，强化安全管理、运行管理、经营管理与组织管理，并初步提高规范化管理的水平。水利工程管理体系的基本目标就是在保证水利设施完好无损的条件下，保证水利工程可以长期安全地作业，确保长期实现水利工程的效益。结合水利管理的情况，为了推进水利管理进程，实现水利管理的具体目标可以从以下方面做起：改革和健全水利工程管理，实现工程管理模式的创新，努力完善与市场经济要求相适应、符合水利工程管理特征及发展规律的水利工程标准及其考核办法。

（四）强化公共服务、社会管理职能

水利工程肩负着我国涉水公共服务和社会管理的职能。在水利工程管理过程当中，要强化公共服务和社会管理的责任，特别是要进一步加强河湖工程与资源管理，以及工程管理范围内的涉水事务管理，维护河湖水系的引排调蓄能力，充分发挥河湖水系的水安全、水资源、水环境功能，并为水生态修复创造条件。

（五）强化高素质人才队伍的培养

水管单位普遍存在技术人员偏少，学历层次偏低，技术力量薄弱，队伍整体素质不高等问题，难以适应工程管理现代化的需要。随着水利事业的发展和科学技术的进步，水利工程管理队伍结构不合理、管理水平不高问题更为突出。迫切需要打造一支高素质、结构合理、适应工程管理现代化要求的水利工程管理队伍。制订人才培养规划；制定人才培养机制及科技创新激励机制；加大培训力度，大力培养和引进既掌握技术又懂管理的复合型人才；采取多种形式，培养一批能够掌握信息系统开发技术、精通信息系统管理、熟悉水利工程专业知识的多层次、高素质信息化建设人才。

参考文献

[1] 杨杰,张金星,朱孝静.水利工程规划设计与项目管理[M].北京:北京工业大学出版社,2018.

[2] 田明武,何姣云.水利水电工程建筑物职业技术教育[M].北京:中国水利水电出版社,2018.

[3] 廖明菊,黄冰.水利工程造价[M].北京:中国水利水电出版社,2018.

[4] 吴怀河,蔡文勇,岳绍华.水利工程施工管理与规划设计[M].昆明:云南科技出版社,2018.

[5] 张智涌.职工培训·小型水利工程建设管理与运行维护[M].北京:中国水利水电出版社,2018.

[6] 孙冰竹,聂新华.水利水电工程施工资料整编[M].北京:中国水利水电出版社,2018.

[7] 田明武,佟欣.水利工程管理技术[M].北京:中国水利水电出版社,2018.

[8] 王丽学,刘丹.工程水文及水利计算[M].北京:中国水利水电出版社,2019.

[9] 赵平.工程水文与水利计算[M].北京:中国水利水电出版社,2019.

[10] 郝建新.城市水利工程生态规划与设计[M].延吉:延边大学出版社,2019.

[11] 郑立梅,刘启够,赵昊静.水利工程经济[M].第2版.郑州:黄河水利出版社,2019.

[12] 王长运,刘进宝,刘惠娟.水利水电工程概论[M].郑州:黄河水利出版社,2019.

[13] 张守平,肖云川.水利工程监理[M].郑州:黄河水利出版社,2019.04.

[14] 李春生，黄建文. 水利工程概预算 [M]. 北京：中国水利水电出版社，2019.

[15] 孙玉玥，姬志军，孙剑. 水利工程规划与设计 [M]. 长春：吉林科学技术出版社，2020.

[16] 赵平. 水利工程监理 [M]. 北京：中国水利水电出版社，2020.

[17] 刘俊红，翟国静，孙海梅. 给排水工程施工技术 [M]. 北京：中国水利水电出版社，2020.

[18] 徐存东，张宏洋，张先起. 水利水电工程管理 [M]. 第 2 版. 北京：中国水利水电出版社，2020.

[19] 宋秋英，李永敏，胡玉海. 水文与水利工程规划建设及运行管理研究 [M]. 长春：吉林科学技术出版社，2021.

[20] 王立健，李吉蓉，刘海山. 水利工程规划与施工技术研究 [M]. 文化发展出版社，2021.

[21] 陈凌云，董伟华，刘国明. 水利工程规划建设与施工技术 [M]. 长春：吉林科学技术出版社，2021.

[22] 刘焕永，席景华，刘映泉. 水利水电工程移民安置规划与设计 [M]. 北京：中国水利水电出版社，2021.

[23] 任树梅，刘浏. 工程水文学与水利计算基础 [M]. 第 3 版. 北京：中国农业大学出版社，2021.

[24] 张验科，万飚. 普水利工程经济学 [M]. 北京：中国水利水电出版社，2021.

[25] 李颖，张圣敏，关莉莉. 水利工程制图实训职业技术教育 [M]. 郑州：黄河水利出版社，2021.

[26] 沈蓓蓓. 水利水电工程施工图识读 [M]. 郑州：黄河水利出版社，2021.

[27] 周青云. 水利工程概论 [M]. 北京：中国农业出版社，2021.

[28] 艾强，董宗炜，王勇作. 城市生态水利工程规划设计与实践研究 [M]. 长春：吉林科学技术出版社，2022.

[29] 张全胜，张国好，宋亚威. 水利工程规划建设与管理研究 [M]. 长春：吉林科学技术出版社，2022.

[30] 李战会. 水利工程经济与规划研究 [M]. 长春：吉林科学技术出版社，2022.

[31] 程令章，唐成方，杨林. 水利水电工程规划及质量控制研究 [M]. 文化发展出版社，2022.

[32] 沈英朋，杨喜顺，孙燕飞. 水文与水利水电工程的规划研究 [M]. 长春：吉林科学技术出版社，2022.

[33] 郭雪莽水利工程概论 [M]. 郑州：黄河水利出版社，2022.

[34] 李淑芹. 水利工程施工 [M]. 北京：中国水利水电出版社，2022.

[35] 于向丽. 节水供水重大水利工程规划设计技术研究 [M]. 长春：吉林科学技术出版社，2023.

[36] 刘启够 . 全水利水电工程法规 [M]. 郑州：黄河水利出版社，2023.

[37] 梁建林，费成效 . 水利工程施工组织与管理 [M]. 第 4 版 . 郑州：黄河水利出版社，2023.